Acteurs de la Science

Fondée par Richard Moreau,
professeur honoraire à l'Université de Paris XII
Dirigée par Claude Brezinski et Roger Teyssou

La collection Acteurs de la Science est consacrée à des études sur les acteurs de l'épopée scientifique moderne ; à des inédits et à des réimpressions de mémoires scientifiques anciens ; à des textes consacrés en leur temps à de grands savants par leurs pairs ; à des évaluations sur les découvertes les plus marquantes et la pratique de la Science.

Dernières parutions

Gilles GROS, *Pierre Fauchard, ce génie de l'épistémologie en art dentaire*, 2016.
Robert LOCQUENEUX, *L'électricité au Siècle des lumières. Nollet, Franklin & les autres*, 2016.
Jean PERDIJON, *Les physiciens sont-ils des intellectuels ? Petit traité (illustré) de culture physique*, 2016.
Francis WEILL, *Folie du monde et vertige des religions : mémoires d'un vieux médecin*, 2016.
Jean Dominique BOURZAT, *Une dynastie de serruriers à la cour de Versailles. Les Gamain*, 2016.
François TRON, *Maladies auto-immunes. Quand notre système de défense nous trahit*, 2015
Roger TEYSSOU, *Orfila. Le doyen magnifique et les grands procès criminels au XIXè siècle. El decano magnifico*, 2015
Gilles GROS, *Histoire et épistémologie de l'anatomie et de la physiologie en art dentaire, de l'Antiquité à la fin du XX*[e] *siècle*, 2015
Simon BERENHOLC, *L'Homme social, à son corps dépendant. Analogies comportementales entre les cellules biologiques et les sociétés humaines*, 2015.
Robert LOCQUENEUX, *Baromètres, machines pneumatiques & thermomètres, Chez & autour de Pascal, d'Amontons & de Réaumur*, 2015.
Pierre de FELICE, *Mille ans d'astronomie et de géophysique. D'Aristote au Haut Moyen Age*, 2014.
Charles BLONDEL, *La psychanalyse*, 2014.
Philippe LHERMINIER, *La valeur de l'espèce. La biodiversité en questions*, 2014.

DANS L'ŒIL DU CYCLOTRON

5-7, rue de l'École-Polytechnique ; 75005 Paris

www.harmattan.fr
diffusion.harmattan@wanadoo.fr

ISBN : 978-2-343-09191-4
EAN : 9782343091914

François DEMARD
et Pierre MANDRILLON

Dans l'œil du cyclotron

*Quand la haute technologie
défie le cancer*

L'HARMATTAN

Photographie de couverture : Elle représente la simulation des trajectoires des trois premiers tours dans la région centrale du cyclotron MEDICYC. L'accélération s'effectue dans les quatre espaces accélérateurs matérialisés par les lignes équipotentielles du champ électrique.

Au professeur Claude Lalanne, radiothérapeute visionnaire, qui eût l'éminent mérite d'engager le Centre Antoine Lacassagne de Nice dans cette voie innovante de l'hadronthérapie des tumeurs.

Préambule

Les cyclotrons sont des accélérateurs de particules qui, depuis bientôt un siècle, contribuent à parfaire la connaissance de la matière et la compréhension du monde qui nous entoure. Outre leur rôle dans cette discipline scientifique fondamentale qu'est la Physique Nucléaire, ils apportent également une contribution majeure à la Médecine à la fois dans la radiothérapie des tumeurs humaines et dans la production, à visée diagnostique et thérapeutique, d'une large variété d'isotopes radioactifs.

Fruit d'une coopération exemplaire entre ingénieur et médecin va naître, à Nice dans les années 70, une initiative innovante visant à construire et à installer un cyclotron aux caractéristiques adaptées à cette seule activité médicale et biologique. Grâce à un exceptionnel soutien financier par la générosité de la population et après avoir surmonté de permanentes tracasseries administratives, ce projet a permis d'ouvrir en France la protonthérapie dans l'indication la plus efficace en 1991, celle des tumeurs oculaires.

Le CERN (**C**onseil **E**uropéen pour la **R**echerche **N**ucléaire) à Genève où se trouve le LHC, le plus grand instrument scientifique du monde dans un tunnel de 27 kilomètres à 100 mètres de profondeur à cheval sur la frontière franco-suisse, joua un rôle majeur par les conseils avisés de ses experts et les encouragements actifs de deux prix Nobel, Georges Charpak et Carlo Rubbia. L'équipe niçoise y séjourna plus de 5 ans pendant la période de construction du LEP, l'accélérateur géant prédécesseur du LHC.

La proximité sémantique entre *cyclone* et *cyclotron* est le présage que le chemin de cette réalisation pendant une dizaine d'années fut un mélange de calme tout relatif dans un environnement particulièrement agité. Cet *œil du cyclone*, dès la mise en fonction du *cyclotron,* une importante réussite médicale qu'attestent les 5500 patients qui, depuis plus de vingt cinq ans, ont pu éviter une énucléation chirurgicale, devient naturellement *le cyclotron pour sauver l'œil* !

Aujourd'hui, au sein de ce qui se nomme *l'Institut Méditerranéen de Protonthérapie,* s'installe à Nice un second accélérateur, un synchrocyclotron supraconducteur, le S2C2, dont l'énergie plus élevée que celle de la première machine MEDICYC, va autoriser en 2016 l'irradiation d'autres catégories de tumeurs, plus profondément situées dans l'organisme et cela, avec la même précision balistique qui a montré son efficacité au niveau du globe oculaire.

Voici le temps de rapporter les faits de cette singulière, mais instructive aventure technologique et médicale.

PROLOGUE

Une « cabane à lapins » ...

Ce 29 mai 1989, le soleil brille sur ce terrain proche du sommet de l'une des collines de l'ouest de Nice, celle de Fabron ; ce lieu, soyons précis, fait partie de la vaste propriété communale, qui accueillait, il y a peu de temps encore, les pépinières municipales.

Quelques années auparavant, le Conseil Municipal de Nice avait décidé d'en détacher la partie supérieure, d'une superficie d'environ 3 hectares, et de l'attribuer, par bail emphytéotique d'une durée de 50 ans, au Centre Antoine Lacassagne, le Centre Régional de lutte contre le Cancer, établissement hospitalier situé à proximité immédiate de l'hôpital Pasteur, connu et apprécié des Niçois depuis l'ouverture de son activité en 1961.

L'objectif de cette mise à disposition dans ce beau quartier résidentiel de la Lanterne-Fabron visait à permettre l'installation d'un accélérateur de particules appelé MEDICYC (la contraction de « **MEDI**cal **CYC**lotron »), machine originale imposante, conçue et maintenant en phase d'achèvement par l'équipe du Centre en charge de cette réalisation.

La mission est unique, conduire et développer sur ce site une activité médicale et biologique, originale et spécifique, ouvrant la porte à une nouvelle prise en charge, à la fois diagnostique et thérapeutique, des tumeurs humaines.

Et, en ce printemps 1989, cette ambition niçoise est alors en cours d'accomplissement.

Sur ce terrain exceptionnel, un panorama grandiose s'offre à chaque visiteur, de l'extrémité de la Baie des Anges au Sud au Cap d'Antibes à l'Ouest, avec le massif de l'Esterel que l'on peut voir chaque fin d'après-midi s'éclairer, superbe, au coucher du soleil.

Deux ans auparavant, alors que rien n'existait encore du futur bâtiment qui abrite maintenant le cyclotron, un premier visiteur de renom, un fringant octogénaire américain, médecin de son état, le professeur John Lawrence, qui n'était autre que le frère de l'inventeur des cyclotrons, le célèbre physicien Ernest Lawrence, y avait été accueilli. Nous étions alors en mai 1987 et il était venu à Nice pour co-présider le Congrès Européen des Cyclotrons qui se déroulait, sur plusieurs jours, au Palais des Congrès Nice-Acropolis.

Cet éminent praticien à qui l'on attribue la paternité mondiale de l'utilisation de faisceaux de neutrons à des visées médicales, suivait en effet de près ce projet français MEDICYC. Ayant appris que le site d'édification du bâtiment d'accueil de l'accélérateur était maintenant visitable, il avait souhaité s'y rendre durant son séjour.

Evoquant la baie de San Francisco vue des collines escarpées où s'accrochent les installations du prestigieux Ernest Lawrence National Laboratory de Berkeley, John Lawrence, contemplant la méditerranée et la baie des anges au-devant de Nice, va exprimer à son accompagnateur le physicien niçois Pierre Mandrillon, en référence à l'installation californienne où il mena ses travaux, sa confiance dans l'avenir en lâchant :

«... c'est curieux cette tendance des cyclotrons à s'installer au sommet des collines face à la mer devant des panoramas somptueux, c'est de bon augure ! »

Revenons en 1989 et retrouvons, sur place, tous ceux qui s'affairent, jours après jours, dans l'installation particulièrement complexe de ce cyclotron, masse d'acier imposante de plus de 130 tonnes, depuis peu installé au sein du bâtiment construit pour le recevoir.

L'assemblage des différents composants de l'accélérateur avait beaucoup progressé grâce au travail acharné durant plus de trois ans de la petite équipe de construction, dans les locaux loués dans la zone industrielle de Carros, proche de Nice. Le transfert sur place, de Carros à la Lanterne, ne remonte qu'à quelques mois et, très prochainement, vont pouvoir ainsi commencer les premières mesures physiques du faisceau. Celui-ci, produit par la source d'ions, va ensuite, pouvoir être injecté dans le plan médian de l'accélérateur, ce qui demande un indispensable environnement de radioprotection autour du cyclotron.

Mais pourquoi particulièrement retenir ce jour-là, le 29 mai, dans cet effervescent chantier d'installation du cyclotron ?

Il marque, d'une pierre blanche, la présence d'un autre visiteur, français lui, un haut fonctionnaire de l'État qui se déplace depuis la capitale vers cette contrée parfois considérée comme si lointaine que certains météorologistes n'hésitent plus à la qualifier « d'extrême Sud » !

Il est venu apprécier le niveau d'avancement des travaux d'installation de l'accélérateur de particules dans son hall technique, la structure des bâtiments pour la radioprotection et les locaux d'accueil des futurs malades, notamment les salles de traitement qui sont, elles aussi, en cours d'aménagement. Depuis l'autorisation du ministre de la Santé en janvier 1987, plus de deux ans auparavant, jamais personne, si ce n'est, épisodiquement, quelques agents subalternes de la direction départementale de l'action sociale des Alpes-Maritimes, n'avait cherché à venir sur place pour visiter, armé des compétences nécessaires, l'ensemble des réalisations en cours sur ce chantier innovant entrepris par le Centre Antoine Lacassagne. Ce haut fonctionnaire ne relève pas, comme on pourrait logiquement le supposer du ministère de la Santé, aucun membre de ce dernier, en dépit de la finalité exclusivement médicale du cyclotron niçois, n'ayant daigné se rendre sur place, à l'exception notable, mais 22 ans plus tard, du Ministre lui-même, Monsieur Xavier Bertrand.

Notre visiteur du jour est Directeur scientifique et technique au ministère de la Recherche et de la Technologie, on peut aisément comprendre qu'il soit légitimement très intéressé par une si lourde entreprise technologique. Il possède, outre le savoir scientifique, un épais bagage administratif (il lui permettra, plus tard, d'être le Président-directeur général d'une grande entreprise publique cotée au CAC 40) qui, ce jour-là, l'autorise à porter, en toute indépendance, un jugement pertinent sur l'installation qu'on vient de lui présenter en détail, durant plusieurs heures.

Et de façon inattendue, devant une équipe plus habituée à l'indifférence, voire même à une défiance permanente des pouvoirs publics, il exprime, à l'issue de sa visite approfondie, une vive satisfaction, tant méthodologique que technologique, devant la réalisation en cours, félicitations qu'il réitère au Directeur du Centre Lacassagne, le professeur François Demard, venu le saluer avant qu'il ne rejoigne l'aéroport voisin pour son retour vers Paris. Et, pourtant, ses propos laissent planer une crainte, somme toute assez surprenante au regard de ses hautes fonctions mais qu'il tiendra à confirmer, à nouveau, lors d'un appel téléphonique à Pierre Mandrillon, le concepteur et chef du projet MEDICYC, dès son retour le lendemain matin au ministère.

Quelle est cette inquiétude et sur quoi repose-t-elle ?

Sur un seul fait : il estime avoir, pour le moins, beaucoup de mal à faire partager, auprès de ses collègues parisiens, les convictions acquises à la suite de sa visite niçoise et, selon sa propre expression, il craint de « *se faire remonter les bretelles* » ! La raison en est que, dans son ministère, mais aussi dans la sphère administrative concernée, tous ses collègues, à quelque niveau qu'ils se trouvent, affichent, à propos de ce projet niçois, une seule appréciation négative, sans nuance et totalement dévalorisante. Notre expert, vraiment embarrassé, nous la résume d'un aphorisme aussi lapidaire qu'affligeant qui scelle, sans retour, ce jugement unanimement partagé :

« *Vu de Paris, votre installation, c'est une cabane à lapins* » !

Une « *cabane à lapins* », voilà une image qui interpelle à plusieurs titres.

Ecartons, d'emblée, avec une ironie contenue, le constat, vérifiable, qu'il y eut bien, dans le temps, à l'entrée de ces pépinières, une vieille maison niçoise avec son toit typique à quatre pentes où logeait un gardien qui élevait des lapins, le lapin aux olives (ces dernières étaient également disponibles sur le site) étant, comme on le sait, un plat fort apprécié dans les collines adjacentes. Et ce gardien avait, bien entendu, une cabane pour abriter ses chers rongeurs…

Il faut donc, bien évidemment, chercher ailleurs, c'est le but recherché dans la narration à venir des péripéties qui furent imposées à la singulière aventure de ce cyclotron MEDICYC. Le lecteur pourra découvrir quelques-uns des stratagèmes et subterfuges auxquels nos plus hautes sphères de décision n'hésitent pas à recourir quand leur seul et ultime objectif est le dénigrement systématique des talents, de tous les talents. Sans relâche, se trouvent alors retardées ou parfois entravées des actions créatrices dont les pays modernes et développés comme le nôtre, ont pourtant un constant et impératif besoin.

C'est pour stigmatiser ces comportements si pénalisants pour l'entrepreneur, quel qu'il soit, que nous avons choisi, pour commencer ce récit, de rapporter cet épisode. Il illustre, au minimum dans le choix des mots, les graves travers d'un Etat jacobin qui contraint parfois le potentiel d'innovation et de recherche ainsi que les résultats qu'on serait en droit d'en attendre, même ceux, en matière de santé, susceptibles d'apporter un bénéfice à l'ensemble de la population.

Nous allons rapporter ici des faits déjà anciens puisqu'ils remontent aux années 80 et 90. Cet intervalle dans le temps peut nous permettre, modestement mais sereinement, de mûrir, après une sévère prise de conscience, une réflexion prospective, avec comme objectif celui de porter témoignage d'une démarche scientifique innovante et performante.

Une *« cabane à lapins »* !

Voilà, sans doute aucun, la formulation d'un dédain, le plus parfaitement inapproprié, pour qualifier un innovant accélérateur de protons de 65 MeV (Millions d'électrons Volt), à cette époque au second rang d'énergie des cyclotrons en France, un appareil non dédié à la recherche en Physique Nucléaire comme c'est la destination la plus fréquente de ces machines, mais répondant aux besoins exclusifs de la médecine, dans le traitement des tumeurs tout particulièrement.

Pour un peuple pourtant fécond et, en l'occurrence, riche de forces intellectuelles et scientifiques, il est navrant de constater que des idées neuves telles que celle-ci, se verront ainsi, sans distinction, combattues ou raillées par la puissance publique alors qu'elles devraient, à l'inverse, être accueillies, confortées et soutenues.

Ainsi, dans le cas niçois, ce pari visant à concevoir et à construire un cyclotron intégralement dédié à la médecine, était, certes, particulièrement ambitieux et, par certains aspects, risqué.

Il ne fut, pourtant, entrepris qu'en bénéficiant de toutes les compétences scientifiques requises ainsi que d'un soutien financier constant de la part de la population et des autorités locales. Ce sont ces deux facteurs, et eux seuls, qui permirent, pour l'essentiel, de surmonter ce détestable climat de défiance qu'il fallut endurer. D'autres exemples ne sont probablement pas légion où l'application, autant tatillonne que pernicieusement paralysante, d'une réglementation pléthorique n'ait pu triompher de la résistance et de la ténacité de porteurs de projet.

Ce combat pour la survie, le cyclotron MEDICYC l'a vécu, subi, des années durant et il aurait pû (ou dû, selon certains), dans cet extravagant parcours d'obstacles, d'embûches et de chausse-trappes, sombrer corps et biens…Plus de trente ans après son lancement, son activité au service exclusif des malades est enfin reconnue en France et même en Europe comme une parfaite réussite tant médicale que technologique.

Le lecteur trouvera dans cet ouvrage trois parties ainsi qu'un glossaire pour aider à la compréhension de certains termes techniques. Une iconographie succincte accompagne et éclaire quelques épisodes particuliers de cette réalisation.

Dans la première partie nous allons, plus en détail, nous attacher aux caractéristiques et aux divers épisodes de la construction de ce cyclotron MEDICYC.

Grâce à son exceptionnel niveau conceptuel et technologique, cet accélérateur a été capable d'atteindre les mêmes excellents résultats sur le plan carcinologique, et parfois de les dépasser, que ceux obtenus et publiés dans les quelques autres installations dans le monde disposant d'un équipement similaire. L'obligation de haute qualité, impératif respecté tout au long de son élaboration, va se traduire sous la forme d'une remarquable fiabilité, objectivée par l'absence de défaillance ou d'interruption (relevant de pannes ou d'incidents techniques) de cette activité médicale pendant plus de deux décennies.

Il a permis à Nice d'être le site pionnier de l'ambition française en protonthérapie et, grâce à lui, ont été traités plusieurs milliers de patients porteurs de tumeurs oculaires, venant non seulement de France mais aussi de l'Europe entière.

De sa genèse, sur laquelle nous aurons quelque peu à entrainer le lecteur dans le monde de la Physique du XXéme siècle (ce sont les cyclotrons, en effet, qui ont contribué à des découvertes majeures dans la structure de la matière), jusqu'à son installation pour le soin des malades, le parcours fut long et chaotique. Jamais, pourtant, il ne manqua de l'indispensable confiance, manifestée en toutes circonstances à la fois de la part des chercheurs et techniciens de haut niveau, toujours prêts à partager leur savoir ainsi que celle de tous les donateurs qui ont contribué, des années durant, au lourd poids financier de ce défi technologique. La vigueur de ce soutien permanent fut certainement le ciment de la vaillance de la jeune équipe constituée pour sa réalisation dont l'enthousiasme, la persévérance et le travail acharné surent maintenir, malgré l'adversité et une légitimité décriée en permanence, ce projet dans la voie de la réussite.

Cette première partie rapporte bon nombre d'aspects purement techniques, la conception, la construction du cyclotron et l'engagement du CERN à Genève notamment ; elle raconte aussi, par la force des circonstances, les risques de plusieurs « voyages » routiers sur un char à 96 roues, un long passage obligé dans une zone industrielle (celle de Carros, proche de Nice) pour son assemblage et, pour finir, les tests pré-cliniques une fois installé sur son site définitif à la Lanterne.

Dans la deuxième partie dévolue aux difficultés politico-administratives et réglementaires dont la chronologie s'articule avec celle de la construction de la machine elle-même, il sera question de deux étapes successives : trouver un terrain d'installation propice puis construire le bâtiment spécifique du cyclotron. Le Centre Antoine Lacassagne, à la fois donc, Maitre d'œuvre du cyclotron et Maitre d'ouvrage de la structure hospitalière destinée à permettre son utilisation au service des malades, va, au total, mettre un peu moins de vingt ans pour mener à bien son projet !

Le plus long mais aussi le plus rude des combats qu'il fallut mener, demeurera celui des autorisations, pourtant finalement obtenues, et surtout, cette lutte inégale face à une administration en permanence hostile. Elle n'hésitera pas à jouer de la simple inertie ou, à titre de représailles, d'instiller des mesures de restriction budgétaire pouvant fragiliser, très volontairement, le Centre Antoine Lacassagne et menacer sa pérénnité même. Le récit de la véritable « aventure » que fut l'installation de MEDICYC, se veut, pourtant et en tous points, « transparent » et non polémique, à la fois en ce qui concerne le déroulement des événements et le rôle (ou l'action) de chacun des protagonistes, tous se devant d'assumer, en toute sincérité, leurs différentes responsabilités. Sans rancœur ni complaisance, cette narration se veut, néanmoins, imprégnée de l'indispensable « *bona fides* » sans laquelle, on le sait, aucun récit ne vaut.

L'histoire mouvementée du cyclotron niçois serait incomplète en omettant de la rapprocher d'un autre projet scientifique du domaine qui va également naître à Nice durant la même période et s'imbriquer, telle une poupée russe, avec MEDICYC et ses diverses difficultés…

Ce sera l'objet d'une troisième partie, traitant du projet dénommé EULIMA (**EU**ropean **L**ight **I**ons **M**edical **A**ccelerator), un projet européen pour l'utilisation, en Europe, des ions lourds en médecine. Initié par la Commission Européenne elle-même, il s'inscrit dans le domaine des équipements médicaux qui sont particulièrement conséquents (au triple plan scientifique, technologique et financier), et dont, seul, le partage des savoirs et la mise en commun des ressources de plusieurs partenaires européens semblaient pouvoir rendre la concrétisation accessible. Mais, à l'inverse du projet national MEDICYC, ce projet européen se révèlera, en 1992, un cuisant échec. Ce dernier relève, de façon bien inquiétante, du choix négatif brutal qui fut, à cette période, celui du gouvernement de la France, les conséquences ultérieures sur l'équipement sanitaire du pays qui en résultèrent en témoignent ; EULIMA reste, pour notre pays, le triste exemple d'une grande occasion ratée !

L'épilogue nous permettra de retrouver la période actuelle. Il y sera question du rôle de la société des *Applications Industrielles et Médicales des Accélérateurs* (AIMA), créée par Pierre Mandrillon à côté du Laboratoire du Cyclotron du Centre Antoine Lacassagne dont elle est une vraie « spin-off ». C'est, en grande partie grâce à la collaboration fructueuse établie entre cette société niçoise d'ingénierie AIMA et la société belge *Ion Beam Applications* (IBA), l'industriel leader mondial des cyclotrons médicaux dans le monde, que s'installe, aujourd'hui à Nice, dans le même hall technique que celui qui abrite MEDICYC, une deuxième machine, un **S**ynchro**C**yclotron **S**upra**C**onducteur, appelé S2C2. Cet accélérateur de conception nouvelle, plus compact (il ne pèse qu'une quarantaine de tonnes) permettra, en cancérologie, une utilisation plus large de la protonthérapie, grâce à son énergie plus élevée (230 MeV), qui autorise le traitement de tumeurs plus profondément situées que celles développées dans l'œil. Il sera opérationnel courant 2016.

Dans le monde, grâce à la précision balistique inégalée des faisceaux de protons accélérés, force est de constater qu'il se produit, aujourd'hui, une déferlante majeure de cette protonthérapie des tumeurs, interêt qui s'explique par les résultats exceptionnels obtenus en clinique humaine. Elle apporte une preuve supplémentaire que le combat niçois passé pour le cyclotron MEDICYC n'était pas vain ! Dans ce contexte ouvert sur l'avenir, *l'Institut Méditérannéen de Protonthérapie* sur le site de la Lanterne, équipé maintenant de ses deux accélérateurs, le cyclotron MEDICYC (65 MeV) et le synchrocyclotron supraconducteur S2C2 (230 MeV) devient, dans la lutte que mène le Centre Antoine Lacassagne contre les cancers, un pôle international de référence pour la préservation des tissus sains lors d'une radiothérapie anti-tumorale et fait de Nice une vitrine du développement de la haute technologie pour les progrès de la médecine.

L'équipe soudée, technique et médicale, à laquelle ce livre rend un hommage mérité, celle-là même qui a su concevoir, construire, maintenir l'accélérateur MEDICYC et qui va demain opérer le nouveau S2C2, sait ce que signifie innover en terme d'intelligence, d'efforts, de ténacité mais aussi de liberté. Pour les forces vives de ce pays et les générations montantes, n'oublions jamais la recommendation d'Henri Bergson :

« *L'avenir n'est pas ce qui va arriver, mais ce que nous allons faire* »…

PARTIE 1
MEDICYC, ACCELERATEUR DE PROGRES POUR LA MEDECINE

« *La malheureuse histoire d'une merveille médicale* »

Titre d'un article de la revue « Sciences et Vie », 1990

« *...Une mention spéciale doit être faite d'une réalisation du Centre anticancéreux Antoine Lacassagne qui fait l'honneur de la médecine niçoise...* »

Rapport du Comité National d'Evaluation des Universités, 1992

Avant d'aborder la genèse du cyclotron MEDICYC, il parait opportun d'évoquer aussi simplement que possible, donc, inévitablement de façon très réductrice, quelques concepts de base de la Physique moderne.

Qu'est-ce qu'une particule et pourquoi les accélérer ?

La notion de grain ultime de matière est due à Démocrite et à Lucrèce: « *atome* », c'est à dire « *insécable* »... intuition visionnaire certes mais il fallut attendre l'aube du XXème siècle pour que cette réalité s'impose. Ces atomes sont-ils vraiment les briques élémentaires de la matière, c'est à dire ne peut-on pas, en faisant outrage à l'étymologie, les « couper » pour rechercher le véritable grain ultime ?

Allons vite et dégringolons la pente millénaire qui amène à la Physique d'aujourd'hui : le tout début du XXème siècle, de 1900 à la naissance du cyclotron en 1929, va connaître une révolution fondamentale, bousculant la Physique dite « classique » ou « newtonienne », en hommage à Isaac Newton, le père de la loi de gravitation universelle, ce héros de l'histoire de la pomme que tout le monde connaît.

Avec d'une part, les travaux d'Albert Einstein sur la relativité et la célèbre formule $\mathbf{E=mc^2}$, désormais universellement adoptée dans le langage de beaucoup d'humains sur la planète, et d'autre part, ceux des pères fondateurs de la mécanique Quantique, Max Planck et Niels Bohr d'abord, puis leurs brillants successeurs, les jeunes gens à l'époque, que furent Werner Heisenberg, Wolfgang Pauli, Paul Dirac et Erwin Schroedinger, la vieille question de la compréhension de la structure de la matière à des distances infinitésimales allait, en effet, faire un bond en avant considérable.

Les « grains » de matière, les atomes, sont en effet constitués de particules : tout d'abord d'un nuage d'électrons très légers circulant dans une course effrénée autour d'un noyau très lourd empilant protons et neutrons, constitués eux-mêmes de quarks, confinés et « collés » par la force la plus puissante jamais imaginée puis trouvée par les hommes. Une telle composition n'a pu être élucidée que grâce à des instruments nouveaux, les microscopes de nos temps modernes que sont les accélérateurs de particules.

Que savons-nous aujourd'hui de ces forces de la nature et de leur intensité relative par rapport à cette superforce ? Elles sont au nombre de quatre et ce petit tableau succinct les caractérise :

Forces	**Phénomènes observables**	**Particules médiatrices**	**Intensité relative**
Forte	Cohésion des protons, neutrons et du noyau des atomes	Gluons	1
Electro-magnétique	- Electricité - Magnétisme - Lumière	Photons	environ 10^{-3}
Faible	- Radioactivité - Soleil	Bosons W^+,W^- et Z^0	environ 10^{-5}
Gravitation	- Gravitation terrestre - Système solaire et galaxies	Graviton	environ 10^{-38}

- La première colonne donne leur nom à chacune de ces quatre forces

- La deuxième colonne indique où observer ces forces dans la nature.

- La troisième colonne précise par quelles particules sont transmises ces forces : ces particules sont appelées des « Bosons », un terme dont le grand public s'est emparé suite à la campagne médiatique liée à la découverte d'un nouveau boson le 4 Juillet 2012, le Boson de Higgs, grâce au *Collider* (LHC) du CERN à Genève. Quant au Graviton, particule médiatrice de la gravitation, prévue par les modèles théoriques de la Physique d'aujourd'hui, il n'a pas encore été découvert !

- La quatrième colonne, qui donne l'intensité relative de ces forces par rapport à la force de cohésion nucléaire dite « forte », est essentielle pour comprendre, au moins schématiquement, le fonctionnement d'un accélérateur de particules. Grâce à la notation très simple du langage mathématique universel qui nous permet d'éviter quantité de lettres ou de zéros, nous lisons, en exemple, que l'intensité relative de la force électromagnétique est 10^{-3}, c'est à dire 0,001 (3 zéros), plus faible que la force forte, soit, en bon français, mille fois plus faible. Comment, par contre, désigner dans la langue de Molière que la force de gravitation qui nous garde les pieds sur terre est 10^{-38} fois plus faible que la force forte soit 10^{-35} fois plus faible que la force électromagnétique ? Tentons de l'écrire pour comprendre l'inadaptation de la langue et l'économie de caractères du langage mathématique : environ cent millions de milliard de milliard de milliard (0,000000000000000000000000000000001) de fois plus faible que la force électromagnétique !

Nous comprenons dès lors plus aisément que pour accroître la vitesse, c'est à dire accélérer des particules comme les protons, les physiciens et ingénieurs du XXème siècle vont utiliser le fait que ce proton est porteur d'une charge électrique unitaire plutôt que de tenter de le faire « tomber » dans le vide sous l'effet de la gravitation terrestre. Ainsi, une tension électrique de 100 000 (10^5) volts communiquera à des protons sortant d'une « source de protons » une vitesse voisine de 1,4% de celle de la lumière (environ 300 000 km/s) soit près de 4200 km/s en seulement cinq millimètres.

La force électromagnétique est bien celle qui est la plus efficace si l'on veut accélérer ces particules de matière dotées d'une charge électrique. Mais dans quel but ?

Revenons brièvement au début du XXème siècle. En 1919, fut réalisée une expérience fondatrice de la Physique : la première transmutation opérée par l'Homme, le professeur Ernest Rutherford au « Cavendish Laboratory » à Cambridge en Angleterre. Grâce à des particules alpha (ces particules sont des noyaux d'atome d'Hélium) émises par un corps radioactif naturel, le Radium, il bombarda des atomes d'Azote, gaz très abondant qui compose 78 % de l'air que nous respirons. Lord Rutherford observa la formation de noyaux d'Oxygène et d'Hydrogène suivant la réaction que l'on note simplement :

$$N^{14} + \alpha^{4} \Rightarrow O^{17} + H^{1} \text{ (c'est un proton qui est éjecté)}$$

L'Azote N^{14} était ainsi transmuté en Oxygène O^{17}, isotope plus lourd que l'O^{16} qui abonde dans la nature. Celui-ci représente 99,76 % de l'Oxygène que nous respirons composé également d'O^{17} (0,038 %) et d'O^{18} (0,2 %). Ce dernier est la matière première nécessaire à la fabrication du F^{18}, isotope instable du Fluor, aujourd'hui fondamental en médecine nucléaire pour les examens TEP-scan.

Dès la fin des années 1920, les physiciens ont cherché à disposer de sondes plus puissantes que ces seules sources radioactives naturelles qui n'émettent que relativement peu de particules dans toutes les directions de l'espace, ce qui avait pour conséquence de rendre particulièrement difficile et peu efficace la détection des produits des réactions nucléaires dans une direction donnée.

Pour pouvoir étudier la structure nucléaire, il fallait donc s'attaquer à une production beaucoup plus intense de ces « sondes », c'est à dire de pouvoir disposer de faisceaux maitrisables de projectiles qu'il convenait ensuite de lancer à très grande vitesse afin qu'ils puissent pénétrer dans la matière : le concept d'accélérateur de particules était né.

Deux équipes de Physiciens se lancèrent dans cette recherche : Cockcroft et Walton, à Cambridge en Angleterre et Lawrence, à Berkeley aux Etats-Unis.

Le projectile le plus simple à utiliser était le proton, particule massive formant le noyau de l'atome d'hydrogène, 1836 fois plus lourd que l'électron qui tourne à une vitesse folle autour de lui. Il ne pèse, en absolu, que 10^{-27} kilogramme et ne mesure qu'environ 10^{-15} mètre ! C'est donc un objet de taille et de masse infinitésimales qui présente une caractéristique essentielle, celle d'avoir la même charge électrique, au signe près, que l'électron qui lui est attaché (l'atome d'hydrogène est, donc, électriquement neutre). Heureusement car sans cet équilibre électrique, nous ne pourrions exister ainsi que tout ce qui nous entoure. Ces deux propriétés essentielles, objet extrêmement petit et charge électrique vont ainsi faire du proton une sonde idéale pour aller explorer la matière dans ses menus détails.

Ces physiciens pionniers vont utiliser cette charge électrique du proton car, sans connaître encore le tableau des 4 forces fondamentales, ils avaient compris que la force électromagnétique était considérable. Eux, comme nous tous aujourd'hui, savaient déjà qu'un simple petit aimant permanent, comme ceux que nous apposons sur nos réfrigérateurs, suffit à lever un trombone de quelques grammes, c'est à dire à vaincre la force de toute la Terre dans son énormité qui, pourtant, l'attire vers le sol. Le voilà ce facteur 10^{35} de notre paragraphe précédent : la force électromagnétique est colossale, 1 suivi de 35 zéros, par rapport à la force de gravitation.

Cokcroft et Walton réussirent, les premiers, à accélérer des protons dans un champ électrique fixe de plusieurs centaines de milliers de volts et ils parvinrent, en projetant ces protons accélérés sur une cible de Lithium, à observer une désintégration en deux particules alpha suivant la réaction :

$$H^1 + Li^7 \Rightarrow \alpha^4 + \alpha^4$$

Ernest Lawrence, à Berkeley, avec une méthode tout à fait différente qui utilisait un champ électrique alternatif et un champ magnétique fixe, allait rapidement dépasser ces premiers résultats.

Ces faisceaux de particules produits par ces accélérateurs pionniers ouvraient ainsi un champ expérimental, énorme et fécond, car ils étaient des millions de fois plus intenses que les sources radioactives naturelles utilisées initialement.

Berkeley, berceau des cyclotrons

Le plus grand instrument scientifique au monde aujourd'hui, est ce geant accélérateur circulaire de particules dénommé LHC qui a été construit par le CERN. Par quel cheminement a-t-on abouti à une telle prouesse technique, joyau de l'Europe ?

En 1929, Ernest Lawrence, le talentueux et habile jeune physicien de Berkeley, inventait le concept du premier accélérateur circulaire. Ce nouveau type d'accélérateur « circulaire », dénommé à l'origine « résonateur magnétique » (le nom de « cyclotron » n'arrivant que peu après), va supplanter très rapidement les premiers accélérateurs dits « linéaires » car il allait permettre, en effet, d'accélérer à plus haute énergie en utilisant des tensions électriques beaucoup plus modestes. Son principe, tel que développé par Ernest Lawrence, consiste à introduire, dans un même volume, les deux composantes principales d'un accélérateur circulaire que sont un électro-aimant produisant un champ magnétique fixe pour le guidage, les « rails » en quelque sorte, et des cavités accélératrices produisant un champ électrique alternatif de fréquence fixe, le « moteur » de l'accélérateur.

Au milieu des années 1930, les cyclotrons de Berkeley avaient déjà remarquablement progressé permettant, comme nous l'avons vu, à des particules alpha ou à des protons d'atteindre des énergies beaucoup plus élevées que celles des sources radioactives naturelles. Pourtant, une difficulté majeure apparut, liée à la perte de synchronisme entre le temps de révolution des particules dans le champ magnétique de guidage et la fréquence fixe du champ électrique alternatif accélérateur. Cette perte de synchronisme est une conséquence de la théorie de la relativité d'Einstein : elle est due à l'augmentation relativiste de la masse des particules accélérées car les particules atteignaient des vitesses considérables, non négligeables par rapport à la vitesse de la lumière. A Berkeley, encore, on trouva rapidement des parades à ces limitations (qui furent finalement fécondes) à l'origine d'accélérateurs de concepts nouveaux, d'abord pour la famille des Cyclotrons (Synchrocyclotron puis Cyclotron isochrone) et plus tard celle des Synchrotrons qui aboutiront, bien des années après, à des accélérateurs géants, dont le LHC du CERN.

L'invention du cyclotron valut, en 1939, le prix Nobel de Physique au brillant physicien qu'était Ernest Lawrence, distinction accompagnée de la mention :

« *For the invention and development of the cyclotron and for results obtained with it, especially with regard to artificial radioactive elements* »

Ainsi, dès le premier de ces « cyclotrons » construit en 1932, la Physique nucléaire naissante venait d'effectuer, d'emblée, un bond en avant considérable grâce à la production de nombreux radioéléments artificiels ; Berkeley entrait donc par la grande porte dans la riche histoire de la Physique, inaugurant alors son impressionnante liste de récipiendaires du prix Nobel.

Le Cyclotron est un accélérateur de particules à qui l'on demande d'assurer cinq fonctions principales : d'abord produire ces particules, ensuite les guider et les regrouper autour d'une trajectoire de référence, puis les accélérer pour les porter à l'énergie cinétique requise et enfin les extraire de l'accélérateur pour les diriger vers l'utilisateur.

Pour produire, première fonction, ces particules électriquement chargées, il faut séparer les constituants de l'atome dans une enceinte, une « source », où la matière est « ionisée ». Le rôle de cette « source d'ions » est double : il s'agit soit d'arracher les électrons aux atomes d'un gaz pour produire des ions chargés positivement (par exemple du gaz Hydrogène pour obtenir des protons ou du gaz Deutérium, isotope lourd de l'Hydrogène dont le noyau est formé d'un proton et aussi d'un neutron, pour produire des deutons), soit d'attacher un électron pour obtenir un ion chargé négativement (comme le sera l'ion H- accéléré dans le cyclotron niçois MEDICYC). Dans ce dernier cas, les sources d'ions de bonne performance (en matière de quantité d'ions mais surtout de longévité, ce qui est primordial pour une activité médicale) sont plus volumineuses, exigeant d'être placées en dehors de l'électroaimant ; les ions extraits de cette source sont ensuite dirigés au centre du cyclotron par un dispositif appelé injection externe.

Le guidage (seconde fonction) est, lui, assuré par un électroaimant où règne un champ magnétique statique (c'est-à-dire qui ne varie pas dans le temps) lequel courbe la trajectoire des particules. Cette trajectoire de référence, accélérée, se développe en spirale de la région centrale à la périphérie de l'aimant.

Le regroupement des particules (troisième fonction) autour de la trajectoire de référence, que l'on appelle, en empruntant le langage de l'optique pour les rayons lumineux, la focalisation du faisceau est associée aux propriétés spatiales particulières du champ magnétique de l'électroaimant.

L'accélération proprement dite (quatrième fonction) est assurée par un champ électrique de haute fréquence, en synchronisme avec la fréquence naturelle des particules chargées dans le champ magnétique. Cette accélération s'effectue, de façon discontinue, en des endroits précis dits « espaces accélérateurs » où règne ce fort champ électrique. Plus le gain d'énergie par tour est élevé, plus le nombre de tours est réduit pour atteindre l'énergie maximale en périphérie de l'aimant.

L'éjection du faisceau hors du cyclotron (cinquième et ultime fonction) se réalise grâce à un « canal d'extraction », ou par d'autres mécanismes comme nous le verrons pour MEDICYC. Ce dispositif conduit les particules ayant atteint l'énergie maximale hors du champ magnétique de l'électroaimant.

Dynamique des processus Accélération et Décélération

Nous avons compris que c'est la charge électrique des particules, donc l'énergie électromagnétique, qui va être efficace non seulement pour les accélérer mais aussi pour leur conférer des propriétés très intéressantes lors du processus inverse, à savoir la décélération. Ce facteur est essentiel en médecine, puisqu'en radiothérapie ce ralentissement dans les tissus aboutit *in fine* à un effet destructeur au niveau des cibles tumorales visées.

Considérons à nouveau et plus précisément le processus en cours dans les accélérateurs circulaires et pour mieux l'appréhender, approfondissons un peu les processus physiques.

Concernant la fonction de **guidage** tout d'abord :

Quand une particule de charge électrique **q** est lancée à la vitesse **v** suivant une direction perpendiculaire à un champ magnétique d'induction **B**, la force électromagnétique qui agit sur cette particule est égale à **qvB** et sa direction est perpendiculaire à **v** et à **B**.
Ainsi cette particule, de masse **m**, va décrire une orbite circulaire et la force mécanique centrifuge, que nous subissons tous (humains et particules) sur une trajectoire circulaire, relève de $\mathbf{mv^2/R = mv\omega}$, où **R** est le rayon du cercle et **ω** la vitesse angulaire de rotation.

Cette force mécanique centrifuge équilibre alors la force électromagnétique, de sorte que l'égalité donne :

$$mv\omega=qvB$$

Il en résulte que la formule de base de tous les accélérateurs circulaires, qui utilisent donc des aimants pour guider les particules, apparaît dans la splendeur de sa simplicité :

$$\omega=qB/m$$

La vitesse angulaire de rotation des particules sur leur trajectoire circulaire est ainsi connue, le temps mis par la particule pour décrire ce cercle ne dépendant ni de sa vitesse, ni du rayon du cercle, mais seulement de la charge électrique **q** et de la masse **m** de la particule ainsi que de la valeur du champ magnétique **B**

Considérons, maintenant la deuxième fonction majeure qui est, bien évidemment, **l'accélération** elle-même :

L'énergie cinétique imprimée à une particule de charge électrique **q** par une différence de potentiel **V**, une tension en volts, est simplement égale à **qV**. Pour l'exprimer, nous avons déjà vu que l'on utilise une unité simple et pratique que l'on nomme électronvolt où la charge électrique élémentaire est égale à 1.
Ainsi une particule de charge électrique élémentaire qui « voit » une tension de 1 volt, acquiert une énergie de 1 électronvolt, que l'on note 1eV.
Le Mégaélectronvolt (MeV) représente, lui, l'énergie cinétique acquise par une particule de charge élémentaire qui est soumise à une tension d'un million de volts.
Cette énergie cinétique des particules accélérées par les cyclotrons pour une activité biologique (production de radio-isotopes) ou médicale (hadronthérapie des tumeurs) varie ainsi, de la dizaine à quelques centaines de MeV. A Nice, à titre d'exemple, on compte aujourd'hui deux cyclotrons à usage médical, le premier à 65 MeV, le second à 230 MeV.
Cette énergie, qui doit être évidemment communiquée à chaque tour dans notre accélérateur circulaire, sera acquise lors du passage dans des cavités accélératrices. Là est appliquée une tension **V** alternative de fréquence strictement égale à la fréquence naturelle des particules.
Le terme « cavité » doit être pris ici *stricto sensu.* En effet à l'intérieur d'un corps métallique creux, il n'y a pas de champ électrique. Ainsi quand, sur leur orbite, les particules seront à l'intérieur de ces cavités, elles ne subiront que la force magnétique de guidage celle que nous venons de voir précédemment, et elles ne seront sensibles à la force électrique d'accélération **qV** qu'en entrant et en sortant de la cavité.

Bien connaître ces deux fonctions, guidage et accélération, permet de mieux appréhender les deux grandes familles d'accélérateurs circulaires :

D'une part, les **cyclotrons** dont le champ de guidage est fixe dans le temps et dont la force d'accélération est fournie par des cavités accélératrices qui fonctionnent « au même rythme **ω** » que la vitesse angulaire des particules. La trajectoire sera alors constituée d'une série successive d'arc de cercles, dont le rayon s'accroît avec les gains d'énergie **qV** à chaque entrée-sortie de la cavité. Elle se développera dans l'espace en *« spirale »* du centre de l'électroaimant à sa périphérie où elle atteindra son énergie maximale.

Et d'autre part les **synchrotrons** dont le champ de guidage est, lui, variable dans le temps, la trajectoire de la particule étant maintenue sur une *« piste unique »*, en lui fournissant de l'énergie, de façon synchrone, à l'aide de cavités accélératrices réparties sur la piste. Ce champ de guidage est, ainsi, produit par nombre d'électroaimants « répartis » le long de cette piste unique

Nous voyons que le principe des accélérateurs circulaires, soit **ω=qB/m**, est extrêmement fécond et tous les accélérateurs circulaires d'aujourd'hui, les cyclotrons tels que MEDICYC à Nice (avec son aimant unique de 1.60 mètre de diamètre) mais aussi le plus grand synchrotron du monde, le LHC du CERN à Genève (avec ses 1232 aimants répartis sur l'anneau de 9 kilomètres de diamètre), sont bâtis sur ce même principe fondateur.

Mais, dans les cyclotrons dits « classiques », l'augmentation de la masse en fonction de l'énergie (la relativité d'Einstein) a pour conséquence une diminution de la vitesse angulaire **ω** et donc, une perte du synchronisme avec la fréquence de la tension sur le Dé d'accélération qui limite l'énergie dans les cyclotrons dit « classiques ».
Le remède, imaginé à Berkeley était assez simple : il suffisait de diminuer, à l'aide d'un condensateur rotatif, la fréquence de la tension Dé pour pouvoir accélérer des « paquets » de particules jusqu'à un grand rayon.
Ainsi naquit, en 1940 à Berkeley, un nouveau concept de cyclotron, le premier **synchrocyclotron**, dont le diamètre polaire était de 5 mètres et la masse de 4000 tonnes, le fameux « 184 inches » qui ouvrira un nouveau domaine de recherche de la physique des particules. On lui doit la découverte, grâce à ses protons de 340 MeV, des mésons π°.
Cet ancêtre des synchrocyclotons fut aussi utilisé, par les frères Lawrence et leurs successeurs pour l'irradiation des tumeurs, notamment en accélérant des particules α à 934 MeV, capables de pénétrer à plus de 30cm dans les tissus.

Envisageons, aussi et très brièvement, ce qui se produit lors de la **décélération.**

Quand les particules de haute énergie sortent du « vide » de l'accélérateur pour viser leur objectif, ce qui nous intéresse en radiothérapie, c'est qu'elles déposent de l'énergie dans la cible que représente le volume tumoral (on appelle cela une dose). Avant cela, elles vont ralentir dans un milieu composé d'une variété d'atomes composant les tissus du patient.

Ces atomes, nous le savons, sont des objets particuliers de masses différentes qui sont caractérisés chimiquement par un nombre précis d'électrons qui entourent les noyaux porteurs de toute la masse de l'atome. La particule chargée électriquement qui voyage, ainsi, au sein de cette foule innombrable d'électrons, va subir des forces électriques considérables qui vont la freiner et donc la ralentir.
Ce processus au cours duquel vont être « arrachés » quantité d'électrons (nous l'avons déjà rencontré le même processus dans les sources d'ions) s'appelle l'ionisation. On caractérise cette « décélération » par une quantité que l'on nomme TEL, **T**ransfert d'**E**nergie **L**inéique, c'est-à-dire le transfert d'énergie par unité de longueur le long du parcours de décélération.

Cette perte d'énergie (elle s'exprime en électronvolt, comme l'énergie cinétique qui permet l'accélération d'une particule chargée) est, pour des particules telles que les protons, quasiment constante durant l'essentiel du temps de décélération.
On choisit pour quantifier ce TEL, une toute petite unité de longueur, le micron (1 millionième de mètre) pour être « à l'échelle du processus» : le TEL s'exprime et se mesure, ainsi, en milliers d'électronvolts par micron, soit en keV/μm.

Ce TEL (voir GLOSSAIRE) va, par contre, augmenter fortement quand la vitesse des protons tend vers zéro, c'est-à-dire, pour le médecin radiothérapeute quand le proton sera dans la tumeur. Il va alors augmenter d'un facteur entre 5 et 10, suivant les conditions de l'arrêt dans le milieu « chimique » considéré et ce pic de dépôt d'énergie s'appelle le pic de Bragg, du nom du physicien anglais William Henry Bragg qui le mit en évidence en 1903. Illustre famille puisque père et fils (dont le prénom est Lawrence) furent, tous deux, couronnés du prix Nobel de Physique !

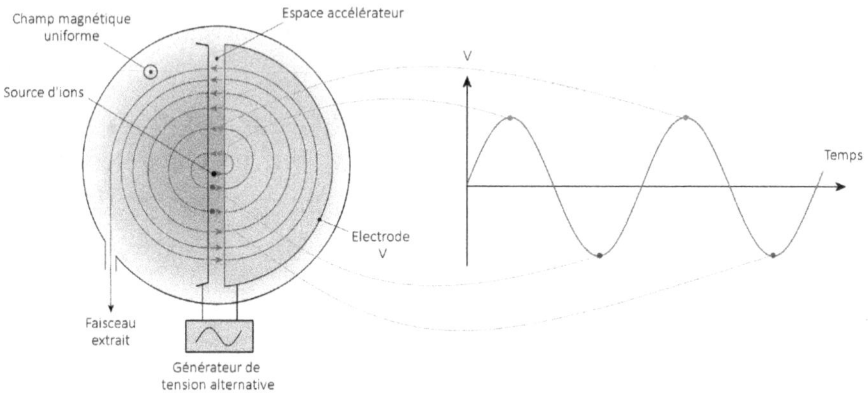

Illustré sur les schémas-ci-dessus, le concept fondamental du cyclotron peut se résumer ainsi:

- La source émettrice des particules, est placée au centre, dans l'entrefer d'un électroaimant.

- le champ magnétique (normal au plan de la figure), statique c'est-à-dire stable dans le temps, qui maintient les particules sur une trajectoire approximativement circulaire.
- Si l'on délivre de façon synchrone, c'est-à-dire au bon moment, de l'énergie grâce à un champ électrique établi dans l'« espace accélérateur », de fréquence égale à la fréquence naturelle des particules dans le champ magnétique, le rayon de l'orbite quasi circulaire des particules accélérées, dont la vitesse augmente, va s'accroître en spirale jusqu'au voisinage du bord de l'électroaimant, où les particules ont acquis leur énergie cinétique maximale.
- Enfin, pour extraire de l'aimant ce faisceau qui tourne à sa périphérie, différents systèmes appropriés le poussent vers l'extérieur où il sera « aiguillé » ensuite vers diverses applications.

L'unité légale d'énergie, le Joule, étant tout à fait inadaptée pour des particules dont la charge électrique élémentaire est très faible, on lui préfère une unité beaucoup plus pratique, l'électronvolt (eV), qui exprime l'énergie cinétique acquise par une particule de charge électrique unitaire qui voit une tension électrique de 1 volt. En vertu de l'équivalence masse-énergie de ce bon professeur Einstein, on utilise le même électronvolt comme unité de masse. Ainsi, la masse du proton, noyau de l'atome d'Hydrogène de charge électrique positive, est proche du milliard d'électronvolt, soit donc un Giga-électronvolt (GeV), plus précisément 0,938 GeV : c'est plus pratique que 10^{-27} kg !

Le début des applications médicales et l'hadronthérapie

Dès la découverte des rayons X par Roentgen en 1895 puis celle, très peu de temps après, de la radioactivité par Becquerel et les Curie, apparaît la propriété de ces nouvelles radiations d'ioniser la matière dans laquelle leur énergie est absorbée. Cette ionisation correspond à l'arrachement de l'atome d'un ou plusieurs électrons, et ce sont ces électrons secondaires mis en mouvement par ces radiations dites « ionisantes » qui sont les agents physiques directs des effets biologiques observés. C'est l'observation d'un effet destructeur sur la peau, l'épiderme en particulier, qui a conduit à envisager leur utilisation thérapeutique amenant la naissance de la radiothérapie des tumeurs. Son principe est simple : exposer les cellules cancéreuses à une ionisation pour altérer le matériel génétique contenu sous la forme d'ADN et rendre la cellule malade incapable de se reproduire. Pour ce faire, deux méthodes principales : la radiothérapie transcutanée (le faisceau de rayonnement est émis par un générateur situé en dehors de l'organisme) et la curiethérapie (où les sources radioactives sont soit au contact soit à l'intérieur des tissus tumoraux).

Ernest Lawrence avait un frère John, médecin et biologiste, ensemble ils ont pensé rapidement aux diverses potentialités offertes par le cyclotron dans le domaine médical : dans la production d'isotopes pour la recherche en biologie d'une part, et dans la production de neutrons pour traiter et détruire certains cancers d'autre part.

Laissons ici la parole (en français) à Ernest Lawrence : « *J'imagine que, dès qu'il découvrit les neutrons* (en 1932), *Chadwick s'est demandé quels pouvaient être leurs effets biologiques. Mais je sais qu'à Berkeley, aussitôt que nous avons observé que des neutrons étaient produits par le cyclotron avec une certaine abondance, nous nous sommes inquiétés de l'action biologique qu'ils pouvaient avoir....* Avec son frère John ils obervèrent que les effets ionisants des neutrons étaient effectivement très différents de ceux des rayons X, ce qui les amena à proposer une (devenue célèbre) analogie :

« ....on pourrait dire que l'ionisation par les rayons X ressemble à une brume de San Francisco alors que les neutrons donnent une pluie de gouttes comme une bonne averse du New Brunswick ! »

Le cyclotron de 60 inches, dit « Crocker Cyclotron », du nom du Laboratoire qui l'abritait, fut le premier cyclotron utilisé dans cette voie nouvelle de recherches en biologie et en médecine. La publication initiale que l'on peut qualifier d' « historique » pour l'activité en médecine fut consacrée aux effets biologiques des neutrons et présentée par les frères Lawrence devant la Société américaine de Recherche Clinique dès 1936.

Et, en 1938, la mère d'Ernest et de John fut la première patiente atteinte de cancer à être traitée par des neutrons produits grâce au cyclotron Crocker.

Précisons que les neutrons, qui sont, comme leur nom l'indique, non chargés électriquement, ne peuvent évidemment pas être accélérés directement par le cyclotron ; mais ce dernier sert à produire un faisceau primaire de particules chargées, qu'il s'agisse de protons ou de deutons, qui sera, ensuite, envoyé sur une cible appropriée pour interagir avec les noyaux de cette dernière et produire, alors, les neutrons utiles pour le traitement.

Malheureusement, les premiers résultats cliniques obtenus avec cette utilisation encore balbutiante des neutrons vont vite se révéler, sur le plan du contrôle tumoral, très décevants, marqués aussi parfois par des complications trophiques post-irradiation graves, voire mortelles. L'insuffisance des connaissances radiobiologiques de l'époque est largement la cause de ces échecs. Elle amena, outre les soubresauts liés à la seconde guerre mondiale, à son abandon.

Il va falloir attendre la fin des années 50 et le début des années 60 pour voir renaître l'intérêt pour cette innovante modalité d'irradiation anti-tumorale. Ainsi, à coté des photons et des rayons X, les vecteurs de la radiothérapie conventionnelle, en large essor mondial grâce au développement de la cobaltothérapie puis des accélérateurs linéaires d'électrons qui délivrent, par l'impact sur des cibles appropriées, des rayons X de haute énergie, se font jour des nouvelles recherches sur le rôle potentiel que pourrait présenter une irradiation par des particules issues, elles, du noyau même de l'atome, donc des neutrons ou des protons.

Concernant ces derniers, c'est l'un des élèves d'Ernest Lawrence au « *Radiation Laboratory* » de l'Université de Californie à Berkeley, Robert Rathbun Wilson, qui va, pour sa part, apporter une contribution essentielle en publiant, dans la revue américaine « *Radiology* », en 1946, un article princeps, intitulé « *Radiological use of fast protons* ». Il montre, le premier, l'intérêt potentiel majeur qu'il y aurait à utiliser, aussi, le faisceau de protons lui-même pour traiter les tumeurs. Ce chercheur hors pair qui dirigea ensuite le prestigieux « Fermi National Accelerator Laboratory » à proximité de Chicago, mondialement connu sous le nom de Fermilab, est considéré, aujourd'hui, comme le « Père de la protonthérapie ».

Des séries de travaux intéressants vont, ainsi, être menés, sous l'impulsion de quelques équipes pionnières, au premier rang desquelles on retrouve sans surprise, dès 1954, l'équipe californienne du « Lawrence Berkeley National Laboratory » suivie ensuite par celles d'Uppsala (en 1957), d'Harvard (1961) et de Moscou (1965) pour tenter d'apprécier et d'améliorer l'efficacité de cette irradiation, notamment dans certaines catégories tumorales difficilement curables par l'irradiation classique. Ils seront, ainsi, pas loin d'une vingtaine d'équipes qui vont s'attacher à déterminer l'intérêt potentiel de l'emploi de ces particules lourdes et ce, par rapport aux résultats obtenus par les RX ou les photons de la radiothérapie conventionelle.

On désigne de nos jours cette modalité particulière d'irradiation sous la terminologie (pas très heureuse) d'hadronthérapie, hadron étant un terme venant du grec ancien qui signifie fort. Cette hadronthérapie vise, donc, à détruire les cellules cancéreuses en les irradiant avec un faisceau de particules constitué d'hadrons, particules subatomiques régies par l'interaction forte : cela inclut les neutrons, les protons, des ions (hélium, carbone, néon en particulier) et d'autres particules telles les mésons π aujourd'hui abandonnés.

Envisageons leurs propriétés respectives :

Les neutrons, comme leur nom l'indique, sont des particules non chargées (« neutres ») qualifiées par un haut **T**ransfert d'**E**nergie **L**inéique (TEL), valeur exprimée, nous l'avons déjà précisé, en keV/µm. Ce TEL élevé est lié au fait qu'ils produisent, par interaction nucléaire avec les noyaux des atomes rencontrés, des fragments composés de particules chargées (protons et alpha) de faible énergie donc très ionisants.

Ce sont ces fragments, à l'origine du TEL élevé des neutrons, qui expliquent leur action dans les tissus que l'on appelle « **E**fficacité **B**iologique **R**elative » (EBR). Cette EBR des neutrons est nettement plus élevée que celle obtenue par les rayonnements de la radiothérapie classique, les RX et les photons qui sont des particules dites à faible TEL.

Le TEL d'une particule décrit, ainsi, la densité d'ionisation en chaque point de sa trajectoire ; il caractérise, donc, la densité de dépôt d'énergie en ce point. C'est ce phénomène qui va être directement responsable de l'importance et de la gravité des lésions moléculaires produites au niveau des cellules tumorales visées, base de la radiothérapie des tumeurs humaines. Ces lésions se concentrent sur la structure même de l'ADN et se caractérisent par diverses altérations, notamment des coupures « double brin » complexes de la double hélice de l'ADN qui entrainent, définitivement, la mort cellulaire.

Ainsi, à dose égale délivrée, l'effet biologique destructeur potentiel est d'autant plus marqué que le TEL est élevé. Grâce à leur EBR, qui est proche d'un facteur 3 (mais cette valeur varie en fonction des tissus traversés et de la profondeur des tissus cibles), l'irradiation par des neutrons permet d'espérer une destruction plus complète des tumeurs que l'on qualifie de « radiorésistantes » parce qu'elles contiennent un pourcentage élevé de cellules tumorales dont l'oxygénation est déficiente (on les nomme « hypoxiques »). Ces tumeurs, en effet, résistent aux rayonnements à TEL faible et sont une source, parfaitement identifiée et reconnue, d'échec de la radiothérapie conventionnelle. Mais, inconvénient sérieux, si les neutrons, avec cette EBR élevée ont indiscutablement une action plus efficace sur la mort cellulaire, leurs propriétés balistiques, par contre, ne s'avèrent pas favorables et peuvent, même, être la source d'une toxicité non négligeable au niveau de tous les tissus traversés. En effet le ralentissement des neutrons, qui n'interagissent qu'avec les noyaux des atomes qu'ils rencontrent, exige une grande quantité de matière. De ce fait, ils traversent le corps du patient et leurs interactions ne se limitent pas au simple volume tumoral- cible.

Les autres hadrons, par contre, tels les protons ou les ions Hélium, Carbone ou Néon, utilisés aussi pour cette irradiation des tumeurs, sont, eux, des particules électriquement chargées et lourdes, ce qui va conférer à leur faisceau accéléré un avantage balistique majeur.

Comme pour les seuls protons, ces faisceaux d'ions possèdent, également, à l'opposé des rayons X et des photons qui perdent leur intensité dès qu'ils pénètrent dans les tissus, une propriété particulière très utile pour la radiothérapie : le dépôt d'énergie, donc la dose délivrée aux tissus, une fois traversé le couloir d'entrée des tissus sains situés en amont du volume-cible tumoral visé, le « plateau », reste faible pour se concentrer en fin de parcours, phénomène que les physiciens et aujourd'hui aussi les médecins appellent le pic de Bragg.

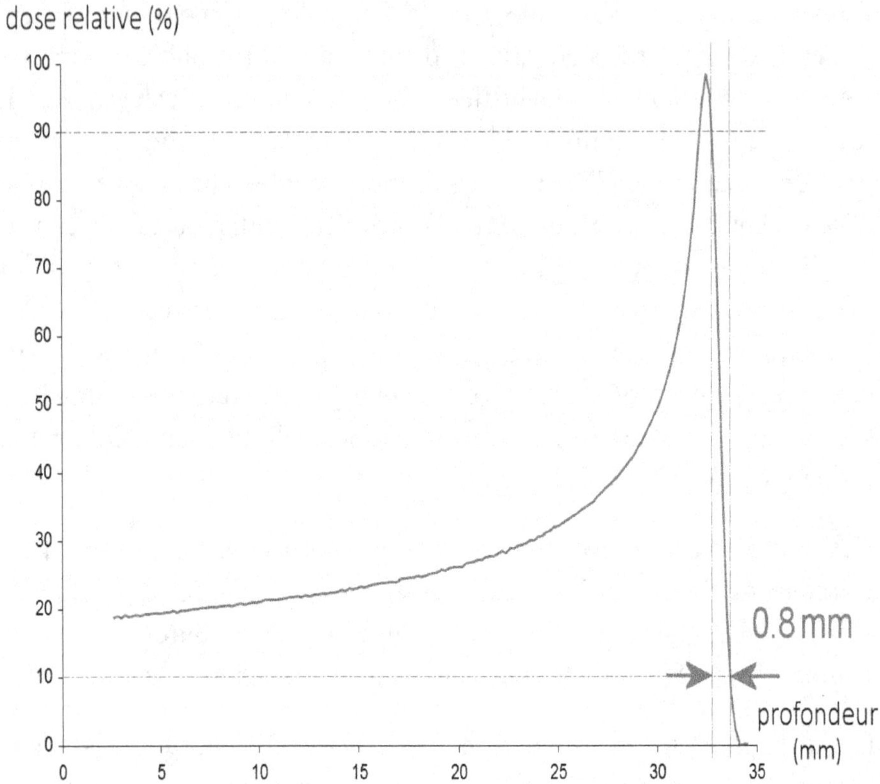

Pic de Bragg des protons de 65 MeV du cyclotron MEDICYC.

La distribution de la dose délivrée en fonction de la profondeur est donnée en unité relative par rapport à la dose à l'entrée. Le maximum, le pic de Bragg, ici normalisé à 100% de la dose, se situe à la profondeur de 31,5 mm. On caractérise la précision de cette distribution de dose par l'extension de sa chute de 90% à 10% après le pic de Bragg. On obtient ainsi avec MEDICYC une extension de 0,8 mm. Cette haute précision fait du faisceau de MEDICYC, l'un des plus performants du monde pour traiter les tumeurs ophtalmiques.

De ce fait essentiel, le ciblage d'une tumeur devient beaucoup plus précis, quelle que soit sa profondeur. C'est l'énergie incidente du faisceau qui détermine la position de ce pic de Bragg. En modulant cette énergie incidente, il peut, ainsi, être ajusté et étalé en fonction du volume tumoral à irradier. Outre cet effet destructeur bien circonscrit, les dommages causés aux tissus superficiels ou aux structures adjacentes sensibles sont, aussi, minimisés. Même pour des tumeurs de grand volume, il devient simple en superposant des pics de Bragg de différentes énergies d'obtenir une répartition tout à fait homogène du dépôt de dose.

Les propriétés attachées à ces divers faisceaux de particules vont pouvoir, aussi, être associées dans le but de potentialiser l'efficacité de l'irradiation : c'est le cas si l'on couple la précision balistique des protons (ou des ions) à l'effet radiobiologique renforcé lié à un rayonnement à TEL élevé. Certaines particules lourdes et électriquement très chargées se sont révélées, ici, très prometteuses : ce sont les héliums ^{4}He (deux protons et deux neutrons : masse 4 et charge électrique 2) et les ions Carbone ^{12}C (6 protons et 6 neutrons : masse 12 et charge électrique 6). En fin de trajectoire, dans le pic de Bragg, un ion carbone peut avoir un TEL près de 100 fois supérieur à celui des rayons X ou des photons, ce qui permet d'obtenir, en matière de mort cellulaire, une efficacité particulièrement renforcée.

Focalisation optimale des rayonnements sur la zone tumorale, augmentation sensible de la dose délivrée à la tumeur, épargne maximale au niveau des tissus sains et de certains organes critiques adjacents à la tumeur, sont un véritable Graal pour le radiothérapeute. Pour l'approcher, voire l'atteindre, exige d'améliorer, par rapport à ce qu'apporte la radiothérapie conventionelle, à la fois la balistique mais également l'efficacité biologique du rayonnement.

Or, ceci requiert une technologie qui exige un très haut niveau de compétence.

Entrer dans un tel domaine de complexité impose, en effet, de solides connaissances dans le domaine de la physique des accélérateurs et nécessite, en cas de réalisation, un investissement technologique et industriel majeur avec plusieurs équipements « lourds » très spécifiques. Parmi ceux-ci, citons, sans souci d'exhaustivité, la haute technologie des sources d'ions, celle des accélérateurs eux-mêmes (de type circulaire tels que synchrotron, synchrocyclotron ou cyclotron isochrone) ainsi que tous les différents dispositifs d'un pilotage fiable du faisceau de particules accélérées dans la conduite sécurisée et le contrôle de son application thérapeutique. Ce domaine passionnant de l'accélération des particules devient un modèle particulièrement démonstratif d'une activité thématique pluridisciplinaire de haut niveau, faisant appel à un grand nombre de spécialités scientifiques et technologiques : physique des accélérateurs, cryogénie, magnétisme, vide, radiofréquence, électronique rapide etc…

Réaliser des installations de ce type s'il oblige à disposer de connaissances scientifiques multiples, impose aussi une grande capacité d'engagement financier.

C'est pourquoi, dès le début de cette voie pourtant très prometteuse en radiothérapie, l'ensemble de ces contraintes, techniques et budgétaires, a constitué un frein permanent à son développement. Un bel exemple de ces difficultés concerne l'activité médicale qui se développa autour du synchrotron « BEVALAC » et du synchrocyclotron de « 184 inches », les accélérateurs pionniers de l'hadronthérapie à Berkeley. Elle dut s'interrompre, définitivement, malgré les indéniables résultats cliniques obtenus avec les noyaux d'Hélium et de Néon dans une cohorte de plus de 2500 patients traités. C'était en 1993, l'accélérateur était devenu obsolète pour la recherche fondamentale en physique nucléaire, l'activité pour laquelle il avait été construit, et son fonctionnement pour les activités médicales s'est vite avéré, alors, non finançable !

Que dire de la variété des risques encourus par ceux qui voudraient se lancer, d'emblée, dans une seule et unique entreprise médicale ?

L'histoire plus que singulière du projet original, né à Nice au début des années 70, concevoir et entreprendre la réalisation effective d'un cyclotron, totalement innovant, dédié à la seule activité biomédicale au sein du Centre Antoine Lacassagne à Nice, s'inscrit, c'est une évidence, dans ce contexte spécifique. Ce dernier ne pouvait rendre que plus incertaines encore les chances réelles de voir sa concrétisation...

Au sein de l'équipe constituée pour atteindre, quand même, ce si ambitieux objectif, il fallut donc acquérir puis conforter les facettes variées de cette haute technicité ; cela n'aurait pas été possible sans la fructueuse collaboration internationale dont elle a pu bénéficier au sein du CERN à Genève.

Cependant, l'enthousiasme de la jeunesse (même s'il est partagé par tous), les soutiens scientifiques éminents qui n'ont pas manqués et une dynamique collective exceptionelle ne peuvent suffire. Il fallut, aussi, montrer une bien solide capacité de résistance et détermination pour, à tout moment, garder le cap. La narration qui suit rapporte quelques uns des aléas et pièges qu'il fallut éviter et les formes variées de réticences (le mot est bien faible !) qui durent être surmontées durant les presque deux décennies nécessaires à la réussite finale de ce projet.

La genèse d'une innovation et le temps des avant-projets

Récent attaché scientifique au CERN à Genève, le jeune ingénieur niçois Pierre Mandrillon s'était passionné pour l'histoire captivante des frères Lawrence à Berkeley et, notamment, pour leur innovante expérience dans le domaine médical. Ce sont eux, nous l'avons souligné, qui ont cherché, les premiers, à évaluer les potentialités qu'offraient cette technologie, tout à fait nouvelle, des accélérateurs non seulement dans le domaine de prédilection du Laboratoire centré sur la recherche physique mais aussi dans un cadre bien différent dévolu au bénéfice exclusif de certains malades. Au sein du « Lawrence Berkeley Laboratory », depuis 1954, ont ainsi été traités plusieurs centaines de patients avec des protons d'abord, puis, à partir de 1957, avec des ions plus lourds (Hélium et Néon), et ce avec le soutien, fort et constant, du NCI (**N**ational **C**ancer **I**nstitute) américain. Ces recherches médicales étaient un acquis pionnier majeur et, aussi, un modèle exceptionnel !

En février 1972, il sollicite un rendez-vous avec le professeur Claude Lalanne, éminent radiothérapeute qui venait, quelque temps auparavant, d'être nommé Directeur du Centre Antoine Lacassagne de Nice.

L'utilisation en radiothérapie des neutrons, que l'on nommait neutronthérapie, fut le thème de leur première conversation, Claude Lalanne connaissant bien les applications médicales développées à Berkeley, notamment au « Donner Laboratory » qu'il avait visité à plusieurs occasions.

La période était tout particulièrement propice car venait d'être publié, en Angleterre, le résultat des premiers essais cliniques de radiothérapie par neutrons produits grâce à un cyclotron. Cette machine avait été financée par le *Médical Research Council* anglais et installée au Hammersmith Hospital de Londres où des patients étaient traités, depuis 1965, par la radiothérapeute anglaise renommée, la professeure Mary Catterall, et son physicien David Bewley.

Pour disposer, éventuellement, de neutrons pour l'irradiation des malades et à l'instar de bon nombre de ses collègues radiothérapeutes à l'étranger, l'intérêt présent du professeur Lalanne ne portait pas sur des accélérateurs du type de ce cyclotron anglais, car cette technologie était auréolée d'une grande complexité. Il s'agissait plutôt de recourir à des instruments capables de produire des neutrons que l'on appelait « générateurs (d,t) » ; ces machines, techniquement plus simples, présentaient, de plus, l'avantage non négligeable d'être disponibles, avec quelques réserves néanmoins, sur le marché des équipements de haute technologie.

Ce sont de petits accélérateurs électrostatiques d'une centaine de keV, fournissant des neutrons mono-énergétiques de 14 MeV déjà utilisés, pour la médecine, dans quelques Centres de soins en Europe (mais aucun en France). Un tel générateur est fondé sur une réaction nucléaire basique : la fusion du deutérium et du tritium, deux isotopes de l'Hydrogène, qui fournit des neutrons, des particules alpha et une grande quantité d'énergie (notons que c'est la voie explorée aujourd'hui pour réaliser la fusion thermonucléaire à Cadarache).

Ce type d'appareil présente pourtant, dans l'emploi médical bien spécifique qu'est la neutronthérapie, quelques inconvénients majeurs. Le premier problème concerne la distribution spatiale de ces neutrons qui est homogène mais sphérique, centrée sur la cible de tritium : ceci, on le conçoit, s'avère tout à fait défavorable pour l'irradiation en champ restreint d'une localisation tumorale. Il faut, en effet, procéder, préalablement, à une importante collimation qui peut nécessiter plusieurs tonnes de matériaux afin de cibler uniquement la zone à irradier et de réduire considérablement (d'un facteur supérieur à 10000) le flux de neutrons indésirables dans l'environnement immédiat du patient. Sa conséquence est une durée de traitement bien trop longue et dans un inconfort certain pour le malade. Si l'on veut bénéficier d'une distribution des neutrons, non plus sphérique mais vers l'avant, dans l'axe de la zone à irradier, il faut doter le faisceau incident d'une grande énergie cinétique, passant de quelques KeV à plusieurs dizaines de MeV, mais cela ne peut être obtenu qu'avec un cyclotron.

L'argumentaire, d'emblée en faveur d'un cyclotron, défendu par Pierre Mandrillon se complétait d'un élément crucial : la cible de tritium est particulièrement radioactive, deuxième grand problème, et dans le générateur (d,t), elle est placée directement au-dessus du patient : cette proximité peut, sans aucun doute, se révéler potentiellement dangereuse. Avec un faisceau incident accéléré par un cyclotron, ce positionnement vertical n'est, par contre, plus un problème d'autant que l'on peut utiliser un autre matériau-cible neutronigène, le Beryllium, aisément refroidissable et de maintenance beaucoup plus facile.

Dernier et troisième inconvénient de ces générateurs, majeur lui aussi, tient au fait qu'il n'est pas possible de fabriquer des isotopes, alors que se profile leur future utilité pour le monde biologique et médical. Seuls les cyclotrons à plus haute énergie ont, eux, la capacité d'ouvrir cette voie de production de radiotraceurs, diagnostiques et thérapeutiques ; leur essor considérable en médecine nucléaire viendra de là.

Devant l'ensemble de ces arguments qui confirment le caractère très médiocre de ce type de générateurs dans la pratique médicale, Pierre Mandrillon va obtenir du Directeur du Centre Antoine Lacassagne son accord et son soutien pour entreprendre une réflexion approfondie sur la conception d'un accélérateur, un cyclotron, nouveau et intégralement dédié à cette seule activité biologique et médicale.

Dès ce stade tout à fait préliminaire de l'étude, il est convenu, entre les deux partenaires, que les paramètres et caractéristiques retenus pour un tel cyclotron par l'ingénieur devront recevoir, avant toute éventuelle construction, l'aval préalable du radiothérapeute ; cela vise au respect d'une base clinique essentielle qu'est le rendement en profondeur dans les tissus, seul facteur, en effet, capable de promouvoir et d'assurer, en clinique, une neutronthérapie fiable et de qualité.

Autre objectif à lancer et à poursuivre, suivant en cela l'innovation menée au *Mémorial Sloan Kettering Cancer Center* à New York, ce cyclotron devait pouvoir produire, aussi, et ce, avec des rendements acceptables, des isotopes médicaux pour la médecine nucléaire, ce que les générateurs (d,t), rappelons-le, ne peuvent pas faire.

Ainsi, on doit le souligner pour mieux comprendre le travail conceptuel qui se met en place, le médecin et l'ingénieur convergent, et ce dès le tout début de leur collaboration, sur le constat qu'un cyclotron dédié, non plus à la physique et ses applications mais à une activité biologique et médicale exclusive ne doit être conçu qu'avec le concours des médecins. Ce cyclotron doit, c'est aussi un sentiment commun, pouvoir être installé en milieu médical c'est-à-dire dans un environnement hospitalier adapté. Si aménager une salle de radiothérapie parmi les locaux expérimentaux de recherche d'un Laboratoire de physique fondamentale, est, certes, toujours possible, une telle implantation n'apparaît pas devoir être recommandée lorsque l'on souhaite prendre en charge, de façon pérènne, des patients pour un diagnostic ou un traitement.

Bien évidement aussi, il faut, pour réussir le développement de cette future activité thérapeutique, éviter toutes conditions qui ne recueilleraient pas l'indispensable intérêt et soutien de la communauté médicale. Considérons, à titre d'exemple de cette nécessité, un point de « pratique clinique » néanmoins fondamental, abordé dès cette première entrevue : il concerne le fait qu'il faudra, dans la mesure du possible, faire tourner le faisceau dans l'espace pour irradier le volume tumoral sous différentes incidences afin d'obtenir une radiothérapie de haute qualité. Grâce à un tel dispositif, le faisceau tourne autour d'un point précis lié à la tumeur qu'on appelle l'isocentre ce qui permet d'augmenter la dose à la tumeur tout en protégeant mieux les tissus sains environnants. Pionnier à l'Institut Gustave Roussy de cette recherche d'efficacité et de précision pour la radiothérapie utilisant les photons du Cobalt 60, le professeur Claude Lalanne encourage le jeune ingénieur à poursuivre la réflexion non seulement sur ce cyclotron dédié mais également sur ces dispositifs isocentriques de distribution de la dose qui sont tout autant complexes…

Enfin, *last but not least,* il ne lui cache pas, non plus, malgré son intérêt potentiel au service des malades, qu'un tel projet risque, sans doute, de se révéler trop ambitieux pour le seul Centre Lacassagne à Nice !

Au cours de plusieurs rencontres durant les deux années suivantes va grandir la motivation de Pierre Mandrillon pour concrétiser la conception de ce cyclotron biomédical et pour, ensuite, le réaliser à Nice dans la ville qui l'a vu grandir. Cette détermination, qu'il partage avec le professeur Lalanne, vise à rassembler au Centre Antoine Lacassagne, les conditions d'une possible réussite et ne cesse de prendre vigueur et ampleur.

C'est parti, donc, dans les esprits et dans les cœurs, au moins les leurs, pour le projet innovant, à Nice, d'une radiothérapie moderne utilisant les neutrons…

Afin de définir les caractéristiques de cette machine expérimentale, leur conviction partagée est que, pour une utilisation optimale des neutrons, il faut obtenir, dans les tissus, une distribution de dose en profondeur dont la qualité soit au moins égale à celles des photons produits par les accélérateurs linéaires médicaux qui, à cette époque, commencent à entrer dans les services de radiothérapie.

Cela impose, à l'évidence, de développer un cyclotron dont l'énergie, paramètre fondamental, soit bien adaptée à ses fonctions futures : plus élevée que celle utile pour une seule production d'isotopes, elle devrait, également aussi, être supérieure à celle de l'accélérateur déjà installé au « *Hammersmith Hospital* » de Londres dont on commence à connaître les premiers résultats cliniques.

Pour ce choix crucial de l'énergie optimale, une rencontre va s'avérer particulièrement déterminante, celle du professeur André Wambersie, radiothérapeute à l'Hôpital universitaire de Louvain-la-Neuve en Belgique qui, avec le physicien Jean-Pierre Meulders, a développé un vaste programme de recherche en radiobiologie des neutrons. Ceux-ci sont produits sur une cible neutronigène grâce au cyclotron de Recherche de haute énergie acquis récemment par l'Institut de Physique nucléaire de cette jeune Université. Eux, aussi, ont la volonté et l'ambition de lancer une activité clinique et d'installer, dans un futur proche, une voie pour la neutronthérapie.

Leur accélérateur était un grand cyclotron à énergie variable, construit par une société française, la **C**ompagnie **G**énérale de

Radiologie, CGR-MeV, issue du groupe Thomson, machine capable d'accélérer plusieurs types de particules notamment des protons jusqu'à une énergie maximale de 90 MeV et des deutons à 50 MeV. Même si ce projet belge ne correspondait pas tout à fait aux conditions déjà envisagées pour le cyclotron médical dédié du Centre Antoine Lacassagne, la complémentarité avec un tel programme de recherche entrepris pour explorer les performances d'une neutronthérapie (avec différentes particules et à des énergies élevées) apparut vite essentielle pour la poursuite du projet niçois en gestation.

Pierre Mandrillon se rendit donc, à Louvain-la-Neuve et, à partir de cette première visite, s'établira effectivement une collaboration permanente et fructueuse avec cette équipe belge, liens étroits qui perdurent, encore aujourd'hui, quelque quarante ans après, avec ce qui est devenue la société IBA (**I**on **B**eam **A**pplications), une société commerciale et industrielle issue de ce Centre de Recherche du Cyclotron de l'Université, à Louvain-la Neuve, et constituée dans la suite immédiate des mauvais choix de la CGR-MeV française aujourd'hui disparue …

IBA est devenu aujourd'hui le leader mondial des fabricants de cyclotrons médicaux et nous aurons l'occasion de retrouver, plus tard et à de nombreuses reprises, la belle confiance réciproque née durant cette époque pionnière…

Premier des problèmes dans la conception d'un cyclotron exclusivement dédié à l'activité médicale, ici la neutronthérapie, c'était le choix de la particule à accélérer : fallait-il, notamment, considérer l'accélération de protons suivi de la production de neutrons sur une cible épaisse de béryllium ou devait-on plutôt envisager d'accélérer des deutons qui sont, eux, des porteurs « naturels » de neutrons ?

Quant à l'énergie de ce faisceau accéléré, qu'il soit de protons ou de deutons, elle devrait se situer, selon les données nucléaires connues, dans la gamme de 40 à 50 MeV. Ce niveau d'énergie est intimement lié à la conception de l'accélérateur lui-même. Or, il en existe différentes familles et, après les premiers cyclotrons classiques à pôle cylindrique développés par Ernest Lawrence, on découvrit que l'augmentation de la masse des particules en fonction de leur vitesse (selon les lois d'Einstein sur la relativité) allait, vite, limiter l'énergie maximale atteinte par ces machines. Pour reculer cette barrière en énergie des particules accélérées et compenser la variation relativiste de la masse, on considéra la modulation de la fréquence du système accélérateur haute fréquence et, ainsi, naquit le synchrocyclotron. Puis, au début des années 1960, fut conçu, à Berkeley encore, le principe d'une modulation spatiale du champ magnétique par une alternance de collines et de vallées dans l'entre-fer de l'aimant ; c'est l'origine du cyclotron dit « isochrone ».

Si le synchrocyclotron est une machine à faisceau pulsé dans le temps, donc, discontinu, le cyclotron isochrone est, lui, une machine à faisceau continu.

C'est vers le choix du synchrocyclotron que sera élaborée la première proposition, dans une note technique remise en février 1975, par Pierre Mandrillon à Claude Lalanne, sous l'acronyme MEDICYC. Dans ce document initial, la particule retenue est le deuton. Or pour accélérer des deutons, deux fois plus lourds que les protons, à énergie cinétique maximale voisine, le synchrocyclotron lui-même et l'éventuelle tête isocentrique sont d'une dimension qui apparaît bien imposante…

Si ce choix d'un synchrocyclotron est retenu, il faut aussi une forte intensité pour obtenir un « débit de neutrons » suffisant afin que la durée des séances d'irradiation reste compatible avec le confort des patients, c'est-à-dire n'excédant pas une dizaine de minutes. Pour atteindre ce résultat, le synchrocyclotron doit être susceptible de délivrer des impulsions avec une fréquence élevée, cette dernière fournie par un système Haute Fréquence (HF) original, dit « à large bande » permettant la modulation requise pour l'accélération des deutons.

Plus tard, le choix se portera sur un cyclotron isochrone plus compact accélérant des protons avec deux lignes de faisceau : une voie dite neutronthérapie, avec production des neutrons sur une cible épaisse de béryllium pour les traitements et certaines recherches en radiobiologie et une seconde voie liée à la seule production d'isotopes.

Pour la voie clinique et la rotation autour de l'isocentre (dont on a déjà souligné qu'il était un élément déterminant de la qualité d'une irradiation à visée thérapeutique) Pierre Mandrillon et Alfredo Susini, son ami du CERN, vont, d'abord, imaginer un système qualifié de simple (!), avec un seul aimant de déviation à 90°, tournant autour de l'axe de la voie de faisceau. Mais dans cette disposition, problème sérieux, le lit du patient doit être mobile et donc se déplacer en hauteur sur un quart de cercle. Pour que le patient ne ressente pas une désagréable sensation d'instabilité ou de vertige, source d'angoisse supplémentaire, il faut, alors, asservir le plancher mobile de la salle de neutronthérapie à l'angle de rotation de l'aimant. Le clinicien Claude Lalanne, devant ce dispositif qu'il trouve (est-ce lié à l'implication d'Alfredo Susini, physicien italien ?) quelque peu « fellinien », demande :

« *S'il vous plaît, faites bouger tout ce que vous voulez, même si c'est complexe, sauf le patient !* »

Ce dispositif, bien qu'innovant et peu coûteux, dut, de ce fait, être abandonné et remplacé par un projet de tête isocentrique plus traditionnelle mais à la mécanique beaucoup plus complexe, imposant plusieurs aimants et alimentations électriques.

Bien des années plus tard encore, il fallut reculer devant la contrainte du coût très élevé d'une telle réalisation et différer, une fois encore, sa construction. Sur la seule logique économique et financière, la tête isocentrique fut remplacée par un collimateur multi-lames placé au niveau du faisceau fixe vertical, selon le modèle strictement identique de celui installé à Louvain-la-Neuve en Belgique. Disons, dès à présent, qu'un tel choix sera, en 1994, vivement reproché aux responsables de l'équipe niçoise : les inspecteurs de l'IGAS en feront la principale cause de ce qu'ils considèrent comme l'échec d'une entreprise qui se montre incapable de garantir les conditions d'une neutronthérapie performante ! A elle seule et pour eux, cette absence de tête tournant autour du malade suffit à justifier la décision administrative qui, à Nice, imposera l'arrêt et l'abandon définitif des irradiations en neutrons.

Durant l'année 1975, Pierre Mandrillon est en charge au CERN, à Genève, d'une expérimentation sur un petit cyclotron de recherche, appelé le *micro SC*, dans le cadre des études de l'injecteur du projet français GANIL (**G**rand **A**ccélérateur **N**ational d'**I**ons **L**ourds).

En août, se déroule la Conférence internationale des Cyclotrons à Zurich et il suit, avec une attention particulière, une session tout à fait nouvelle qui s'intitule « *Applications of cyclotrons in Biology and Medicine* ». Au cœur, donc, de ses préoccupations, il découvre les travaux de quelques pionniers, en particulier ceux du suédois Borie Larsson, d'Uppsala, qui insiste sur l'intérêt majeur des protons et les ions en radiothérapie.

Les premiers résultats des recherches menées à Louvain-la-Neuve qui sont également présentés durant ce congrès montrent les avantages que l'on peut attendre de l'utilisation d'énergies plus élevées en neutronthérapie : il est ainsi démontré, pour obtenir de correctes énergies moyennes des spectres de neutrons, qu'il faut des protons accélérés à une énergie d'au moins 50 MeV.

Le choix de la particule à accélérer, protons ou deutons, modifie, nous le savons déjà, grandement la taille du cyclotron !

Ainsi, dans un cyclotron isochrone, pour une énergie de 50 MeV, dans un champ magnétique de 1,7 Tesla, le rayon maximal, pour les protons, est de 60 cm alors qu'il atteint 85 cm pour les deutons. Cela implique, pour l'option deutons, la conception d'une machine environ 70 % plus lourde et, donc, des conséquences financières majeures tant sur les coûts de construction de la machine mais aussi sur ceux du bâtiment et des salles de traitement…

Néanmoins, alternative au choix de la solution cyclotron isochrone, le synchrocyclotron qui permet un champ magnétique plus élevé et autorise la réduction des dimensions de l'accélérateur, représente sans doute un paramètre économique important de l'intégration future au sein d'un bâtiment hospitalier. Ce sont ces considérations de champ magnétique plus élevé dans les synchrocyclotrons) qui conduiront à Nice, 30 ans plus tard, au choix du concept S2C2 pour la nouvelle installation de protonthérapie haute énergie.

Toute l'année 1976 sera donc consacrée par Pierre Mandrillon, à côté et en dehors des expériences qu'il mène sur l'injecteur du GANIL, à développer, dans les deux hypothèses toujours envisagées, cyclotron ou synchrocyclotron, les études magnétiques, celles concernant l'injection et l'extraction des particules, surtout le nouveau système HF (avec l'ami Alfredo Susini) ainsi que la structure de la cible en charge de générer les neutrons.

Ces travaux et ces recherches aboutissent, le 26 décembre 1976, entre Noël et jour de l'An, au premier Rapport technique détaillé sur la comparaison d'un « cyclotron isochrone-protons » et d'un « synchrocyclotron-deutons » élaboré, avec Alfredo Susini du CERN, par Pierre Mandrillon.

L'accueil de ce document par les experts scientifiques consultés est, d'emblée, très favorable, notamment le professeur Coursaget (CEA), le docteur Malaise (CNRS) ou l'ingénieur André Laisné (IN2P3) qui manifestent leur complète adhésion avec les analyses présentées sans, cependant, trancher sur le choix définitif du type d'accélérateur. Très logiquement, le professeur Lalanne demande, alors, à Pierre

Mandrillon, au cours d'une réunion en date du 11 janvier 1977, à Nice, que soit maintenant bâti et établi pour MEDICYC un véritable Avant-Projet Scientifique. Celui-ci devra préciser, outre l'ensemble des caractéristiques technologiques, une ébauche de budget, notamment, le montant estimé des coûts annuels nécessaires tant en matière d'investissement que de fonctionnement, et ce jusqu'en 1980…

Au printemps 1977, Pierre Mandrillon visite le cyclotron isochrone de 30 MeV construit par la société suédoise Scanditronix, en cours d'installation à l'hôpital de Hanovre et destiné uniquement à la production d'isotopes. Si cette machine, d'une conception élégante due à l'ingénieur Stig Holm (avec lequel il a déjà travaillé au CERN), paraît bien adaptée à un programme de fabrication d'isotopes pour le diagnostic, ses caractéristiques en énergie s'avèrent néanmoins beaucoup trop basses pour envisager un programme de neutron thérapie.

Néanmoins, Monsieur Sjögren, le Directeur de Scanditronix, tient, lors d'un entretien, à Nice, le 8 mai, avec le Directeur du Centre Antoine Lacassagne, à exprimer l'intérêt tout particulier qu'il ressent pour le développement, en collaboration avec sa société, d'un nouveau cyclotron « dédié », d'énergie plus élevée que le cyclotron de l'hôpital de Hanovre et destiné, à la fois, à la neutronthérapie et à la production d'isotopes. Malheureusement ces souhaits seront sans suite et n'aboutiront pas à la mise en place d'une collaboration concrète.

1977, la réunion de Saclay et la mise en route effective du projet

En juillet 1977, à l'initiative du professeur Jules Horowitz, physicien renommé et Directeur de l'Institut de Recherche Fondamentale du CEA, est organisée, à Saclay, une réunion de travail sur le projet MEDICYC qui rassemble des radiothérapeutes, des radiobiologistes, des ingénieurs et physiciens des accélérateurs (venant du CEA, du GANIL et de l'IN2P3) ainsi que des représentants de la Société industrielle CGR- MeV.

Pierre Mandrillon, qui travaille désormais au CNRS, à l'IN2P3, y rapporte les deux avant-projets retenus pour MEDICYC : un cyclotron isochrone de conception relativement classique et un synchrocyclotron à cyclage rapide avec modulation électronique pour réaliser la bande de fréquence.

A l'issue de sa présentation et de la discussion qui s'ensuit, ce groupe d'experts va émettre deux recommandations importantes qui auront une influence majeure dans la suite du projet.

- la première vise à retenir définitivement le choix d'un cyclotron isochrone. Sur la base d'arguments techniques pas toujours considérés comme convaincants, cette option est, cependant, préférée à celle du synchrocyclotron en partie parce que ce dernier type d'accélérateur n'était qu'assez peu connu du groupe de travail. Il y avait, surtout, de fortes réserves, exprimées notamment par la CGR-MeV, sur les capacités d'un tel synchrocyclotron pour obtenir, au final, la performance attendue…

- La seconde souhaite que s'établisse une étroite coopération avec l'industriel français CGR-MeV, autour d'un design de la future machine niçoise qui soit proche de celui du cyclotron que cette société vient de, récemment, installer au CNRS à Orléans, où une future ligne clinique de neutronthérapie est également envisagée. Ce qui soulève problème dans cette alliance réside dans le fait que les performances mesurées de la machine CGR-MeV en question sont très éloignées de celles requises pour le projet MEDICYC. Cela concerne, notamment, l'énergie maximale qui n'atteint que 38 MeV mais, aussi, l'intensité du faisceau accéléré jugée également trop faible, deux contraintes peu compatibles, notamment en matière de durée des séances de neutronthérapie, avec une bonne pratique clinique.

Jules Horowitz, qui s'implique fortement dans le soutien de l'initiative niçoise, indique, aussi, qu'il va user de son influence pour convaincre le professeur Yoccoz, alors Directeur de l'IN2P3 (Institut National de Physique Nucléaire et de Physique des Particules du CNRS français), de détacher Pierre Mandrillon à la direction de ce projet MEDICYC. Pour ce faire, son départ du GANIL devra être compensé par le recrutement d'un ingénieur mécanicien, détaché de l'industrie pour prendre la responsabilité du futur montage des chambres à vide des accélérateurs du GANIL à Caen ; les coûts salariaux de ce dernier seront, en partie, pris en charge par le Centre Antoine Lacassagne !

Les réunions techniques de ce Groupe d'experts se répéteront et ses participants voudront unanimement qu'il prenne, alors, la dimension d'un Conseil Scientifique, placé sous la présidence du Directeur de l'IN2P3.

C'est le 21 octobre 1977, à la direction centrale de l'IN2P3 à Paris, sous la présidence du professeur Yoccoz, que le Conseil scientifique de MEDICYC, première séance de travail sous cette nouvelle appellation, approuvera les paramètres et les choix techniques retenus dans l'avant-projet ouvrant, ainsi, la réalisation future de cet innovant cyclotron.

Quelques mois après, lors d'une réunion de ce Conseil Scientifique, le 24 février 1978, en présence de Jules Horowitz, plusieurs décisions d'importance vont être prises. Elle concernent, en premier, le bien-fondé du choix de l'énergie des protons porté de 35 à 40 MeV (ce qui présente aussi un avantage sur l'allègement de la charge thermique de la cible en béryllium produisant le flux de neutrons) et, en second, une préférence définitive apportée à la version cyclotron isochrone (par rapport à celle d'un synchrocyclotron).

Des discussions portent sur les moyens de réaliser le projet et trois possibilités sont envisagées et débattues : fourniture d'une machine « clé en main » par un industriel, français de préférence (la CGR-MeV), une construction « à la maison » par une équipe dédiée du Centre Antoine Lacassagne seul, ou un compromis entre ces deux possibilités, l'équipe technique MEDICYC collaborant avec les industriels de la branche à la construction d'un cyclotron isochrone.

Alors que, pourtant, il existe bien dans le catalogue de la société américaine Cyclotron Corporation une machine de 42 MeV protons, l'ensemble des participants présents (ils sont au nombre de 17) vont exprimer, ce jour-là, leur accord unanime pour préconiser la construction, en France, par une équipe française, de ce prototype innovant dédié à un usage médical exclusif.

Monsieur Gouttefangeas, chef du projet GANIL, est favorable à la constitution d'une équipe dédiée au projet MEDICYC dirigée par Pierre Mandrillon pour finaliser le design et construire cette machine en collaboration et association avec la CGR-MeV. Les experts demandent au Centre Antoine Lacassagne que ce dernier n'exige, cependant, de la CGR-MeV aucune garantie de résultat (comme c'est généralement l'usage en matière industrielle), étant donné qu'il reste, avec l'assentiment de tous, seul et unique Maitre d'Œuvre du projet.

MEDICYC et les industriels

L'essentiel du partenariat industriel, souhaité et recherché par les experts et le Centre Antoine Lacassagne lui-même, va s'orienter, tout naturellement, vers la société française Compagnie Générale de Radiologie et sa branche accélérateurs de particules, la CGR-MeV, qui occupe, à cette époque encore, une place nationale et internationale enviable et reconnue.

Suivant les recommandations exprimées par le Conseil Scientifique, plusieurs réunions vont être organisées entre l'équipe MEDICYC et divers cadres et ingénieurs de la CGR-MeV, au CERN le 10 avril et le 15 novembre 1978 et à Buc, siège de la CGR-MeV, le 8 septembre 1978 et le 19 janvier 1979.

Le principe d'un cyclotron isochrone à 4 secteurs et 2 cavités accélératrices est retenu par tous. Monsieur Dupuy, l'un des ingénieurs participants, suggère de s'appuyer sur le cyclotron « 680 », celui d'Orléans, dont il faut, pourtant, réviser fondamentalement le design magnétique, le système HF (haute fréquence) mais aussi l'injection et l'extraction pour tenter d'atteindre les performances requises par le cahier des charges du futur cyclotron niçois.

Un autre ingénieur de la CGR-MeV, Monsieur Tran, en charge, pour sa société, des réponses aux appels d'offres lancés par les villes américaines de Houston et de Philadelphie pour installer des cyclotrons pour la neutronthérapie, estime, lui, à l'instar de Pierre Mandrillon, qu'il est plutôt raisonnable de s'orienter vers une énergie plus élevée atteignant au moins 50 MeV.

En considérant les mesures, récemment obtenues par Jean-Pierre Meulders, physicien travaillant sur le cyclotron de Louvain-la Neuve, concernant les faisceaux de neutrons produits, sur cible de Béryllium, par des protons de 50 MeV, il devient évident qu'un cyclotron n'accélérant des protons qu'à 38 MeV tel que le « 680 » de la CGR-MeV ne convient pas pour une neutronthérapie de bonnes performances telles qu'on l'envisage dans le projet niçois. Répondant aux souhaits des futurs utilisateurs médecins, les caractéristiques d'un MEDICYC-50MeV sont, en effet, beaucoup plus avantageuses en terme de débit de dose et de rendement en profondeur.

Une nouvelle réunion au CERN, le 8 mars 1979, confirmera cet accord de tous pour fixer l'énergie minimale autour de 50 MeV protons après une présentation, par Pierre Mandrillon, des premières études sur la région centrale et les cavités accélératrices Haute Fréquence du futur MEDICYC. Une répartition des tâches de fabrication est élaborée et CGR-MeV s'engage à réaliser l'aimant nécessaire. Ces dispositions seront annexées à la proposition de contrat adressée par CGR-MeV au Centre Antoine Lacassagne.

Le 15 juin suivant, Pierre Mandrillon expose, lors d'une réunion commune à Buc, siège de la CGR-MeV, les indispensables modifications qu'il faudrait apporter à l'aimant « 680 » : les profils des secteurs magnétiques, les pièces polaires ainsi que les bobines principales et l'ensemble du circuit magnétique doivent être complètement revus pour atteindre l'énergie de 50 MeV requise: il s'agit bien, désormais, d'un nouvel aimant dont tous conviennent que c'est au Centre Antoine Lacassagne de prendre en charge la totalité des études.

Mais à Buc encore, le 24 octobre 1979, lorsque sont revues les propositions de répartition du travail en commun, il apparaît, à l'évidence maintenant clairement, que l'équipe de CGR-MeV ne peut (ou ne désire) plus s'impliquer dans les études d'un nouveau design de cyclotron, comme cela était prévu ; elle ne souhaite prendre en charge que certaines tâches et cela, seulement dans le cadre d'une contractualisation précise.

Un contrat global entre le CAL et CGR-MeV est cependant effectivement signé le 1ier mars 1980 par le Directeur du CAL, le professeur Claude Lalanne et le Directeur Général de la CGR-MeV, Monsieur Robert Tuillier.

Il stipule notamment :

« ...l'objet du présent accord est l'étude et la réalisation d'un cyclotron pour neutronothérapie et production de radio-isotopes destiné à équiper le Centre Antoine Lacassagne...

il est donc décidé d'établir en commun un projet de cyclotron dont les performances sont jointes en annexe 1 au présent accord... de procéder à la construction de ce cyclotron suivant un découpage et des limites de responsabilités ainsi que le planning, définis dans les annexes 3 et 4...

CGR-MeV, pendant dix ans à dater de la signature du présent contrat versera au Centre Lacassagne une redevance fixée à 5% du prix de vente Hors Taxe au départ usine des cyclotrons construits suivant le modèle MEDICYC, objet du présent contrat....

Les études et devis, réalisés par le Centre Lacassagne à l'occasion de ce contrat, sont la propriété du Centre Antoine Lacassagne, mais seront mis gratuitement et exclusivement à la disposition de CGR-MeV pour la construction des machines pour lesquelles les redevances seront perçues... »

Une autre convention est également signée, quelques mois plus tard, le 9 décembre 1980, par la CGR-MeV et le Centre Antoine Lacassagne, ici associés au **C**ommissariat à l'**E**nergie **A**tomique (CEA), représenté par Monsieur Pierre Corbet, Directeur du **C**entre d'**E**tudes **N**ucléaires de **G**renoble (CENG) dans laquelle il est convenu :

« ...dans le cadre du projet MEDICYC, le Centre Lacassagne a établi un contrat de collaboration avec le CENG pour l'étude et la réalisation d'une nouvelle cible neutronigène.

Les deux partenaires sont d'accord pour envisager de confier, à titre exclusif, à la société CGR-MeV qui commercialise des unités de neutronothérapie, l'exploitation des connaissances, brevetables ou non, issues des travaux réalisés dans le cadre de leur collaboration... »

Malgré cette bonne (ou apparente) volonté commune avec la CGR-MeV, la collaboration entre les deux partenaires va s'avérer, mois après mois, de plus en plus difficile et, surtout, inefficace.

Un exemple significatif, parmi bien d'autres, de ces réticences techniques qui divisent, réside dans la proposition de l'industriel de fournir pour MEDICYC un nouvel aimant, le modèle « 560 » avec un rayon d'extraction de 560 mm et une énergie de 40 MeV au lieu de l'aimant « 680 », celui du cyclotron installé à Orléans. Indiquons qu'en fait, les objectifs industriels et commerciaux (légitimes par ailleurs) de la CGR-MeV destinaient déjà ce « 560 » à l'ORIS, filiale du CEA sur le site de Saclay, mais pour la seule production de radio-isotopes !

L'équipe niçoise n'hésite pas à parler, là, de la part de la CGR-MeV, d'un véritable changement de position, l'aimant « 680 », certes largement modifié et à l'énergie de 50 MeV, pouvant (finalement) répondre au cahier des charges du projet MEDICYC.

La CGR-MeV se plaint, par ailleurs, que, pour aucune de ses études ou réalisations entreprises dans le cadre du contrat signé entre les deux parties, il n'y ait eu, de la part du Centre Lacassagne, le moindre engagement financier, comme l'écrit Monsieur Tuillier au professeur Lalanne, le premier février 1983. Le directeur de la CGR-MeV estime, dans ce courrier, que leur travail n'est pourtant rémunéré qu'« *…à un montant nécessaire à juste couvrir nos dépenses…* ». Il ajoute, même, cette constatation dépitée :

« *C'est vraiment très court pour nourrir une industrie !* »

Au fil des mois et de plus en plus, s'installe entre les deux partenaires un climat biaisé et suspicieux, fait d'objectifs non convergents et d'une logique stratégique différente ; il faut se rendre à l'évidence qu'il s'agit bien d'un échec, et c'est le Directeur du Centre Antoine Lacassagne qui le constate, par courrier au Directeur Général de CGR-MeV, le 25 août 1983 :

« Le moment est venu de faire le point de notre collaboration pour la construction du cyclotron MEDICYC. Il nous faut prendre acte du fait que cette collaboration entre le Centre Lacassagne et CGR-MeV a été, jusqu'à ce jour, inexistante ...Vous ne nous avez d'ailleurs pas caché que la CGR-MeV n'était, à l'heure actuelle, pas dans la situation de contribuer activement aux études nécessaires à la construction d'un cyclotron biomédical nouveau...

Le défaut de collaboration de votre part résulte du manque de confiance que vous éprouvez à l'égard de la machine en cours de construction ...Votre attitude à notre égard se concrétise de façon évidente par l'absence de MEDICYC dans le catalogue que vous offrez aux utilisateurs médicaux potentiels, ce catalogue restant limité à vos propres cyclotrons...

Dans ces conditions, il est réaliste de tenir le contrat que nous avions passé pour nul et non avenu...Vous ne vous étonnerez donc pas que le Centre Antoine Lacassagne le dénonce, de façon à avaliser une situation de fait... ».

Peu de temps plus tard, la CGR-MeV allait annonçer qu'elle renonçait, définitivement, à poursuivre l'activité de sa branche cyclotron au motif stratégique, proprement stupéfiant, d'une « *absence de marché* » ; les années à venir apporteront, au vu des développements constatés, une réponse plus que cruelle à cette erreur d'analyse qui peut être qualifiée de tragique.

Des choix industriels désastreux, tel que celui-ci, précéderont, en 1987, la disparition de l'ensemble du groupe **C**ompagnie **G**énérale de **R**adiologie (CGR), propriété de Thomson, et son rachat, au franc symbolique, par la société américaine **G**eneral **E**lectric (GE)…

Ce naufrage, l'un des premiers mais aussi l'un des plus marquants de ce qui fut pourtant un véritable fleuron industriel, produisit en France un traumatisme majeur dans le vaste (et profitable) domaine du Génie

Biologique et Médical, le GBM, où notre pays, à l'origine de multiples technologies médicales innovantes, occupait, en parts de marché sur le plan international, une place non négligeable. Celle-ci, lentement mais sûrement s'est, effectivement, érodée pour se voir enfin, réduite à zéro (ou presque) de nos jours.

Illustration d'un mal chronique français, la dégradation des liens entre les divers promoteurs de l'innovation, au sein de l'Université ou des organismes de Recherche d'une part et dans le monde de l'industrie d'autre part, telle qu'illustrée dans ce cas précis du cyclotron MEDICYC, aura joué un rôle certain dans la genèse du déclin productif aujourd'hui constaté et sur lequel il est vain de gloser...

Le professeur François Demard, quelques années plus tard, convié au titre de Président du Réseau du Génie Biologique et Médical de la Région Provence-Alpes-Côte d'Azur (GBM-PACA) à une réunion de travail au ministère de la Recherche fut, avec la trentaine d'experts présents, témoin de la véritable détresse exprimée par le Ministre en personne, Monsieur Hubert Curien, devant les conséquences exceptionnellement graves, industrielles certes mais aussi et surtout psychologiques, qui suivirent la disparition de la CGR.

MEDICYC au CERN à Genève

Claude Lalanne et Pierre Mandrillon rencontrent le 10 avril 1978, au CERN, Gordon Munday, Chef de la division PS (**P**roton **S**ynchrotron). Participe également à cette réunion Peter Stanley, en charge du groupe Synchrocyclotron, accompagné de J.H.B. Madsen et G. Le Dallic, au cours de laquelle se discutent les modalités de l'assistance que pourrait apporter le CERN au projet niçois.

Un consensus, essentiel pour l'avenir de MEDICYC, se dégage et s'établit ainsi :

- L'équipe de projet, dirigée par Pierre Mandrillon, sera accueillie dans le groupe Synchrocyclotron, avec le statut de « groupe visiteur » et un compte sera ouvert dans les magasins CERN.

- Son accès à de nombreux moyens d'études, en particulier à la cuve rhéographique ou à certains équipements de mesure HF indispensables à l'évaluation les performances d'une cavité accélératrice prototype, sera grandement facilité.

- Toute possibilité de consultation d'experts du CERN est aussi ouverte ; cela concerne pour l'essentiel, à ce moment, Alfredo Susini sans, cependant, qu'un pourcentage « officiel » de son temps soit affecté au projet niçois.

- L'accès aux ordinateurs du Centre de calcul du CERN est possible, ce qui, bien entendu, est capital pour toutes les études d'accélérateur.

Il est clair qu'ainsi décidées, ces conditions d'installation au sein du groupe Synchrocyclotron sont idéales pour lancer, de façon approfondie et avec des moyens performants, les études du cyclotron niçois. Le 5 juin 1978 devient la date « historique » de la signature de cette convention entre le Centre Antoine Lacassagne et la Division PS du CERN.

Le CERN accueille, ce jour-là, officiellement l'embryonnaire équipe du projet niçois dans les locaux du Synchrocyclotron de 600 MeV, ceux précisément où Pierre Mandrillon avait déjà travaillé lorsqu'il était boursier du CERN (il est convenu, d'ailleurs, qu'il continuera d'apporter son concours à d'éventuelles études de R&D concernant cet accélérateur).

Constituer une telle équipe réclame, c'est l'évidence, la recherche de jeunes talents avec des compétences de haut niveau.

A Nice, divers rendez-vous, dans ce but, ont été organisés avec le Directeur de l'IUT, Monsieur Xavier Boisselier, ainsi qu'avec

Messieurs Bommel et Giraudon, respectivement Proviseur et Chef des Travaux au Lycée professionnel des Eucalyptus. Grâce à eux, durant l'été 1978, le professeur Lalanne peut recruter les deux premiers jeunes techniciens supérieurs (ils possèdent le « bon profil ») un projeteur mécanicien (bureau d'études) et un électronicien, tous deux proposés à la fois par le Lycée et l'IUT. Ce dernier, Denis Fayaud, est aujourd'hui le « doyen » toujours en activité de l'équipe du Laboratoire du cyclotron.

Dans une nouvelle note technique, datée du 22 juin 1978, Pierre Mandrillon présente la (première) liste des paramètres retenus pour un cyclotron isochrone doté de deux modes de fonctionnement : l'accélération de protons entre 40 et 50 MeV et l'accélération de deutons à plus basse énergie.

Le 3 octobre 1978, sa convention de détachement entre l'IN2P3 et le Centre Antoine Lacassagne est signée et il devient, désormais officiellement, pour les deux institutions, le chef du projet MEDICYC, le jour de son 34e anniversaire…

Cette arrivée au CERN de cette minuscule équipe MEDICYC à l'automne 1978 marque le début d'une période décisive. Le groupe du Synchrocyclotron de 600 MeV l'accueille avec une particulière bienveillance et va lui apporter, d'emblée, un soutien qui ne faiblira jamais et ce, jusqu'à son retour vers Nice en février 1985.

La petite équipe va s'étoffer au fil des années et elle comptera jusqu'à 10 personnes, toujours grâce à l'aide précieuse apportée par le Proviseur et le Chef d'atelier du Lycée des Eucalyptus de Nice. Ainsi, dès le mois de juin 1980, ils sélectionnent trois jeunes projeteurs mécaniciens fraîchement promus, ces mousquetaires de la première heure étant Alex Giusto, Gérard Donadey et Christian Armando. Cette équipe se renforcera rapidement avec Pierre Montalant et Yves Payan, issus de la même promotion.

Pour prendre en charge les problèmes d'électrotechnique et d'électronique, elle est rejointe, le 2 janvier 1982, par Jean-Claude Grini, diplômé, lui aussi, du Lycée des Eucalyptus. Il est si enthousiaste que, lorsque Pierre Mandrillon le rencontre durant les vacances de Noël qui précèdent et lui indique que l'équipe de projet n'est pas à Nice mais au CERN à Genève, il s'engage sans un instant d'hésitation : « *je fais ma valise tout de suite si vous voulez...* ». Quelques années plus tard, il sera rejoint par Alain Gajetti.

Cette jeune équipe très soudée, plus que motivée, évidemment non hiérarchisée, avec sa soif d'apprendre et son goût pour l'innovation, est admirative du savoir-faire des ainés du CERN, qui, eux-mêmes, se montrent enthousiastes à leur apporter, chaque jour, une expérience exceptionnelle et unique.

C'est cette confiance partagée qui contribuera, d'une manière décisive, au décours des études ardues qu'imposent la conception et la réalisation d'un nouvel accélérateur de particules, à la réussite finale du projet MEDICYC. C'est donc au CERN que vont se dérouler la plus grande partie de la réalisation effective de cet accélérateur dont nous allons rapporter quelques unes des étapes marquantes.

Alfredo Susini, Ingénieur senior, expert des cavités accélératrices, au CERN et ami proche de Pierre Mandrillon depuis l'arrivée de ce dernier comme boursier en 1968, devient le mentor de cette jeune équipe et, grand travailleur lui-même, il apprécie la jeunesse qui a soif d'apprendre et qui ne compte pas ses heures. Avec ses collaborateurs, le mécanicien Jean Chevalier et Pierre Gourcy, spécialiste de la construction des Amplificateurs HF, il est, par ailleurs, engagé dans la rénovation du Synchrocyclotron de 185 MeV de l'Institut Gustave Werner d'Uppsala, en Suède.

L'équipe d'Uppsala au CERN était, en fait, réduite à une seule personne, un projeteur mécanicien dénommé Cano, qui avait déjà travaillé pour Alfredo Susini sur le design mécanique de la cavité HF du cyclotron de l'Institut Hahn Meitner de Berlin. Le rôle de chacun était immuable : Alfredo Susini réalisait lui-même les dessins d'ensemble à la planche à dessin où il définissait la conception mécanique accompagnée des notes de calcul et le projeteur était, ensuite, prié d'effectuer tous les dessins de détail pour le dossier de réalisation. Modifier le moindre détail conceptuel s'avérait, pour Alfredo Susini, la ligne rouge à ne pas franchir. Le projeteur en fit les frais et, après avoir rassemblé ce que le ligure exigeant appelait « *toute sa vaisselle* », il alla exercer son art sous d'autres cieux… Edmond Hanzberg, un des collaborateurs d'Alfredo Susini, lui succéda et acheva tous les dessins d'exécution, notamment la première coupe au plan médian de MEDICYC.

Comme Alfredo Susini a un sens aigu des solutions techniques astucieuses doublées d'une recherche exigeante des solutions les plus économiques (« *c'est une vertu des gens de ma province génoise* » disait-il), il propose de dessiner la même traversée HF pour les cavités accélératrices du cyclotron suédois, en cours de rénovation, et celles du futur cyclotron niçois, deux accélérateurs pourtant très différents.

Les outils logiciels, tels qu'ils existent actuellement pour le calcul des cavités Haute Fréquence en trois dimensions, n'existaient, bien évidemment, pas en cette fin des années 70. Beaucoup de calculs étaient faits en utilisant les équations des lignes puis, venait, ensuite, le temps de validation de l'approche retenue en effectuant des mesures, à très faible puissance, sur des modèles en vraie grandeur de la cavité HF. La clé était, alors, dans les mains d'un habile menuisier pour réaliser une maquette en bois recouverte de cuivre. Cette dernière fut rapidement disponible grâce au talent de l'atelier de menuiserie du Centre Lacassagne à Nice, sous la direction d'un patron exceptionnel de compétence et de simplicité, Monsieur Piancastelli. Voilà une preuve irréfutable que l'établissement hospitalier niçois était capable de contribuer efficacement à la poursuite de travaux, pour le moins inhabituels, initiés, assez loin, à Genève, au sein d'une grande institution de la Physique des Particules…

Denis Fayaud, guidé par Alfredo Susini, effectua de longues séries de mesures sur l'ensemble de la ligne HF avec le delta d'accélération et ce fameux « passage sous vide franco-suédois ». Ce dernier fut réalisé en forme d'hyperboloïde, sorte de yo-yo permettant le support de deux alumines toriques. L'alternative était claire : le succès, à Uppsala et à Nice ou, alors, le désastre… Pour conjurer le mauvais sort, à la manière latine, Alfredo Susini confectionna un petit pistolet, en bois bien sûr, avec la mention « *pour la balle dans la tête, au cas où …* »

Signalons que 35 ans après, dans le cyclotron MEDICYC, ce passage sous vide « niçois-uppsalien » est toujours en fonction. Il représente, même, l'image exemplaire de la collaboration fructueuse avec nos amis suédois puisque ces derniers bénéficièrent, il y a quelques années, lors d'un accident mécanique sur leur cyclotron, de l'alumine niçoise de réserve ce qui leur permit un dépannage rapide.

Ce tout début des années 80 est la période de quelques prouesses de réalisations techniques mécaniques.

Les contraintes sur le pic de la tension d'accélération étaient sévères car il fallait tenir plus de 50 000 volts sur une distance de 2,3 mm dans l'espace accélérateur à l'injection. Il fallut, ainsi, calculer un profil singulier des bords d'électrode (développé sur une longueur totale de 2,80 m !), ce que fit, avec un outillage « maison », l'atelier Girel de chaudronnerie fine du CERN. En quelques semaines, la performance était obtenue pour les quatre deltas d'accélération.

Il fallut aussi bien du talent de l'atelier central du CERN pour souder les circuits de refroidissement sur ces deltas et toute l'habilité de Monsieur Talon, ingénieur mécanicien des ateliers centraux du CERN, pour réaliser un modèle du fameux hyperboloïde de la ligne HF. Cette ligne HF était vraiment complexe et, pour alléger la structure qui était en porte-à-faux, Pierre Mandrillon, sur le conseil d'Alfredo Susini, retint le choix d'une structure composite : de l'acier inox supportant une mince peau en cuivre. Après de préliminaires calculs analytiques de résistance des matériaux pour évaluer les flèches et les contraintes mécaniques de la structure inox, ils bâtirent, avec Rita Guerrieri, un modèle numérique 3D pour s'assurer de la validité de ce concept.

Pour utiliser ce nouveau logiciel qui venait seulement d'arriver au CERN, l'équipe reçut l'aide précieuse de l'ingénieur Hauwiller, responsable du bureau d'études du projet LEP (**L**arge **E**lectron **P**ositron) qui était alors le projet phare du CERN (rappelons qu'il consistait, après le perçage d'un tunnel de 9 km de diamètre, en l'installation d'un futur et gigantesque anneau d'accélération et de collision d'électrons et de positrons).

Il fallait aussi, et ce n'était pas une mince tâche, entreprendre la construction des deux amplificateurs destinés à alimenter des cavités accélératrices et pour cela, commander, aux Etats-Unis, les tubes de puissance. Le Service des achats du CERN, avec Monsieur Lehmann et son assistante Elisabeth Horny, apporta sa compétence et sa rapidité d'exécution, efficacité exceptionnelle pour des Français déjà confrontés aux lourdeurs administratives hexagonales, et cela, malgré leur lourde charge de travail, avec toujours, en plus, la jovialité et la bonne humeur. Une des premières commandes de MEDICYC fut donc celle des tétrodes de puissance de l'Amplificateur HF, des tubes de 25 kW, achetés à New York pour la somme de 8000 $ chacun.

La conception « Susinienne » de l'amplificateur HF était, au diapason de son auteur, donc totalement originale : pas d'amplificateur séparé de la ligne HF avec transmission de la puissance par un câble mais couplage direct sur la ligne HF à la sortie du passage sous vide, ce couplage s'effectuant par une élégante structure dénommée « écharpe refroidie ».

Sous la tutelle exigeante de Pierre Gourcy, collaborateur d'Alfredo Susini au verbe fleuri, le premier amplificateur Haute Fréquence fut, ainsi, monté avec la participation de Roland Fillon-Robin, habile mécanicien du pays de Gex, qui s'intégra avec bonheur à la jeune équipe niçoise.

Une fois réalisé, cet amplificateur innovant fut testé à pleine puissance sur une charge résistive refroidie dans le hall du *micro SC* , un petit cyclotron de test qui fut utilisé pour certaines « manips » historiques du CERN. Ce hall, ultra propre, fût malencontreusement inondé car la bague de serrage du tuyau d'eau du circuit de refroidissement avait fondu sous l'effet de courants parasites HF dans l'amplificateur ! Avec célérité, il fallut écoper les quelques centimètres d'eau qui avaient envahi le sol et, à la fois pour ce baptême impromptu et pour la belle leçon technique, l'équipe fut gentiment brocardée, comme il se doit, pour cet arrosage bien involontaire…

Pour Pierre Mandrillon et sa petite équipe niçoise, la collaboration amicale d'Alfredo Susini allait aussi se concrétiser, outre la conception et la réalisation technique de l'amplificateur HF, dans une initiative académique un peu insolite.

L'Université et l'hôpital de Pise venaient de se doter d'un petit cyclotron de basse énergie fabriqué en France par la CGR-MeV (c'était l'époque où l'industrie française était présente sur le marché des accélérateurs !) pour utiliser des isotopes émetteurs de positron en imagerie PET. Alfredo Susini, expert mondialement reconnu, avait été sollicité pour donner des cours sur les cavités accélératrices radiofréquence et il proposa, avec Pierre Mandrillon, d'en étendre le contenu scientifique avec l'objectif de traiter l'ensemble des questions théoriques sur la dynamique des particules dans les cyclotrons.

Il en résulta une semaine d'enseignement tout à fait originale, organisée dans le cadre de l'École Normale Supérieure de Pise, du 24 au 30 mars 1980, traitant des aspects théoriques et techniques ainsi que du domaine des applications possibles de ces cyclotrons, particulièrement en médecine et en biologie.

Déjà, le voyage Genève-Pise dans la Fiat 800 d'Alfredo fut mémorable, chacun réglant les derniers détails de ses présentations scientifiques en évitant, chemin faisant et autant que possible, les autoroutes car « *trop cher et crétin d'emprunter l'autoroute alors qu'on traverse un si beau pays* » avait décidé le pilote ligure...

Ce cours supérieur, un des tout premiers du domaine, se révéla un réel succès, avec une audience jeune et attentive, captivée par des exposés de haut niveau, à commencer par ceux d'Alfredo. Pour Pierre Mandrillon, il fallut, concernant les principes de fonctionnement des cyclotrons, quitter le seul domaine mathématique des équations différentielles pour aborder des questions physiques plus ardues concernant, notamment, l'espace des phases ou les mécanismes d'extraction des faisceaux d'un cyclotron. Le programme niçois MEDICYC et les raisons médicales qui le fondent furent l'objet d'une brillante présentation par le professeur Claude Lalanne ; elle recueillit l'approbation et l'adhésion unanime des participants. Borie Larsson, d'Uppsala les initia à la radiobiologie des neutrons et des particules lourdes électriquement chargées, du proton aux ions plus lourds ; il ouvrit des horizons pour des applications médicales nouvelles en particulier dans le domaine du BNCT (**B**oron **N**eutron **C**apture **T**herapy). Enfin, le professeur Marco Bonardi de Milan fit une conférence remarquable sur les possibilités des petits cyclotrons pour la production d'isotopes à vie courte.

Un intérêt certain, comme le démontre l'organisation d'une telle rencontre, était bien en train de naître en Europe pour l'hadronthérapie des tumeurs et la médecine nucléaire et cette équipe niçoise, Pierre Mandrillon en tête, s'était, avec enthousiasme, largement engagée dans ce chemin prometteur !

A cette évocation de ce qui n'est, pourtant, qu'une illustration de ce que peut être une coopération internationale de haut niveau technologique, comment ne pas s'insurger devant les attaques fomentées, quelques années plus tard, par ceux dont le seul but était de réduire le projet MEDICYC à une aventure isolée et désordonnée, menée, de plus, en totale « absence de transparence » et, pire encore, en dehors de toute caution scientifique ?

Le cahier des charges, original et innovant, de MEDICYC est, il faut le rappeler, un véritable défi sur le plan technique : c'est, d'une part, un cyclotron à fréquence fixe à qui l'on impose deux modes de fonctionnement aux performances très différentes et il doit, d'autre part, être capable de passer du mode radiothérapie au mode de production d'isotopes médicaux dans un délai assez court, sans nécessiter, donc, d'adaptations mécaniques drastiques.

Pour relever un tel challenge et à côté des avantages liés à la source extérieure, innovation majeure, Pierre Mandrillon doit, aussi, configurer la région centrale pour qu'elle permette ces différents modes opératoires. Or, déterminer ces caractéristiques se révèle une tâche particulièrement complexe.

Heureusement, il y avait, au CERN, une cuve rhéographique qui avait, déjà, servi aux études de définition de la région centrale du grand synchrocyclotron de 600 MeV. Un modèle en métal conducteur (du laiton) était placé dans de l'eau dont la surface horizontale représentait le plan médian de symétrie de l'accélérateur. Cette cuve était conçue de façon telle que l'on puisse tracer directement le réseau des équipotentielles que l'on visualisait sur du papier conducteur. Une électronique alimentait, en effet, une pointe de détection et quand ce détecteur traversait une ligne équipotentielle de valeur donnée, une décharge électrique venait marquer le papier carbone conducteur et perforer un ruban qui enregistrait la position du point détecté. Cette cuve astucieuse ne travaillait pas en coordonnées cartésiennes comme toutes les autres cuves habituellement utilisées pour résoudre ce genre de problème mais on se guidait en suivant le tracé d'une ligne équipotentielle pour relever les points nécessaires aux calculs. Mobilisé sur ces travaux dès son arrivée comme boursier en 1968, Pierre Mandrillon avait, bien évidemment, rapidement reçu le « permis de conduire la cuve » !

Un physicien illustre du CERN, le français Georges Charpak vint, également, s'intéresser aux possibilités de cette cuve afin d'étudier et de visualiser la répartition du potentiel électrique autour de la singulière distribution de fils d'un nouveau type de détecteur de particules. Ce dernier deviendra, plus tard, la fameuse « chambre à fils » et ce détecteur, universellement utilisé par les équipes de physiciens du monde entier, valut à son auteur le prix Nobel de Physique en 1992.

Afin de pouvoir réaliser des cartographies plus précises, la taille de cette cuve fut modifiée afin de pouvoir réaliser des maquettes à plus grande échelle. L'échelle cinq fut choisie pour la maquette de la géométrie centrale du cyclotron MEDICYC et elle fut construite en laiton, à Nice, par l'atelier du Centre Antoine Lacassagne avec la contribution de l'atelier voisin de l'école Don Bosco. Un mécanicien du CERN, Jean Chevalier, fit réaliser, dans un atelier genevois, des réglettes de guidage de la sonde de mesure, d'une précision mécanique atteignant quelques centièmes de millimètre, qui permettent, ainsi, d'obtenir des cartes de distribution de potentiel d'une précision inégalée. Grâce à toutes ses réalisations, il devint possible d'entreprendre l'écriture d'un logiciel de calcul de trajectoire, nommé AGORA, appellation choisie par Pierre Mandrillon car cette région centrale s'avérait, effectivement, « très encombrée » de formes inattendues.

L'idée d'AGORA était d'utiliser directement les valeurs des équipotentielles pour calculer les trajectoires, les calculs longs et imprécis du champ électrique étant, alors, remplacés par un algorithme géométrique relativement simple pour calculer les mouvements complexes des centres de courbure des trajectoires. L'acquisition des données fut aussi nettement améliorée grâce à l'utilisation d'un vieil ordinateur « Tektronix », opportunément mis au rebut par le CERN mais remplaçant avantageusement le lent, bruyant et encombrant ruban perforé, source de beaucoup d'ennuis. Ces études, particulièrement pointues, de cette région centrale devinrent ainsi beaucoup plus rapides.

Aujourd'hui, le numérique a, bien sûr, remplacé l'analogique par des logiciels de calcul 3D afin de résoudre les problèmes d'électrostatique.

Ces progrès dispensent, définitivement, de la cuve qui a pris une juste retraite même si le programme AGORA, lui, avec ses multiples évolutions au fil des ans, reste un outil bien adapté pour les calculs de la région centrale dans les cyclotrons. Ainsi, la précision de cette cuve en fit un instrument apprécié dans d'autres recherches, notamment dans le cas de la collaboration entre l'équipe niçoise et celle de l'Institut de Physique Nucléaire (IPN) d'Orsay lors des études de région centrale du cyclotron supraconducteur franco-hollandais AGOR, menées en collaboration avec l'équipe technique du physicien français Jean-Paul Shapira. C'est d'ailleurs au mécanicien Legoff de l'IPN d'Orsay que l'on doit l'idée astucieuse de réaliser les formes complexes de la géométrie de la maquette en cire recouverte de peinture conductrice argentée. Cette innovation remarquable permis de gagner beaucoup de temps pour effectuer les modifications géométriques que les études d'optimisation imposaient : finis les usinages longs et coûteux des modèles en laiton ! La cire et le cutter devinrent les seuls instruments adéquats…

Cette cuve « historique » fut offerte, symboliquement, par le CERN à l'équipe niçoise lors de son départ en février 1985. Elle est aujourd'hui, en bonne place, au sein de l'Institut Méditerranéen de Protonthérapie sur le plateau de la Lanterne, où elle sert de support aux explications de fonctionnement de ce cyclotron MEDICYC pionnier aux nombreux visiteurs. Elle n'est rien moins que l'emblème de ce qui fût la collaboration exceptionnelle du Centre Antoine Lacassagne avec le plus grand centre de la Physique des Particules dans le monde.

A Nice, le Ministre de la Santé s'engage

Monsieur Jacques Barrot, Ministre de la Santé dans le gouvernement de Raymond Barre, doit venir au cours du printemps 1981 procéder à l'inauguration d'un nouveau bâtiment du Centre Antoine Lacassagne, le bâtiment B ou Fondation Vincent-Paschetta, dont la construction est achevée.

A l'occasion de cette inauguration, le professeur Claude Lalanne juge utile de présenter au Ministre l'état d'avancement, sur le plan technique, de MEDICYC. Il a été décidé, pour cela, de descendre, de Genève à Nice, les deux lignes HF qui venaient d'être terminées au CERN et de les monter sur une chambre à vide provisoire qui était, en fait, la chambre à vide d'un (long) séparateur électrostatique installé sur les faisceaux du PS au CERN. Cette chambre de test, avec les deux lignes HF, trouve une place de choix au sein de l'atelier de menuiserie du Centre Lacassagne, déjà mis à contribution à plusieurs reprises par l'équipe genevoise et que dirige, toujours avec autant d'efficacité, Monsieur Piancastelli.

Le Ministre vient donc à Nice, le 3 avril 1981, pour ouvrir, en présence du docteur Vincent Paschetta, fondateur du Centre Antoine Lacassagne, le pavillon hospitalier nouveau qui va porter son nom. Comme prévu, il se rend, ensuite, dans l'atelier voisin, visiter l'installation expérimentale provisoire mise en place, à savoir Charybde, la première cavité accélératrice de MEDICYC, en test dans la chambre à vide. Il suit, avec beaucoup d'attention, les explications techniques de Pierre Mandrillon sur les caractéristiques et l'état d'avancement de ce futur accélérateur, en cours de construction au CERN.

Lors de la réunion publique avec l'ensemble des personnels du Centre et les personnalités invitées qui suivit, il va indiquer, dans un discours sans ambigüité, qu'au nom du gouvernement français, il vient donner son accord de principe à l'engagement, la poursuite et l'installation future de ce grand et ambitieux projet. Après avoir salué et remercié les élus présents (qui sont aussi des avocats attentifs de MEDICYC) Madame Louise Moreau, le docteur Victor Robini, Charles Ehrmann, Francis Palméro et, avec une émotion toute particulière du fait de son étroite relation personnelle, Fernand Icart, il prononce des paroles de confiance et d'engagement qui prennent une singulière résonnance si, du moins, on veut bien les rapprocher du sort qui sera, ultérieurement, réservé à ce projet scientifique niçois par les autorités administratives du pays.

Pour en juger, voici quelques extraits de son allocution officielle :

« ... Ce projet MEDICYC a été conçu grâce à une équipe remarquable...il est porteur de progrès médical dans le traitement du cancer...il y a l'espoir de voir une radiothérapie beaucoup plus efficiente dans certaines tumeurs très difficiles...

C'est un programme clinique que je suis venu ici approuver et puis c'est aussi un programme technologique... il y a cette préoccupation de faire de la France l'un des champions du monde dans l'industrie biomédicale...nous arriverons sur le marché mondial avec une machine qui sera, précisément une machine performante et c'est cela, la conquête, par la France de l'emploi, des marchés extérieurs...

L'avenir de ce pays se fait au travers des efforts...nous devons être un des premiers pays du monde pour la qualité du système de soins, pour l'exporter, avec le sentiment qu'en l'exportant, nous conforterons notre pays et nous lui donnerons des chances nouvelles pour l'avenir...

A travers votre action passée et votre action à venir, c'est un peu, en effet, tout l'espoir de la France, l'espoir de ces malades, l'espoir aussi de tous ceux qui aiment ce pays et qui veulent lui voir une grande place dans le monde, qui est en jeu...

MEDICYC est sur orbite et il sera honoré comme il se doit. »

On ne pouvait être plus clair, sur tous les plans scientifiques, médicaux, industriels ainsi même, grande fierté pour l'équipe technique de MEDICYC expatriée à Genève, que celui de l'image de la France dans le monde !

Malgré l'engagement de ce ministre particulièrement clairvoyant, la poursuite du projet allait, pourtant très vite, se heurter à une défiance et un dédain qui ne correspondent guère aux valeurs d'un pays qui fut celui des Lumières!

Un anniversaire, quelques mois plus tard, le 27 novembre de cette même année 1981, celui des 20 ans de l'ouverture du Centre, donne au professeur Raymond Latarget, de l'Académie des Sciences, l'occasion de rendre un hommage particulier à Antoine Lacassagne, collaborateur de Marie Curie et pionnier de la radiobiologie. Cette évocation des débuts de la radiothérapie et du rôle considérable du chercheur inlassable que fut Antoine Lacassagne, dont l'établissement est fier de porter le nom, fût saisie par le Directeur, le professeur Claude Lalanne, pour, à nouveau, justifier l'initiative lancée et présenter aux officiels ainsi qu'à l'ensemble du personnel de l'établissement les objectifs et le calendrier de réalisation de MEDICYC.

Qualifier, beaucoup plus tard, ces débuts de MEDICYC comme une opération opaque tant au sein de l'établissement qu'auprès de toutes les instances de tutelle, ministérielle y compris, est bien une contre-vérité qui, pourtant, ne nous fût pas, et cela dans de nombreuses circonstances, épargnée...

Les collaborations scientifiques

Elles sont, à l'évidence, essentielles pour une initiative de cette envergure et relèvent, pour la plus grande part, de la proximité et de la chaleur du soutien quotidien permanent qu'offrent à notre jeune équipe les chercheurs et ingénieurs du CERN.

Ce ne sont, cependant, pas les seules et des liens vont aussi se tisser avec le **C**entre d'**E**tudes **N**ucléaires de **G**renoble (CNEG) et l'**I**nstitut de **P**hysique **N**ucléaire d'**O**rsay (IPNO).

Pierre Mandrillon a gardé le contact avec le professeur Robert Barjon, son patron de Thèse, spécialiste de neutronique et Directeur du Génie Atomique à Grenoble (là où il avait effectué une année de spécialisation après ses études d'ingénieur) et il le revoit régulièrement lors de chacun de ses passages au CERN. Ce dernier, bien informé de l'avancement de ce projet de cyclotron médical dédié, proposa de prendre régulièrement des binômes d'étudiants en stage de DEA sur les sujets d'optimisation des cibles neutronigènes. Ces étudiants réalisaient leur stage auprès de Madame Breynat, au Centre d'études nucléaires de Grenoble et Robert Barjon était leur mentor neutronicien.

Des expériences furent ainsi conduites sur des cibles de test, à Louvain-la-Neuve, et l'un de ces étudiants, Monsieur Filhol, obtint une bourse du CEA sur la recherche d'une cible expérimentale au deutérure de lithium. L'idée, en effet, était d'ajouter les neutrons du deutérium dans une cible de lithium dont les performances neutronigènes sont bien connues. Les rendements neutroniques mesurés étaient intéressants mais cette cible dut vite être abandonnée pour des raisons de sécurité, en particulier du fait des risques d'inflammabilité.

Quant aux contacts de Pierre Mandrillon avec l'**I**nstitut de **P**hysique **N**ucléaire d'**O**rsay (IPNO), dépendant de l'**I**nstitut **N**ational de **P**hysique **N**ucléaire et de **P**hysique des **P**articules (IN2P3), ils remontent à l'époque où, boursier du CERN, il participait aux études du programme d'amélioration des performances du synchrocyclotron de 600 MeV.

L'IPNO était, alors, également engagé dans la rénovation du vieux synchrocyclotron Philips de 185 MeV, programme dirigé par Hélène Langevin-Joliot, physicienne, héritière au nom illustre car fille d'Irène et de Frédéric Joliot et, donc, petite fille de Marie Curie. Le responsable technique était André Laisné, brillant ingénieur, l'un des pionniers de l'IPNO, dont l'accueil fut toujours chaleureux et qui soutint le projet MEDICYC dès les premières présentations scientifiques au début de l'aventure niçoise. Pierre Mandrillon avait, lui, rejoint à ce moment-là, le groupe d'études du projet GANIL (**G**rand **A**ccélérateur **N**ational d'**I**ons **L**ourds) qui était, précisément, installé à l'IPNO.

C'est Hélène Langevin-Joliot, elle-même, en 1976, qui sollicita et obtint le recrutement de Pierre Mandrillon par l'IN2P3, cet institut de recherche fondamentale du CNRS. Monsieur Pierre Lehmann, son Directeur général, proposera à ce dernier, en 1982, alors qu'il était en détachement (depuis 1978) au Centre Antoine Lacassagne, une sorte d'échange de services: s'il contribue aux études du projet de cyclotron franco-hollandais AGOR (en cours de réalisation) l'IPNO apportera sa collaboration pour construire et tester la source de protons de type duo-plasmatron qui est la solution retenue pour équiper le cyclotron MEDICYC.

Ce projet AGOR consiste à entreprendre la construction en France, par l'INPO d'Orsay, d'un cyclotron à bobines supraconductrices, d'un poids de 300 tonnes, capable d'accélérer des ions légers à des énergies variables, reprenant en cela le modèle entré en service à East Lansing (Michigan, USA) en 1982. Le financement est apporté par les Néerlandais et, après les futurs essais à Orsay, ce cyclotron sera transporté et installé à Groningen (Pays-Bas).

La collaboration MEDICYC-AGOR, acceptée avec enthousiasme par Xavier Tarrago, le Directeur de l'IPNO, et par Pierre Mandrillon sera très fructueuse : en effet, le duo-plasmatron, construit à Orsay, fonctionna à la satisfaction générale et c'est la cuve rhéographique du CERN (avec le logiciel AGORA) qui permit toutes les études de la région centrale d'AGOR.

Cependant, malgré les incontestables qualités de cette source duo-plasmatron, il fallut, plus tard, l'abandonner car l'accélération requise des protons dans MEDICYC conduisait à élaborer un canal d'extraction très complexe. C'est la modification fondamentale, visant à accélérer non plus des protons mais des ions hydrogène négatifs, qui allait, quelque temps plus tard, permettre d'adopter une extraction beaucoup plus aisée par simple « épluchage » des ions accélérés.

Or une nouvelle source d'ions de ce type venait d'être récemment développée à Berkeley aux États-Unis et installée dans le grand cyclotron TRIUMF de Vancouver. Opportunité complémentaire, la jeune firme belge IBA, que nous retrouverons longuement plus tard, en proposait une version commerciale.

Cette source d'ions avait, certes, un volume assez important mais le choix d'une injection axiale ouvrait une possibilité d'installation facile. Elle produit des ions hydrogène négatifs, H^-, c'est-à-dire un proton entouré non pas d'un mais de deux électrons comme les lois de la mécanique quantique le permettent. Ce deuxième électron est très faiblement lié (0,754 électronvolt d'énergie de liaison) et le passage de cet ion H^- à travers une simple feuille de carbone de 100 nanomètres, soit 0,1 micron d'épaisseur, suffit à éplucher les électrons, ce qui simplifie, drastiquement, l'extraction du faisceau hors du cyclotron. En effet la force de guidage dépend du signe de la charge électrique de l'ion accéléré : elle est centripète pour maintenir les H^- à l'intérieur du cyclotron pendant l'accélération, elle devient centrifuge quand l'H^- est converti en H^+ après avoir perdu ses deux électrons dans l'éplucheur. Cette force centrifuge pousse alors, naturellement, l'ion H^+, donc le proton, à l'extérieur de l'aimant.

Autre avantage également : la possibilité d'extraire, tout aussi facilement, des faisceaux à des énergies différentes en procédant à un épluchage, non plus en périphérie mais sur des rayons internes. Cette facilité sera, plus tard, exploitée pour mettre en place une voie de faisceau de basse énergie (20 MeV) afin d'irradier une cible de production d'isotopes émetteurs positron spécifiques pour alimenter des TEP scans, quand MEDICYC, dans les années 2000, deviendra, aussi, producteur de Fluor 18 pour la médecine nucléaire.

La source initialement prévue, ce fameux duo-plasmatron, avait donc vécu et elle fut offerte, plusieurs années après, à l'Institut de physique

Démokritos à Athènes où elle poursuivra sa carrière de pourvoyeur de protons pour l'accélérateur TANDEM. La réception eut lieu en octobre 1992, précisément le jour où Georges Charpak était à l'honneur car il venait de recevoir le prix Nobel de physique. Ce fut une belle, chaleureuse et mémorable soirée à l'institut Français d'Athènes...

Dans un cyclotron, l'aimant est, bien sûr, la pièce maîtresse et ses caractérisques sont, maintenant, définitivement fixées.

L'acier de son circuit magnétique, d'une masse de 130 tonnes, a été coulé par l'usine Creusot-Marrel de Rives de Giers (aujourd'hui Arcelor-Mittal) et les usinages réalisés à l'usine CLECIM de Montbrison. Il est, pour l'essentiel, composé de deux grandes culasses horizontales, de deux montants verticaux et de deux pièces polaires cylindriques.

Sa reception chez CLECIM fût marquée par un incident sérieux. Les vérins à vis, qui commandent l'ouverture de l'aimant, se sont bloqués et la culasse supérieure, qui pèse 45 tonnes, est restée coincée à 50 cm au-dessus de l'aimant. Les pas de vis ont été broyés et les moteurs électriques ont brulé ! Heureusement l'usine dispose d'un pont roulant qui permet de redescendre cette culasse sur l'aimant. La réparation sera programmée ultérieurement, au CERN, où nos mécaniciens corrigeront cette lourde faute conceptuelle des vérins : les paliers en acier inox seront remplacés par des paliers en bronze et le problème sera définitivement réglé.

Roy Bilinge, alors Directeur de la Division PS du CERN, se tient régulièrement informé, par Pierre Mandrillon, de l'hésitation permanente et, déjà, du blocage qu'opposent les autorités administratives françaises au cyclotron MEDICYC et sa future implantation niçoise. Il propose, alors, spontanément et de sa seule initiative, d'accueillir au CERN cet aimant « sans point de chute » (mais pourtant partiellement construit) et de l'installer provisoirement dans le Hall Est du PS afin que puisse s'effectuer l'indispensable campagne de mesures magnétiques. Ce jour-là, par une décision qui objective sa confiance en la jeune équipe française et sa considération pour son projet, il assura, pour l'essentiel, l'avenir de MEDICYC.

Pour le transport vers ces locaux ainsi obligeamment mis à disposition, appel est donc lancé auprès du Transporteur Million, basé à Lyon, lequel arrive avec son équipe, sous la houlette d'un véritable maître de cérémonie, Monsieur Charrière, à la baguette (au sifflet plutôt) de tous mouvements d'un équipage pour qui l'aimant de MEDICYC n'est, finalement, qu'un colis volumineux, plutôt lourd et un peu particulier…

Fièrement flanqué sur un chariot spécial de 12 essieux et 96 roues, char impressionnant manœuvré par deux puissants tracteurs, le cyclotron MEDICYC, avec cette première étape située entre Montbrison et le CERN, près de Genève, entame, ainsi, sa singulière odyssée.

Les cyclotrons isochrones, tels que MEDICYC, sont très exigeants sur la qualité du champ magnétique de référence et une précision relative, de l'ordre de 1 pour 10000, est requise. Il fallait, obligatoirement, mettre au point et contrôler cette qualité et cela nécessitait de laborieuses campagnes de mesures magnétiques (si elles s'avèrent, de nos jours, toujours indispensables, les nouveaux outils numériques 3D permettent d'approcher beaucoup plus vite cette géométrie magnétique complexe).

De plus, selon son cahier des charges, le cyclotron MEDICYC devait être capable d'accélérer des particules autres que les protons (des H- comme nous venons de le voir) mais aussi des deutons, noyaux de deutérium. Les pièces polaires devaient, pour cela, être équipées d'un jeu de bobines de correction concentriques.

Pour cette campagne capitale, l'aide, une fois encore, précieuse d'une équipe du CERN, celle dirigée par l'ingénieur Wittgenstein, fut déterminante. Elle nous fournit 51 sondes de Hall, de haute sensibilité, et elle initia la petite équipe niçoise à l'art des mesures de grande précision. Alex Giusto, l'un de nos mécaniciens, réalisa un bras de mesure avec une mécanique très précise et le positionnement des sondes et des capteurs de température par des moyens optiques. Leur étalonnage dura plusieurs jours, sans discontinuer, 24h sur 24, sur un aimant étalon du CERN de très haute stabilité.

Au final, les cartes de champ magnétique de MEDICYC atteignirent, et cela assez rapidement, le niveau de précision requis garantissant la validité des calculs de trajectoire au sein du cyclotron. Ce qui fut parfaitement confirmé lors du démarrage de l'exploitation médicale en 1991 !

Aussi singulier que cela puisse paraître ce cyclotron niçois aurait pu inaugurer sa carrière en décélérateur plutôt qu'en accélérateur...

À la fin des années 1970, sous l'impulsion du physicien italien Carlo Rubbia, le CERN s'était lancé dans un projet « *Antiproton* » qui allait inaugurer une grande période de son histoire scientifique. Ce programme fut, en effet, extrêmement fertile par la moisson des découvertes obtenues grâce à des innovations remarquables dans le domaine de la physique des accélérateurs.

Simon Van der Meer proposa le concept de « refroidissement stochastique de l'émittance ». De façon simpliste et résumée, on peut dire qu'il devenait possible, grâce à cette méthode, de rassembler les antiprotons produits en un étroit et fin faisceau permettant leur stockage dans un anneau (appelé AA, **A**ntiproton **A**ccumulateur) et leur mise en forme en faisceaux de particules acceptables pour un accélérateur.

Cette physique avec des faisceaux d'antiprotons conduisit à des découvertes capitales, notamment celle des bosons W+, W- et Z_O, qui valurent au CERN le prix Nobel de physique 1984, attribué conjointement à ces deux prestigieux chercheurs, Simon Van der Meer et Carlo Rubbia.

Pour étendre le domaine de la recherche avec les antiprotons dans les basses énergies, il fut décidé, au CERN, de construire le LEAR (**L**ow **E**nergy **A**ntiproton **R**ing), un mini synchrotron original destiné à décélérer à 50 MeV les faisceaux d'antiprotons issus de l'accumulateur d'antiprotons, l'anneau AA. Un groupe de physiciens proposa de ralentir encore les antiprotons de LEAR jusqu'à l'arrêt afin de réaliser une physique « atomique » avec des antiprotons. Pierre Lefevre, constructeur et patron de ce LEAR avait, aussi le sens de la formule puisqu'il lança « *non seulement faut-il le LEAR mais encore faut-il le DEAR* », le DEAR étant l'acronyme de **D**écélérer **E**ncore les **A**ntiprotons jusqu'au **R**epos !

Comme, à cette période, MEDICYC se trouvait toujours englué dans des méandres administratifs ralentisseurs, Pierre Mandrillon proposa à l'équipe de Pierre Lefèvre, Dieter Mohl, Ugo Gastaldi et Kurt Kilian d'utiliser, à titre provisoire, le cyclotron MEDICYC, en voie d'achèvement, pour réaliser le DEAR. Il revenait alors, à ce dernier, la singulière tâche qui consiste à ralentir et arrêter des antiprotons sans, bien entendu, les faire interagir avec de la matière (sinon, ils disparaîtraient aussitôt, phénomène que les physiciens appellent l'annihilation). Pour atteindre cet objectif, il fallait faire fonctionner le cyclotron « à l'envers » c'est-à-dire injecter les antiprotons de 50 MeV par le canal d'extraction de MEDICYC, puis les freiner en une trajectoire spirale jusqu'au centre du cyclotron afin d'utiliser, ensuite, le système d'injection axiale pour les extraire, à très basse énergie, et les stocker dans une « bouteille magnétique » installée à la place de la source d'ions.

Il s'agissait, certes là, d'une opportunité pour tester notre nouvelle machine tout en mettant à la disposition des équipes de physiciens du CERN un dispositif expérimental adapté. Cet emploi, certes temporaire, de MEDICYC était aussi, de la part du Centre Lacassagne, un geste de reconnaissance envers le CERN pour la contribution essentielle qu'il avait, jusque là, apporté à la réalisation de son cyclotron.

Robert Klapisch, directeur de la Recherche au CERN, confia, alors, à Pierre Mandrillon la responsabilité de présenter, à la communauté des physiciens, les études préliminaires de cette injection d'un faisceau d'antiprotons, de sa décélération et de l'extraction des antiprotons par l'injection axiale de MEDICYC, lors d'un workshop consacré à ce sujet, organisé du 9 au 16 mai 1982, au célèbre Centre de culture scientifique « Ettore Majorana », perché dans le petit village d'Erice, site d'une beauté grandiose dominant la cité sicilienne de Trapani où dominait, dans l'Antiquité, le temple d'Athéna Eryx.

L'idée fut bien accueillie mais le caractère obligatoirement temporaire de cette belle expérimentation lui fut fatal ; devant la durée envisagée de mise à disposition (environ deux années), cette dernière fut jugée beaucoup trop brève pour mener les recherches programmées. MEDICYC ne fut jamais un cyclotron stockeur d'antimatière et ne commença donc pas sa carrière en décélérant des antiprotons !

Le retour d'Erice fut mémorable en ce sens que le vol Alitalia, qui ramenait la plupart des participants de Trapani à Rome, dût se détourner très brutalement. Les passagers apprirent que le commandant de bord, alerté d'un tir de missiles de l'US Navy, avait préféré effectuer cette manœuvre d'urgence pour changer de cap. Pas de doute, les physiciens étaient bien sous l'égide d'Athéna Eryx, protectrice des Sciences et inspiratrice de ce prudent pilote pour détourner les foudres du belliqueux Poséidon !

Dans le parcours d'élaboration scientifique du projet EULIMA (une étude européenne dont on reparlera longuement), une expérimentation de haut niveau, en collaboration avec l'équipe LEAR et Jan Tuyn, un des responsables de la radioprotection du CERN, fut réalisée avec des faisceaux d'oxygène de haute énergie (400 MeV/nucleon) pour mesurer la fragmentation des ions Oxygène 16 de haute énergie dans le processus de ralentissement dans les tissus. Ce phénomène, ainsi parfaitement étudié, se trouve à l'origine d'une des limitations de l'hadronthérapie avec des particules plus lourdes que les protons (Carbone, Oxygène, Néon…) car ces fragments ont des parcours différents et déposent une dose en dehors du volume cible, en aval du pic de Bragg. Des mesures très précises furent plus tard, effectuées à Berkeley sur des faisceaux de Néon de haute énergie issus du synchrotron BEVALAC. John Llacer trouva ainsi qu'à 32 cm de profondeur dans les tissus il ne subsiste plus que 10 % du faisceau de Néon incident et 40% des fragments sont constitués de particules α au fort pouvoir ionisant.

Beaucoup plus tard encore, une possible utilisation des antiprotons pour l'hadronthérapie des tumeurs a été proposée par des physiciens américains dans le cadre d'une collaboration internationale. Cela reste, aujourd'hui, du strict domaine de la recherche.

1983, « annus horribilis » pour MEDICYC

Le 14 janvier 1983 se réunit le Conseil Scientifique de MEDICYC, au siège de l'IN2P3, sous la présidence du professeur Yoccoz, son Directeur Général, pour faire le point de la situation technique et administrative de MEDICYC.

Sur le plan technique il y a de nombreuses avancées concernant les caractéristiques définitives de l'aimant et les deux cavités accélératrices haute fréquence, avec leurs alimentations, sont maintenant réalisées ; on peut considérer que les trois quarts de l'accélérateur sont construits ou en cours final de construction.

Le canal d'éjection composé d'un canal électrostatique (CES) et d'un canal électromagnétique (CEM) est terminé. La source d'ions et l'injection ainsi que la chambre à vide sont largement avancées.

Une cible neutronigène nouvelle en deutérure de lithium pour la production de neutrons rapides est en cours d'étude et d'expérimentation en collaboration avec le Centre d'études nucléaires de Grenoble. Elle fait l'objet d'une subvention de l'ANVAR et elle améliorera, de façon notable, le spectre en énergie des neutrons pour la radiothérapie.

Enfin, la conception et la réalisation du système de commandes et contrôles par ordinateur pour l'opération de la machine sont sur une bonne voie.

Par contre, à l'inverse de ces avancées scientifiques (toutes) positives, la situation administrative du projet reste plus qu'incertaine et devient même particulièrement préoccupante. II est, notamment, acté au cours de cette réunion :

- qu'il n'y a toujours aucune prise de position des représentants du ministère de la Santé

- que la même attitude se retrouve au ministère de la Recherche et de l'Industrie où pourtant, selon son représentant, on serait prêt à soutenir le projet mais seulement si le ministère de la Santé donne un avis favorable !

- que si la disponibilité d'un terrain de 30000 m² sur la colline de la Lanterne à Nice, dont la configuration se prête parfaitement à la réalisation du projet est maintenant acquise, il n'y a pas (encore) de financement pour commencer le bâtiment d'accueil du cyclotron dont l'Avant-Projet Sommaire est en cours de finalisation.

Et là où le bât blesse, c'est que ce hall technique prévu pour recevoir MEDICYC et dont on prépare les spécificités, doit être terminé et ouvrir ses portes au plus tard dans moins de deux ans car les accords avec le CERN, concernant l'hébergement de l'équipe visiteuse du CAL et de son cyclotron, prennent fin impérativement le 31 décembre 1984.

- et enfin que l'équipe technique qui se compose maintenant de neuf techniciens (dessinateurs-projeteurs, électroniciens et électromécaniciens), recrutés à Nice à leur sortie du Lycée Technique des Eucalyptus ou de l'IUT, est très inquiète pour son avenir, puisque chacun d'entre eux est sous contrat à durée déterminée d'un an, renouvelable une fois.

Ce constat, très négatif pour la survie du projet, ne reflète pourtant pas l'intensité des efforts qui sont accomplis durant les six premiers mois de cette année 1983 pour tenter de faire reconnaître et valider les indiscutables atouts de MEDICYC. Parmi les éléments considérés comme positifs, citons notamment :

- l'avis favorable recueilli auprès du professeur Maurice Tubiana, directeur de l'institut Gustave Roussy, expert national reconnu de la radiothérapie, qui exprime, dans un courrier au ministère de la Recherche et de l'Industrie, le grand intérêt, grâce à cette machine dédiée, d'évaluer l'efficacité de la neutronthérapie dans de bonnes conditions méthodologiques

- l'article argumenté du journaliste Jean-Yves Nau, paru dans le quotidien le Monde le 16 février, qui rappelle que ce projet s'inscrit parfaitement dans le Programme national d'équipement en Cyclotrons d'usage médical, lancé l'année précédente par le ministre de la Recherche, Monsieur Jean-Pierre Chevènement

- l'entretien direct et approfondi de Monsieur Pierre Lambertin, Préfet des Alpes-Maritimes et Président du Conseil d'administration du Centre Lacassagne avec Monsieur Rimarex, Directeur du cabinet de Monsieur Edmond Hervé , Secrétaire d'État à la Santé, le 14 juin 1983 à Paris

- et l'avis favorable (assez inattendu, il est vrai) exprimé, dans sa séance du 13 juillet, par les membres de la Commission Nationale d'Hospitalisation, pour autoriser l'installation du cyclotron dans des locaux appropriés à construire à Nice.

L'équipe technique, elle, informée de ces péripéties, poursuit néanmoins, en dépit de son inquiétude, son excellent travail autour de MEDICYC au CERN.

Le 24 août 1983, tombe, abrupte, la décision négative du ministère de la Santé : la demande d'installation de ce cyclotron biomédical destiné à la neutronthérapie au Centre Antoine Lacassagne de Nice est, purement et simplement, rejetée. Avec une conséquence immédiate : toute poursuite de la construction de la machine est désormais interdite ce qui amène, inéluctablement et à brève échéance, sa vente à l'encan, au poids de l'acier. Autre catastrophe à imputer à cette décision inique : le démantèlement, à tout aussi bref terme, de la jeune équipe niçoise dont la situation contractuelle était, on le sait, précaire.

Inutile d'ajouter que cette décision, sans nuance ni argumentation, est terriblement ressentie par tous, au CERN et à Nice.

Une tentative de défense va immédiatement s'organiser sous forme d'un recours administratif très rapidement introduit par le directeur du Centre sous couvert de son Président du Conseil d'administration, le Préfet des Alpes-Maritimes, Monsieur Pierre Lambertin.

Pourtant au même moment dans le cadre d'une audience accordée (vraisemblablement) sans coïncidence avec ce refus administratif, le professeur Lalanne et Pierre Mandrillon, sont reçus le 29 août, soit cinq jours après la notification du sinistre couperet, par Monsieur Pierre Bérégovoy, le Ministre des Affaires Sociales qui a la tutelle de la Santé.

Episode digne d'un rebondissement théâtral, à la suite de cette entrevue, le Ministre va prendre, seul et à contre-courant de la position défendue par l'administration centrale, deux décisions essentielles : il crée, prioritairement, six postes de techniciens supérieurs, ce qui a pour but de titulariser l'essentiel de l'équipe en place, et il demande ensuite, pour « *éclairer définitivement* » le choix ministériel (réfutant ainsi clairement la décision brutale déjà signifiée), qu'un Rapport circonstancié concernant ce cyclotron MEDICYC soit diligenté et établi par la Commission du Cancer…

Quelques jours plus tard, le 13 septembre précisément, François Mitterrand, Président de la République, participe au CERN à la cérémonie de la première pierre du chantier de l'anneau de 9 km de diamètre destiné à recevoir l'accélérateur-collisionneur LEP.

Après les discours officiels du Président de la Confédération Helvétique et celui du Président de la République, Pierre Mandrillon est bien déterminé à tenter de remettre une plaquette de présentation de MEDICYC au Président à l'occasion de son bain de foule avec les Français du CERN. C'est Christiane, alors son épouse, voyant le Président plutôt attiré par les présences féminines, qui brandit une plaquette et la tendit au Président qui s'arrêta. Sous l'œil inquiet des gardes du corps, Pierre Mandrillon aborda (en moins de deux minutes !) les grandes lignes du projet au Président qui l'écouta avec attention. Néanmoins, il ne regarda pas la plaquette et la tendit directement à son aide de camp.

Le soir même, Pierre Mandrillon écrit une lettre au Président au palais de l'Élysée, pour le remercier de l'attention qu'il lui avait apportée et lui expliciter les graves conséquences de cette situation de blocage administratif :

« *…Je vous prie d'excuser, Monsieur le Président, mon audace d'aujourd'hui mais la situation de MEDICYC est préoccupante…le montage de l'aimant commence dans 3 semaines au CERN, mais il attend toujours un accord de principe des pouvoirs publics de notre pays…J'espère simplement que vous verrez dans ma démarche ce volontarisme et cette persévérance sans lesquels, ainsi que vous l'avez exposé, rien ne se fait !...* »

La réponse d'un conseiller à la Présidence de la République, Monsieur Lévi, arrivera quelques jours plus tard, et, bien qu'assez vague, elle fut cependant considérée par tous comme un encouragement à poursuivre la route quels que soient les obstacles.

Une note de la Mission scientifique et technique du Ministère de l'Industrie et de la Recherche, en date du 28 septembre 1983, sous la signature de Monsieur Jean-Claude Bisconte, chef du Département GBM (**G**énie **B**iologique et **M**édical) illustre bien l'ambiguïté dans laquelle, devant cette prise de position négative du ministère de la Santé, se situe le ministère de la Recherche :

« *Ce projet, lancé par le professeur Lalanne avec l'appui des équipes du CERN, a toujours soulevé des réticences du côté Santé et Sécurité sociale. La Recherche s'est tenue à l'écart d'un débat qui comporte des aspects scientifiques, médicaux, économiques et politiques. Au cours de la récente visite du Président de la République au CERN, son attention a été attirée sur cette affaire...*

Il a été décidé, dès 1979, que le ministère de la Santé aurait la tutelle des opérations cyclotrons destinées à la thérapie (Orléans et Nice éventuellement) tandis que la Recherche s'occupait des cyclotrons pour la production d'isotopes à vie brève (Orsay, Lyon et Caen)....

Très soutenu localement (et politiquement), le docteur Lalanne se bat depuis près de 10 ans pour cette réalisation ambitieuse. Le CEA et le CERN l'ont aidé et, ainsi, ce cyclotron prototype est réalisé à 50 %. Reste le bâtiment et le sort de six personnes au CERN affectées au projet ».

Les conclusions de cette note destinée au Ministre et à son cabinet, modèle fort remarquable de l'habituel « mix administratif politico-économico-socio-scientifique », sont les suivantes :

- *l'usage du cyclotron en thérapie se fonde sur des arguments scientifiques et médicaux réels...*

- *il s'agit de réalisations de prestige et le créneau industriel reste très restreint. La France, grâce à CGR-MeV, a une position privilégiée.*

- *le coût de telles opérations justifie pleinement que la politique en la matière soit éventuellement conduite par des considérations économiques.*

- *l'engagement de six physiciens français du CERN pose un problème humain très réel en cas d'annulation du projet*

- *compte tenu de l'avancement du projet, son annulation définitive entraînera des remous relativement importants. En principe, le corps médical n'est chaud ni pour la méthode ni pour la localisation de Nice et ne devrait pas trop réagir.*

Notons que le J.O. de la semaine passée faisait état du refus des Affaires sociales d'autoriser l'installation d'un cyclotron à Nice, ce qui souligne bien que cette question relève essentiellement des Affaires sociales ».

C'est peu dire sur la profondeur de l'enchevêtrement argumentaire où se complait l'administration devant ce projet niçois dont elle souhaite pourtant, à l'évidence, arrêter la route. Sa fin, ainsi voulue et programmée, apparaît logiquement, dans un tel climat, comme certaine.

Départ du CERN et arrivée à Carros.

Et pourtant, l'année 1984 va s'écouler, mois après mois, dans une situation bloquée et, bien sûr, sans voir le moindre début de solution. Le Centre Lacassagne reste ainsi sans autorisation d'installer son cyclotron et par voie de conséquence, sans entamer l'indispensable construction de son bâtiment d'accueil. Sauvée par la décision du Ministre Pierre Bérégovoy, l'équipe technique peut pourtant continuer, et c'est l'essentiel, son travail d'assemblage des constituants du futur cyclotron tout en sachant que, dès le début de l'année suivante, elle doit impérativement quitter le CERN car le Hall Est de la division PS va abriter le montage et les tests des futurs détecteurs pour le grand projet du LEP.

Ce départ se prépare et il se fera en deux groupes distincts, Jean Claude Grini et les mécaniciens en premier, l'équipe de Commandes et Contrôle ensuite. Quant au transfert de la machine elle-même, il sera organisé, lors d'une réunion le 30 novembre 1984, en concertation avec Monsieur Charrière de la Société des transports Million.

Dans cette situation quasi-ubuesque, il faut donc, en toute priorité, trouver un bâtiment provisoire pour assurer, à proximité du Centre Antoine Lacassagne, l'hébergement à la fois de l'équipe et de la machine. C'est le mérite d'Alain Faraut, ingénieur et responsable d'un Bureau d'études à Nice, d'avoir déniché la solution sous forme d'une location disponible concernant un local polyvalent dans la zone industrielle de Carros, située dans la vallée du Var au nord de l'agglomération azuréenne.

Mais ce hall, tout à fait propice mais totalement vide, doit être aménagé avant le transfert du cyclotron.

Les amis du CERN signalent, opportunément, l'existence d'un ancien pont roulant désaffecté qui pourrait nous être offert à condition de l'évacuer au plus vite. Ce pont de 8 tonnes était installé dans un ancien hall expérimental des anneaux de stockage des ISR du CERN, lesquels étaient arrêtés depuis quelques années. Il fut vite décidé de récupérer cet ancêtre, même s'il fallait auparavant réviser complètement sa motorisation électrique et ses commandes. Un problème épineux demeurait : comment, en pratique, installer cet engin dans ce hangar industriel de Carros ? C'était loin d'être simple.

Le CERN vint, une fois encore, à la rescousse en « prêtant », dans ce but, 32 blocs de béton standard (chacun de 0,8m/1,6m/2,4m) qui servaient, précédemment, de stocks de réserve pour la radioprotection dans les aires expérimentales. Un camion semi-remorque ne pouvant transporter que 3 blocs, il fallut une dizaine de transports pour l'acheminement vers Carros. Ce Lego en béton fut ensuite assemblé pour supporter les rails du pont roulant, maintenant révisé et repeint flambant neuf. *In fine* la mise en place des blocs, la restauration du pont roulant, son installation et son homologation n'auront coûté qu'environ 100 kF…

Tous ces blocs, de taille standard CERN, furent ultérieurement cédés définitivement (toujours gratuitement) au CAL et installés, plus tard, dans le Hall technique de la Lanterne, en extrémité de la ligne de faisceau de MEDICYC. Ils constituent, aujourd'hui encore, un labyrinthe d'accès très utile pour toute intervention sur cette voie de faisceau.

Outre le problème particulier de ce pont qui allait jouer un rôle capital dans l'achèvement du montage du cyclotron MEDICYC à Carros, le local retenu exigeait quelques adaptations supplémentaires. Il fallut, en effet, aménager une fosse de 2 m de profondeur, avec des barreaux d'échelle d'accès pour installer (et effectuer toutes les manœuvres qui lui étaient inhérentes) l'ensemble mécanique du système de l'inflecteur de l'injection axiale logé sous l'aimant. Même nécessité, pour l'équipe, d'installer (provisoirement toujours) le parc des alimentations électriques (sur un faux-plancher de récupération pour le passage des câbles) ainsi qu'un réseau provisoire d'eau déminéralisée avec un petit échangeur à plaques pour le refroidissement de l'ensemble des équipements du cyclotron. Là encore, beaucoup du matériel nécessaire proviendra de la récupération d'éléments de l'ancienne centrale de refroidissement des ISR du CERN !

Enfin, un petit atelier de mécanique fut installé pour répondre aux travaux du quotidien ; le jeune Pierre Charbonnel, recruté en avril

1985 et titulaire de 3 CAP (fraiseur, outilleur, tourneur) y commença son expérience professionnelle.

Ces aménagements divers étant rapidement réalisés, il fallut faire appel à nouveau au char imposant qui avait déjà amené depuis Montbrison le cyclotron au CERN et qui devait maintenant conduire celui-ci de Genève à Carros, près de Nice.

Le trajet était plus conséquent et ce voyage fut particulièrement long. Les heures de circulation de ce convoi de près de 200 tonnes étaient limitées avec parfois la nécessité de changer d'escorte de police ou de gendarmerie suivant les communes à traverser. Il fut également rendu compliqué par le fait qu'il fallait circuler sur l'autoroute pour traverser le département des Alpes-Maritimes et que la société d'autoroute exigea que des calculs de résistance de certains ouvrages d'art soient effectués avant d'autoriser son passage.

Néanmoins, il parvint à bon port !

Le soutien du CERN à MEDICYC, maintenant rendu à Carros, ne se borna pas à des aides techniques ou matérielles si importantes et utiles soient-elles. Voici un exemple particulièrement significatif qui va contribuer à renforcer le potentiel scientifique de l'équipe niçoise.

Sur la recommandation à la fois de Gunther Plass, le chef de projet LEP, soutien permanent des efforts de la petite cohorte niçoise et de Georges Charpak qui ne tarissait pas d'éloges à son sujet, s'établit un contact direct avec le physicien anglais Francis Farley qui avait été l'un des cerveaux d'une des plus belles expériences conduites au CERN, l'expérience « g-2 », pour la validation de l'électrodynamique quantique. Physicien de renommée internationale, « *Fellow of the Royal Society* », l'Académie des Sciences britannique, il partageait, à cette période, son temps entre Bar sur Loup, petite commune des Alpes-Maritimes, où il était en train d'aménager une ancienne bergerie et le grand Laboratoire américain de Brookhaven, où il pilotait une nouvelle édition de « g-2 » basée sur une très grande bobine supraconductrice de 10 m de diamètre. Il avait travaillé plus de 10 ans au CERN où il avait la position de professeur Invité et il avait été le Doyen, de 1967 à 1982, du « *Royal Military College of Science* ». Depuis, il était aussi « *Visiting Professor* » au Trinity College de Dublin et « *Senior Visiting Scientist* » à l'Université de Yale aux USA. Une très haute « pointure » scientifique, donc !

Une sympathie réciproque s'établit, d'emblée, avec Pierre Mandrillon qui, totalement absorbé par la prochaine mise en route des premiers tests de l'accélérateur, lui proposa de prendre en charge les études concernant les deux voies de faisceaux prévues, mission qu'il accepta immédiatement. C'était également un fin électronicien et il prodigua, dans ce domaine, de fréquents conseils à cette jeune équipe.

Cette collaboration fut plus que fructueuse et reste aussi, pour tous, une expérience inoubliable, ne serait-ce que pour le souvenir de ces *« five-o-clock tea »*, en présence de ses deux magnifiques Golden Retriever, dans cette petite baraque de chantier qui servait de bureau… Ce furent de très bons moments, nourris, par ce britannique formé à Cambridge, de science, certes, mais, aussi, de beaucoup d'humour !

Il fallut complètement reprendre, à Carros, les mesures magnétiques, à la fois parce que de nouveaux équipements avaient été mis en place sur l'aimant voyageur mais aussi parce qu'il était indispensable de vérifier que l'odyssée en question n'avait pas « perturbé » l'electroaimant et donc le champ magnétique.

Un jeune ingénieur suédois, Erik Martensson, qui venait d'achever son contrat avec le groupe de l'anneau LEAR dirigé par Pierre Lefèvre au CERN, prêta main-forte. Il écrivit un nouveau logiciel d'acquisition et de traitement des données de nos sondes de mesure de champs magnétiques après qu'il eut vérifié que l'étalonnage n'avait pas changé. Ces travaux furent réalisés sur un ordinateur du type micro-Vax qui avait été racheté à un prix très attractif au groupe LEAR. L'exploitation des cartes de champs magnétiques devint désormais très rapide, passant de plusieurs jours à une demi-journée !

Ces cartes révélèrent un léger défaut qui n'avait pas été observé lors de la première campagne de mesures au CERN. Heureusement, les bobines harmoniques, largement dimensionnées lors de la conception du cyclotron, permirent facilement de le corriger.

Erik Martensson, dont la gentillesse et la sympathique personnalité ont été fort appréciées, joua également un rôle de tuteur dans l'élaboration du futur système de commandes et contrôles et ses échanges avec Denis Fayaud, doyen de l'équipe niçoise, furent très productifs. Le jeune informaticien récemment recruté, Marc Rolion, s'initia ainsi au micro-Vax avec l'expert suédois.

On ne saurait suffisamment insister sur l'influence majeure de ces collaborations scientifiques internationales, au CERN ou à Carros, dans l'élaboration et la réalisation effective de MEDICYC.

Le ciel se dégage un peu !

Après les conclusions très favorables émises unanimement par les hautes autorités du Conseil Scientifique réuni à Nice le 17 mai 1985, puis la nomination, à compter du premier juillet, d'un nouveau directeur au Centre Antoine Lacassagne, le professeur François Demard, attentif depuis plusieurs années à l'avancée de ce projet, ainsi que la réception du courrier ministériel, daté du 9 aout, qui reconnaît (enfin !) le double intérêt médical et industriel du cyclotron MEDICYC, l'optimisme renait progressivement au sein de l'équipe technique, transplantée dans la zone industrielle proche de l'agglomération niçoise.

Le nouveau Directeur, dès sa prise de fonction, manifeste, d'emblée et sans ambiguïté, son intérêt, tant au projet qu'à l'équipe qui a la charge de sa réalisation, en se rendant à Carros où il procède, en compagnie de Pierre Mandrillon, à une longue et détaillée visite de l'installation. Ce dernier précise, qu'avec l'assentiment du précédent Directeur, certains paramètres fondamentaux du cyclotron ont été récemment modifiés.

Il s'agit pour l'essentiel de renforcer l'aimant dans le but d'accroître l'énergie des protons extraits de MEDICYC qui va passer, ainsi, de 55 à 65 MeV. Cette décision d'augmentation de l'énergie maximale se révèlera d'une importance capitale. Elle va contribuer, certes, à améliorer la qualité future de la neutronthérapie (à laquelle Claude Lalanne reste très attaché du fait des propriétés biologiques reconnues des neutrons) mais, aussi et surtout, elle ajoute une nouvelle corde à l'arc des potentialités de traitement offertes par MEDICYC. En effet, cette nouvelle performance énergétique va ouvrir, en France, la voie de la protonthérapie, dont on commence à entrevoir, grâce aux travaux du Massachusetts General Hospital, le MGH, à Boston, l'intérêt exceptionnel dans la prise en charge des tumeurs oculaires. Pierre Chauvel, radiothérapeute au Centre Antoine Lacassagne, déjà très investi dans l'établissement du futur programme médical, est aussi un fervent promoteur de cette nouvelle potentialité thérapeutique.

Protonthérapie et/ou Neutronthérapie, il faut, par contre, décider sans délai de la stratégie future d'installation : comment fait-on, dans quel délai et dans quel ordre ?

Au cours d'un déjeuner aux saveurs niçoises dans une auberge du petit village de Castagniers, proche du local de la zone industrielle de Carros, ces questions cruciales amènent le professeur François Demard, en parfaite symbiose avec Pierre Mandrillon, à décider une modification des priorités dans l'ordre du démarrage médical. Désormais, l'objectif est clairement déterminé pour l'équipe technique : poursuivre et achever la construction du cyclotron dans les meilleurs délais, ici à Carros, puis transférer et installer sur le site de la Lanterne (cela, dès que la construction du bâtiment sera effective) le cyclotron, construire et assembler les voies de faisceaux pour délivrer, en premier lieu, des protons de 65 MeV.

La première salle équipée sera, donc, dévolue à la seule protonthérapie oculaire.

Ce choix majeur va se voir, fort opportunément et quelques semaines après, confirmé et validé au cours du meeting scientifique de l'EORTC (**E**uropean **O**rganisation for **R**esearch and **T**reatment of **C**ancers) organisé à Nice, et regroupant des spécialistes radiothérapeutes européens. Leur objectif commun est de procéder à l'analyse exhaustive des diverses expériences étrangères en matière d'hadronthérapie, déjà opérationnelles ou en cours de réalisation, et de leurs premiers résultats.

Ces radiothérapeutes experts visitent, le 19 octobre 1985, avec beaucoup d'intérêt, le site de Carros et le cyclotron MEDICYC. Ils assisteront, aussi à la présentation, par l'équipe niçoise, d'un projet nouveau concernant un accélérateur européen autorisant la radiothérapie avec des ions plus lourds que les protons. Ce sont les premiers pas du projet EULIMA que nous décrirons en détail dans la troisième partie.

Durant toute l'année 1986, le montage de MEDICYC va se poursuivre générant, pour une part essentielle, de gros travaux de câblage. Il faut devant l'ampleur du travail à fournir, en renfort de Patrick Eeses qui réalise une prestation remarquable, procéder au recrutement d'un câbleur-électricien supplémentaire. Jean-François Di Carlo, un natif de Beuil dans l'arrière-pays, rejoint l'équipe en novembre : il va y jouer un rôle important dans toute la fin de la construction et pour les activités qui suivront. Fils de menuisier, il sera en effet, l'homme de toutes les maquettes HF en bois, et il y en eut de nombreuses au fil des années et des diverses études entreprises par le Laboratoire du Cyclotron. Il réalisera, ainsi, des maquettes de plus en plus complexes pour l'étude de diverses cavités accélératrices, notamment pour le projet EULIMA dont nous parlerons plus tard, mais, aussi, pour la grande cavité spiralée du cyclotron pilote de l'Amplificateur d'énergie de Carlo Rubbia au CERN ou pour le cyclotron AIMA-PN destiné à la production d'isotopes, tous projets marquants dans l'histoire de l'équipe niçoise. Claude Salicis et Serge Dumas complèteront plus tard cette équipe de jeunes mécaniciens.

L'année 1987 commence, une fois n'est pas coutume, idéalement et dans la joie. Le 6 janvier, en effet, l'autorisation administrative d'installation de MEDICYC est accordée au professeur François Demard par arrêté du ministère de la Santé.

Le quotidien « Le Monde » du 28 janvier, notamment, relate l'événement qui renvoie aux oubliettes le douloureux traumatisme de la funeste décision de 1983.

Inutile de dire que ce « feu vert » rehausse immédiatement l'enthousiasme de toute l'équipe qui peut, maintenant, entrer dans « la dernière ligne droite » du montage et des premiers tests du cyclotron.

Les premiers mois seront, ainsi, consacrés au montage de la ligne d'injection axiale et la préparation des diagnostics pour la mesure des performances de l'injection dans le plan médian horizontal du cyclotron.

Il est prévu, avec Francis Farley, un dispositif de mesure de profil du faisceau avec des fils de tungstène de très faible diamètre. Comme le diamètre optimal, pour cette tâche, se trouve être voisin de celui des chambres à fils de Georges Charpak, « *il doit y en avoir des kilomètres au CERN* » indique Francis…

Le 11 février 1987, à l'invitation de Gunther Plass, Pierre Mandrillon rejoint le Comité d'Organisation de la Conférence Européenne des Accélérateurs, appelée EPAC (***E****uropean* ***P****article* ***A****ccelerator* ***C****onference*), initiative du CERN pour lancer en Europe un cycle de Conférences de haut niveau sur les accélérateurs de particules, semblable à la PAC « ***P****article* ***A****ccelerator* ***C****onference* » aux USA.

La ville de Rome est choisie comme lieu de la première Conférence, en juin 1988 et ces conférences auront lieu tous les deux ans, en alternance avec la PAC américaine. C'est au terme de cette

Conférence de Rome que la candidature de Nice comme site de la Conférence 1990, présentée par Pierre Mandrillon avec le support de l'équipe du Palais des Congrès de Nice-Acropolis, sera retenue, événement de grande portée internationale, avec, pour la première fois, un congrès satellite dévolu à l'activité médicale...

Maintenant que l'autorisation d'installation est (enfin) acquise, il faut activer le dossier du bâtiment qui doit être édifié sur le terrain de la Lanterne, et pour cela, en premier lieu, relancer le travail des deux bureaux d'études, les ingénieurs responsables étant Messieurs Ciais pour la société SUDEQUIP et Faraut pour l'entreprise OTB.

L'agencement, à l'intérieur du futur hall technique, doit attentivement être évalué pour répondre à l'ensemble des diverses contraintes qui sont rencontrées pour les salles de traitement. Pour ce qui concerne la salle de neutronthérapie et son faisceau vertical, deux jours de visites et de réunions techniques, à Louvain-la-Neuve, vont beaucoup aider à la résolution de certaines difficultés. Avec Jean-Pierre Meulders et Guido Ryckewaert, deux physiciens belges de grand talent, s'établit, heureusement, une collaboration étroite autour des deux collimateurs à lames variables, qui, prochainement, équiperont chacune des installations, à Nice et à Louvain-la-Neuve. Les deux Centres pourront ainsi, opérer dans les mêmes conditions physiques : énergie incidente des protons comparable, même cible neutronigène, et même collimation du faisceau de neutrons.

L'expérience des belges est déjà consistante puisqu'ils ont, eux, effectué plus de 700 traitements par neutrons, avec une moyenne de 120 patients par an pour les deux dernières années (les indications les plus fréquentes étant la prostate et les tumeurs gynécologiques).

Le 14 mars 1987, lors d'un meeting du groupe « High LET » (le groupe des Particules Lourdes au sein de l'EORTC), réuni au Laboratoire national Suisse situé à Villigen près de Zurich (aujourd'hui PSI, ***P****aul* ***S****cherrer* ***I****nstitut*), le professeur André Wambersie de Louvain-la Neuve rapporte des travaux dont il ressort que si 80% des situations de la radiothérapie sont satisfaites par des radiations à TEL faible (rayons X, photons de haute énergie et protons) les 20% restant, qui représentent la fréquence des tumeurs dites radiorésistantes, requièrent des radiations de TEL élevé. Pour les radiations à TEL faible, le remplacement des rayons X par l'utilisation des protons parait, pour lui et à moyen terme, certain. Il n'empêche que l'aspect économique, majeur et prégnant, subsiste ; la question posée est simple :

« *How much are we ready to pay to reduce the dose on normal tissues?* ».

Quant aux TEL élevés, si les résultats récents de Berkeley avec les ions légers (Carbone, Néon) présentent un intérêt grandissant, ce sont les neutrons qui demeurent, selon André Wambersie, « *les TEL élevés du pauvre !* ».

La dernière semaine de mars est particulièrement active à Carros pour préparer les premiers tests sur l'injection axiale de MEDICYC à partir de la source duo-plasmatron.

Le 1ier avril 1987, à 16h, les premiers protons sont enregistrés sur les sondes de profil du faisceau et, dans la nuit du jeudi 2 avril, on mesure une intensité proche de 200 microAmpères au centre du cyclotron, avec un courant extrait de la source voisin de 4 milliAmpères : c'est l'enthousiasme car est atteinte, pour la première fois, une performance indiscutable qui valide tous les paramètres de cette ligne d'injection axiale du cyclotron.

Il est, aussi, désormais certain que MEDICYC sera en capacité de délivrer les intensités maximales requises pour disposer, ultérieurement, de conditions optimales pour la neutronthérapie.

L'initiative MEDICYC, tout en restant quasi-ignorée dans le milieu scientifique et médical français, est, par contre, un projet connu et apprécié de la communauté internationale des experts cyclotrons. L'une des manifestations de ce soutien fut de confier à l'équipe en charge de la construction du cyclotron niçois le soin d'organiser, à Nice, le 24ième ECPM (***E**uropean **C**yclotron **P**rogress **M**eeting*). Cette Conférence, réunissant près de 200 participants, se tint, pendant 48 heures dans la salle Hermès du Palais des Congrès Nice-Acropolis les 10 et 11 mai. L'invité d'honneur, grâce au Comité local d'organisation, en était le prestigieux professeur John Lawrence qui avait accueilli chaleureusement, l'année précédente, Pierre Mandrillon lors de sa participation à la réunion du ***P**article **T**herapy **Co**opérative **G**roup* (le PTCOG est le groupe international regroupant promoteurs et utilisateurs de la protonthérapie), organisée en 1986 à Berkeley, aux USA. Il avait accepté de franchir l'Atlantique (en Concorde !) et de co-présider ce Congrès niçois aux côtés de Pierre Lehmann, le directeur de l'IN2P3.

Dans son discours d'ouverture, John Lawrence évoqua les années pionnières avec son frère Ernest à Berkeley, berceau non seulement du cyclotron mais également des tout premiers accélérateurs circulaires destinés à l'essor de la recherche en physique nucléaire, alors naissante aux États-Unis. John rappela comment Ernest, expérimentateur très habile et bricoleur imaginatif depuis l'enfance, valida le principe du cyclotron en construisant un modèle à électrons qui tenait dans sa main… Se déclarant vraiment séduit par le programme MEDICYC, il évoqua aussi la création et le rôle de la Fondation Donner, du nom d'un mécène qui permit, sous son impulsion, le développement de la recherche en biologie et en médecine aux Etats-Unis.

Cette réunion, sur le plan scientifique, fut une parfaite réussite.

Les principales caractéristiques et l'état d'avancement du cyclotron niçois furent l'objet d'une présentation par Pierre Mandrillon. Une visite sur site retint l'attention et l'intérêt de nombreux participants.

MEDICYC est un Cyclotron isochrone multi-particules à Fréquence fixe accélérant des ions négatifs

Caractéristiques des Faisceaux accélérés

Energies des faisceaux : Protons de 65 à 20 MeV- Deutons de 30 à 10 MeV

Intensités des faisceaux extraits : Protons et Deutons : de 10 nA à 20 μA

Injection externe axiale:

Source d'ions : H^-, D^- produits par une source multi-cusp

Contrôle dynamique de l'intensité par 2 groupeurs HF.

Cavités Acceleratrices :

Nombre :	2
Fréquence :	25 Mhz
Amplificateur HF par cavité :	Tétrode de 25 KWatt

Harmoniques utilisables pour l'accélération de différentes particules :1,2, 3

Electroaimant:

Puissance :	170 kW
Diamètre :	1.60 m
Hauteur :	2.58 m
Poids total :	130 tonnes
Secteurs magnétiques spiralés :	4

Système d'extraction :

2 éplucheurs alimentant deux lignes de faisceaux externes :

- 1 éplucheur haute énergie pour les protons de 65 MeV ou deutons 30 MeV

- 1 éplucheur basse énergie pour les protons de 20 MeV ou des deutons de 10 MeV

2 Lignes de faisceau :

La ligne de faisceaux haute énergie peut se subdiviser en deux lignes secondaires permettant d'installer divers dispositifs pour la recherche appliquée en médecine notamment la production de nouveaux isotopes.

Les essais à Carros

Après la longue période d'installation technique pour la finition du montage et du câblage, va débuter, à partir de la seconde quinzaine de novembre 1988, une nouvelle série d'essais plus avancés sur la ligne d'injection axiale.

Le premier objectif de l'équipe qui s'était complétée par le recrutement de l'électronicien Jean-Marc Bergerot à la suite de son excellent stage de l'été 1987, est de vérifier l'alignement du faisceau car la sortie de la source d'ions H- se trouve à (exactement) 3,22 mètres au dessus du plan d'accélération du cyclotron, nommé plan médian. Il faut viser, avec une grande précision, l'axe du dispositif que l'on appelle « inflecteur », cette petite pièce qui permettra de dévier de 90 degrés et à l'aide d'un champ électrique de 15000 Volt/cm ce faisceau vertical qui vient de la source pour l'amener dans ce plan médian horizontal ; la précision requise doit être inférieure au millimètre car le diamètre de l'ouverture de cet inflecteur ne mesure que 8 mm alors que la dimension calculée de celui du faisceau atteint 6 mm. Avant de mettre en place l'inflecteur, Pierre Mandrillon fait réaliser une sorte de « mire électrique», d'un diamètre égal à la taille de son ouverture (soit, donc, 8mm) qui est, en fait, une petite cible en Cuivre isolée. Grâce à elle, placée dans le plan médian du cyclotron en lieu et place du cette pièce délicate, il devient ainsi possible de lire le courant électrique généré par les particules tombant sur cette mire. Divers autres dispositifs de mesure sont, de plus, installés le long de cette trajectoire axiale ce qui permet d'évaluer les pertes-faisceau et d'optimiser le réglage des deux lentilles magnétiques de focalisation.

Le mardi 6 décembre 1988, après un ultime calcul d'optique pour régler ces lentilles de focalisation en tenant compte du champ magnétique au centre du cyclotron, on procède à un premier tir d'alignement avec un courant d'arc dans la source de 7,5 Ampères, ce qui produit un courant total d'ions H- extraits chiffré à 615 microAmpères. Un courant de 190 microAmpères est mesuré à l'entrée de la culasse de l'aimant et, sur la mire dans le plan médian, l'intensité est de 96 microAmpères, ce que l'on considère comme correct, en fonction des différentes pertes sur les diaphragmes le long de la ligne. En poussant ensuite le courant d'arc de la source d'ions à 12.4 Ampères on atteint, le soir même, une intensité, dans le plan médian mesurée à 220 microAmpères.

Forts de ces premiers résultats satisfaisants, les essais sont interrompus pour mettre en place l'inflecteur lui-même et placer un pavé en Cuivre à l'intérieur du Dé n° 1 afin d'accélérer le faisceau sur le premier tour et mesurer l'intensité.

Après un gros travail des mécaniciens, tout est prêt le mardi 20 décembre à 20 heures. La sonde mobile, dite sonde principale SP, est également avancée pour intercepter, en sécurité, le faisceau au-delà du second tour. Cette sonde a été équipée de trois doigts différentiels permettant de mesurer, à la fois, le faisceau dans le plan médian et de part et d'autre verticalement. Elle comporte un pavé permettant également d'arrêter le faisceau. On procède, tout d'abord, à une optimisation de la position de l'inflecteur en le faisant tourner de quelques degrés autour de l'axe vertical. Un premier courant de 3.3μA (microAmpères) est mesuré, pour la première fois, dans le cyclotron à la sortie du premier tour, et cela pour 5 Ampères de courant d'Arc dans la source.

C'est la joie dans l'équipe car tout le monde perçoit bien toute l'importance de ces premiers balbutiements de l'accélérateur MEDICYC.

Bien sûr le chemin à parcourir est encore long ! Et il va trouver très vite une limite : jusqu'où poursuivre les essais à Carros là où, bien évidemment, nous ne disposons pas des indispensables radioprotections pour mener à bien tous ces essais-machine à venir ?

Pierre Mandrillon informe François Demard que l'on sera, néanmoins, en mesure de tester les 4 premiers tours dans le cyclotron, et ce, en toute sécurité. Pour cela, on installe une sonde auxiliaire, appelée sonde MicroSC en raison de son passé au CERN (elle a servi les campagnes de mesure menées précédemment sur un petit cyclotron test dit *MicroSC*). Equipés, donc, de ces deux sondes, les 4 premiers tours pourront, effectivement, être mesurés, ce qui nous permettra de valider l'ensemble des calculs d'injection.

Le jeudi 22 décembre 1988, vers 20 heures, les 4 premiers tours sont enregistrés ! Cette fois, il est démontré que MEDICYC accélère correctement le faisceau injecté dans sa région centrale.

Ce fut un grand moment de fierté et d'émotion que toute l'équipe partagea avec François Demard qui était accompagné du professeur Maurice Schneider, son ami et collègue cancérologue au CAL.

Dernier voyage de MEDICYC et installation à la Lanterne.

En mars 1989 le temps était, enfin, venu, pour le cyclotron de retrouver son char préféré pour l'ultime voyage entre la zone industrielle de Carros et le sommet de la colline de la Lanterne où l'attend maintenant un bâtiment et des locaux fraîchement construits.

Ce fut assurément le voyage le plus court mais certainement le plus redoutable en termes de conséquences préjudiciables potentielles.

Pour, en effet, éviter un long temps de remontage et afin d'être en mesure de procéder aux essais de la machine le plus rapidement possible, il fut décidé de faire voyager le cyclotron partiellement assemblé c'est-à-dire, pour l'essentiel, avec les lignes HF montées dans la chambre à vide (sans cependant l'injection axiale et la plate-forme de source d'ions). Un accident de transport eut mis, dans ces conditions, un terme immédiat et définitif à l'aventure de MEDICYC…

Le convoi quitta donc Carros par une nuit particulièrement froide et emprunta la nationale 202 sous escorte de motards CRS relayée par la police dès qu'on entra sur la commune de Nice. Le convoi exceptionnel emprunta la promenade des Anglais pour l'entrée nocturne du cyclotron en sa belle ville de Nice, et ce, après un arrêt de plus d'une heure devant l'aéroport (l'ancien octroi !).

Le premier obstacle de taille à franchir était de passer sous le pont ferroviaire de Magnan pour remonter le boulevard de la Madeleine. Lors de la reconnaissance du parcours du convoi quelques semaines auparavant, Monsieur Charrière, le (toujours) responsable technique des transports Million, s'arrêta sous ce pont SNCF en indiquant : « *ce sera juste mais ça devrait passer* ». Ce fut particulièrement juste, en effet, et après avoir « surbaissé » l'ensemble de la remorque de 12 essieux et 96 roues à l'aide de ses vérins, Monsieur Charrière décida de faire, en plus, légèrement dégonfler les pneus des roues de quelques essieux soutenant l'aimant placé au centre de la remorque. On ne mesura rien ce soir-là mais il ne devait rester que très peu de centimètres libres sous le pont…

Ce n'était que le début des péripéties avant que le convoi ne s'aventure dans les virages problématiques des collines Ouest de la ville. Il fallut en effet de nombreuses manœuvres utilisant l'un ou les deux tracteurs de halage afin de pouvoir, au bout de cet éprouvant parcours, prendre l'ultime virage, particulièrement serré, situé dans le proche village de Saint-Antoine de Ginestière, peu avant le but final. L'entrée, au droit du site définitif, ne fût atteinte que vers trois heures du matin. Il avait déjà été précédemment convenu qu'après avoir atteint cet endroit, un peu de repos serait nécessaire pour affronter la seconde épreuve, la redoutable descente, qui mène de l'entrée dans le site jusqu'au-devant du bâtiment d'accueil lui-même. « *A chaque jour suffit sa peine* » déclara un Monsieur Charrière flegmatique à son équipe et aux autres accompagnateurs, l'équipe de direction du Centre, des techniciens et même l'assureur de l'établissement en personne, tous aussi inquiets que frigorifiés, « *on descendra notre colis demain car j'ai l'impression qu'il va falloir y voir clair !* »

Vers neuf heures, le lendemain matin, par un beau soleil, commença, effectivement, une descente rendue périlleuse par la pente et l'inclinaison des deux principaux virages à franchir pour atteindre l'esplanade devant le bâtiment. Il fallut placer les deux tracteurs à l'arrière du convoi pour le freiner. Bien que l'équipe Million puisse, aussi, manœuvrer chaque essieu individuellement, et malgré, donc, ce double dispositif de freinage, la plate-forme aux multiples essieux avec le cyclotron, commença, environ à la moitié du parcours, lentement à riper d'un seul bloc pendant quelques très longues secondes. Fort heureusement, le sang-froid à toute épreuve et le calme olympien du chef Charrière, son sifflet strident couvrant les rugissements des énormes tracteurs, eurent raison des effets de la gravitation, le convoi atteignant sans encombre, vers 11 heures, la fin de son trajet devant le hall d'accueil.

Pierre Mandrillon en profita, alors, pour faire la remarque (pertinente) que si les particules ne sont pas sensibles à la force de gravitation dans un cyclotron, cette dernière aura eu l'opportunité de se manifester quand même, et de forte manière, dans l'histoire de ce cyclotron MEDICYC...

La troisième et ultime difficulté, dans ce périple, consistait en la mise en place de l'aimant en passant, pour cela, au-dessus d'une zone qui comportait nombre d'alimentations électriques. Alain Faraut, l'ingénieur concepteur du bâtiment, avait fait des calculs et décidé d'étayer les plafonds de ces locaux sur les 30 m délicats qui furent alors franchis, heureusement, sans souci.

MEDICYC fut ensuite descendu de son char à la méthode antique égyptienne, c'est-à-dire avec des cales en bois, par petites étapes, à l'aide aussi, apport de la modernité, de petits vérins hydrauliques de faible course. Placé sur des « rollers » qui roulèrent sur une piste de plaques d'acier préalablement disposés à cet effet, il ne restait plus qu'à le tracter à la façon d'Archimède par des poulies et des câbles jusqu'à l'intérieur de la salle cyclotron par une entrée qui avait été réservée en empilant des blocs mobiles de béton dans la paroi de 2,40m d'épaisseur.

La dernière action fut alors de poser, le plus précisément possible, ce cyclotron voyageur sur les quatre solides piliers en béton qui l'attendaient.

Le mot de la fin concernant cette (petite) odyssée est à laisser à Monsieur Charrière qui indiqua que « *...malgré les bons moments que nous avons passés ensemble, j'espère que nous ne déménagerons plus une quatrième fois votre engin, je vous dis donc adieu et m... pour la suite* ».

Il ajouta aussi qu'il avait déménagé pas mal de gros colis dans sa vie, du genre cuves de réacteurs nucléaires ou grands aimants supraconducteurs (celui, notamment, de Tore Supra à Cadarache) mais jamais encore dans des descentes aussi abruptes que celle de nos collines niçoises...

Avec l'arrivée de MEDICYC sur le site de la Lanterne, à nouveau un énorme travail de montage et d'installation allait commencer :

- la longue période d'assemblage final du cyclotron
- le lancement de la construction et de l'installation des voies de faisceau,
- la construction des équipements pour les salles de protonthérapie et de neutronthérapie
- l'installation de l'atelier de mécanique, indispensable pour les opérations d'assemblage.
- l'installation des auxiliaires, en particulier la centrale d'eau déminéralisée, installation menée à bien avec l'aide sans faille de René Colombarini du CERN

Il était nécessaire, aussi, de procéder, préalablement, à d'ultimes campagnes de mesures magnétiques avec les objectifs suivants :

- Vérifier le champ du fer pour voir si aucune pièce n'avait bougé pendant les opérations de transport.

- Disposer des dernières cartes de champ magnétique pour les programmes de calcul de trajectoires, en particulier pour l'éjection du faisceau hors du cyclotron. Ces mesures confirmèrent la présence d'un léger défaut dans la symétrie d'ordre 4 du champ magnétique, acceptable car il avait été prévu des bobines de correction permettant d'ajuster la direction de la trajectoire à l'éjection et de corriger d'éventuels défauts.

- Mesurer les contributions de toutes les bobines de correction afin de pouvoir établir les cartes de champ magnétique pour les deux modes de fonctionnement de MEDICYC : l'accélération des protons à 65 MeV (mode dit fondamental) et l'accélération des deutons à 30 MeV (mode dit harmonique 2).

- Shimmer, c'est à dire placer de petites pièces magnétiques, sur les nez de secteur, au moyen d'une bague magnétique centrale que l'on réalisa à l'atelier du cyclotron afin de régler la focalisation magnétique verticale dans la région centrale.

Ces quatre campagnes de mesures débutèrent en octobre 1989 et s'achevèrent, cinq mois plus tard, en février 1990.

Il était bien évidemment indispensable de déterminer, avec la plus grande précision, la trajectoire de sortie du faisceau à haute énergie.

L'équipe s'évita, grâce à Francis Farley, une longue et complexe campagne de mesures magnétiques du champ de fuite du cyclotron. Ce dernier proposa, en effet, d'utiliser, pour cela, la méthode du fil flottant qu'il avait mise en œuvre lors de la vérification de trajectoire des mésons produits sur des cibles internes dans le Synchrocyclotron de 600 MeV du CERN. La trajectoire d'une particule électriquement chargée d'énergie donnée peut, en effet, être matérialisée dans l'espace avec un fil électrique, porteur d'un courant précis et soutenu par des poulies sans frottement : dans le plan médian du champ magnétique, le fil se positionne naturellement le long de la trajectoire.

Ce dispositif de suspension mécanique fut réalisé par notre expert mécanicien Alex Giusto et les résultats furent saisissants de précision : le 24 octobre 1989, l'équipe assista donc au « spectacle » de la trajectoire, matérialisée par le fil, ce qui permit de vérifier et corriger légèrement la position de l'axe optique du faisceau en sortie du cyclotron (puisqu'il n'était évidemment pas question de déplacer les 130 tonnes de l'aimant reposant, comme nous le savons maintenant, sur ses solides piliers !).

Grâce à ses résultats, l'équipe disposait, désormais, de toutes les données pour mettre en place les éléments mécaniques de la ligne de transport du faisceau.

Durant les deux dernières semaines de janvier 1990, les quatre aimants de déviation, prévus pour les voies de faisceau et réalisés par la société BRUKER, sont enfin livrés (ils avaient été commandés le 1er décembre 1988 !). Cette réalisation, bien que très en retard, était de grande qualité. Quant à l'ensemble des aimants quadripolaires de focalisation, réalisés par la société française SIGMAPHI, ils avaient, eux, été livrés en temps et en heure.

Les opérations de montage des voies de faisceau pouvaient, alors, commencer !

Le 12 avril 1990, les premières mesures de faisceau produit par la nouvelle source H^- sont réalisées et, après quelques modifications de la géométrie de ses électrodes d'extraction, on mesure, le 25 avril, les performances attendues.

Peu avant le début des essais faisceau, un visiteur de marque vint nous rendre visite, le 29 mai 1990, épisode rapporté en début d'ouvrage.

Didier Lombard, que Pierre Mandrillon avait connu alors qu'il dirigeait le CNET, le grand Centre de Recherches des Télécoms à Paris était alors Directeur de la Recherche au Ministère de l'Industrie et connaissait (d'assez loin) l'histoire de MEDICYC. Il fut surpris de découvrir la qualité technique des installations et nous félicita chaudement pour le chemin parcouru. En fin de visite, l'avenir est évoqué, en particulier pour le projet européen EULIMA (qui paraît, à ce moment-là, proche d'une concrétisation). Notre interlocuteur ne nous cache pas les sérieux doutes qui demeurent, au sein de son ministère, sur les deux initiatives niçoises, EULIMA certainement mais, également la capacité de réussite de l'opération MEDICYC elle-même, pourtant en cours de finalisation. La défiance, à tous les niveaux de l'appareil d'Etat, est profonde et il indique que ces réticences, sans fondement scientifique, s'accompagnent, à Paris, d'une quasi-totale ignorance du dossier. Cela ne laisse ainsi, il le regrette et le redoute, que très peu de perspectives favorables à l'aboutissement de l'un et l'autre de ces projets ...

Le 8 juin, débutent les essais d'injection. 70 μA de faisceau sont, ainsi, injectés dans le plan médian

Du 12 au 16 juin 1990 se déroule la seconde Conférence de l'EPAC (*European Particle Accelerator Conference*) à Nice Acropolis.

A cette occasion et à l'invitation du professeur Demard, directeur du Centre Antoine Lacassagne, trois bus de participants visitent les locaux de MEDICYC sur le plateau de la Lanterne. Après un rappel des présentations de MEDICYC et EULIMA faites par Pierre Mandrillon au cours de la session satellite de l'EPAC consacrée aux accélérateurs pour la médecine, la visite, qui suit, retient toute leur attention.

Afin de vérifier les précédentes mesures capacitives de la tension-crête d'accélération, il est procédé, le 4 juillet, à l'étalonnage aux rayons X de ces tensions-crête HF avec Beatrice Weiss et Vittorio Barci du laboratoire du professeur Gérard Ardisson de l'Université de

Nice. Ce dernier, ami de longue date de Pierre Mandrillon, suit avec intérêt ces premiers pas du cyclotron. Les mesures de spectrométrie donnent des résultats très précis qui permettent d'étalonner nos sondes de mesures capacitives.

Le 11 octobre 1990 à 20h50, les 5 premiers tours du faisceau dans le cyclotron sont accélérés.

Il reste, après ces premiers résultats tout à fait satisfaisants, beaucoup à faire :

- installer les groupeurs HF du faisceau (les « bunchers ») sur la ligne d'injection axiale pour augmenter la quantité de particules accélérées (i.e. l'intensité du faisceau) afin d'atteindre la performance requise pour la neutronthérapie.

- terminer et tester les programmes du système de « Commandes et Contrôles ».

- régler les bobines de correction du champ magnétique dans la région de l'extraction.

Devant cette charge de travail à réaliser, la participation amicale de certains scientifiques du projet européen EULIMA, tel le serbe Ranko Ostojic et le chinois Jingyu Tang, représente un renfort précieux pour Pierre Mandrillon afin d'achever les réglages du cyclotron et mener les indispensables comparaisons avec les calculs théoriques. Il n'est pas inutile, *a posteriori,* de rapporter que l'actuel professeur Jingyu Tang, stagiaire dans l'équipe niçoise pendant presque deux années est, aujourd'hui dans son pays, en 2016, l'un des hauts spécialistes chinois en matière d'accélérateurs de particules !

Le 3 décembre 1990 à 18h15, un faisceau, accéléré bien au-delà des premiers tours est, enfin, extrait du cyclotron MEDICYC. L'émotion est palpable et le champagne coule…

Certes, il y aura, encore, à réaliser des optimisations du champ magnétique isochrone avec l'ensemble des bobines de correction afin de réduire les pertes-faisceau en amont de l'extraction et d'atteindre l'énergie nominale (celle pour laquelle le cyclotron a été conçu). Un objectif majeur du projet vient d'être réalisé : il y a, maintenant, un faisceau en sortie de machine.

Le début de l'année 1991 va être consacré à la finition d'installation de tous les équipements et à différents tests du cyclotron pour optimiser les réglages en mode protonthérapie.

Ainsi, à titre d'exemple, alors qu'en janvier des mesures avec les deux sondes radiales ont mis en évidence de légers décentrages du faisceau, pourront être apportées, dès le mois suivant, des modifications géométriques dans la région centrale pour corriger et améliorer le centrage du faisceau.

Pour préparer les conditions de l'exceptionnelle collaboration qui s'installe, sur le plan médical, avec nos collègues lyonnais, notamment avec le professeur Jean-Daniel Grange, ophtalmologiste renommé et grand spécialiste des mélanomes oculaires, le professeur Demard, à l'invitation de son collègue et ami, le professeur Jean-Pierre Gérard (qui sera, plus tard, également Directeur du Centre Antoine Lacassagne) se rend, le 4 février, à la direction des Hospices Civils de Lyon où il est reçu par Christian Dutreil, Directeur Général. Tous les aspects techniques sont discutés et, comme il faut faciliter les déplacements prévus de l'équipe lyonnaise pour suivre la protonthérapie de leurs patients à Nice, une petite enveloppe financière est même, par ce dernier, dégagée pour cela …

Le 26 avril, le faisceau extrait est transporté pour la première fois dans la salle de protonthérapie.

Le 31 mai un accident sur une ligne de cavité HF (un joint HF a brulé) : Alex Giusto, avec une adresse remarquable, modifie le système de contact et apporte une correction parfaite.

Le 17 juin 1991, le grand jour…

Le premier traitement

Madame Ginette P… est une patiente de 57 ans, mère de deux enfants, qui habite le village de Saint-Porchaire, près de Saintes. Son ophtalmologiste a diagnostiqué un mélanome de la choroïde pour laquelle elle est adressée à Nice au docteur Pierre Chauvel pour l'irradiation de cette lésion par des protons. Il a été précédemment procédé à la mise en place, à la Clinique Universitaire du CHU de Bordeaux, de clips qui circonscrivent cette lésion de 15 mm de grand axe et de 4,8 mm d'épaisseur.

La préparation spécifique va durer plusieurs jours : elle permet la confection du masque facial de contention et de l'empreinte dentaire pour immobiliser strictement la tête, puis l'indispensable apprentissage d'un positionnement correct sur la chaise de traitement afin d'assurer une immobilisation parfaite de l'œil durant le temps de l'irradiation.

Pendant le même temps, l'équipe de radiothérapie et les physiciens médicaux procèdent, à l'aide d'une ultime imagerie rayons X de contrôle, au repérage précis des limites de cette tumeur puis déterminent, grâce au logiciel EYEPLAN, le plan d'irradiation et le calcul de la dose à délivrer.

La première séance de protonthérapie réalisée en France va, donc avoir lieu à Nice ce 17 juin 1991.

Dans l'émotion générale, la main de Pierre Chauvel, le médecin responsable, sur le bouton d'arrêt d'urgence du faisceau en cas de nécessité, cette séance, d'une durée de 20 secondes, va se dérouler dans un silence impressionnant en salle de contrôle. La gorge nouée, ils seront très peu, du Directeur à l'équipe soignante, à pouvoir exprimer à cette si confiante patiente, à la fin de cette première séance d'irradiation, leur joie et, aussi, leur fierté.

Du 17 au 21 juin, innovation médicale dans notre pays, une tumeur mélanique oculaire sera donc irradiée par des protons, en quatre fractions successives délivrant une dose totale de 60 Gray-équivalent Cobalt, sans aléas et avec une tolérance parfaite.

La patiente rejoindra ensuite son domicile et elle sera régulièrement suivie au CHU de Bordeaux avec un excellent contrôle local. Elle inaugure la longue liste de ceux qui vont, depuis ces jours de juin 1991 et jusqu'à aujourd'hui, bénéficier de cette protonthérapie oculaire.

Grâce aux informations relayées par le groupe de radiothérapeutes constitué, à cet effet, autour du docteur Pierre Chauvel et à la confiance d'ophtalmologistes en contact avec le jeune référent niçois, le docteur Jean-Pierre Caujolle, les patients ne tarderont pas à être adressés dans cette nouvelle et innovante installation, comme l'atteste leur nombre grandissant : 47 malades pris en charge durant les six derniers mois de 1991, puis 126 autres traités au cours de l'année suivante, en 1992.

Si on analyse brièvement cette première série de 174 patients, on constate que la majeure partie du recrutement (70 %) se fait au travers des correspondants ophtalmologistes de Lyon et de Nice. L'origine géographique des patients est cependant diversifiée, avec plus de 20 % d'entre eux venant de l'étranger, ce qui traduit d'emblée, comme nous venons de le souligner, un bon fonctionnement du Groupe coopérateur, le GRASE, créé autour du cyclotron.

Dans leur grande majorité, il s'agit, sur le plan tumoral, de mélanomes touchant le pôle postérieur de l'œil, d'un volume important et proche des structures de la vision fine, lésions qui sont les indications majeures reconnues pour cette nouvelle modalité thérapeutique. Le parcours maximum des protons utilisés atteint 32 mm, distance qui autorise l'irradiation optimale de toutes ces tumeurs circonscrites dans le volume oculaire, valide bien évidemment le choix de l'énergie (65 MeV), performance retenue (et obtenue !) pour ce cyclotron MEDICYC pour sa mission protonthérapie. Ainsi, l'objectif visé est atteint : un nouvel accélérateur de particules, dédié à la seule activité médicale, a été conçu, construit et installé au sein d'une structure hospitalière, le Centre Antoine Lacassagne, par une équipe technique et médicale de haut niveau avec un soutien scientifique international représenté pour l'essentiel, par le CERN à Genève, capitale incontestée de la physique des particules.

Et maintenant, ce cyclotron soigne des malades…

Chacun est libre de mesurer, pour mener à terme un tel ambitieux projet, ce qu'il faut de volonté individuelle et collective, de lourd besoin de financement, de confiance sans faille dans les compétences d'une équipe technique tenace et performante et d'un personnel soignant, physiciens médicaux et radiothérapeutes, plus que motivé.

Il s'inscrit parfaitement et cela sans le moindre doute (l'assentiment constant et répété de sa structure dirigeante, le Conseil d'Administration, en apporte une preuve) dans la mission d'un Centre français de lutte contre le cancer car il conduit, sur les pas des expériences pionnières menées au MGH à Boston ou à Zurich au PSI, mieux qu'une simple amélioration à une véritable optimisation de l'irradiation oculaire, à visée curative, d'une localisation tumorale particulièrement invalidante, le mélanome de l'œil qui, le plus souvent, conduisait précédemment à l'énucléation chirurgicale.

Il ouvre aussi plus largement la porte à l'extension de nouvelles procédures thérapeutiques dont l'équipe avait la conviction dès le départ. En modifiant soit l'énergie de ces machines soit le type de particules qu'elles accélèrent soit les deux, il va devenir possible d'atteindre des tumeurs plus profondément situées et/ou de volume cible complexe qui pourront, ainsi, être éradiquées avec la même précision que pour les tumeurs de l'oeil. De tels espoirs résident dans une amélioration très sensible de ce que les radiothérapeutes nomment l' « index thérapeutique » qui lie l'augmentation du contrôle tumoral à l'épargne maximale des tissus sains et, tout particulièrement, des organes à risque (OAR). Il en résulte donc une plus grande efficacité et une meilleure qualité de vie pour les adultes mais aussi chez les enfants et les adolescents qui en bénéficieront.

Ce chemin innovant qu'a ouvert le cyclotron MEDICYC donne, enfin, l'occasion, ce n'est pas si fréquent, d'aboutir à une première médicale en France, parfaitement reconnue par toute la communauté scientifique et médicale et ce, bien évidemment, pas seulement dans l'hexagone…Une telle avancée dans la radiothérapie des tumeurs ne fut, pourtant, ni célébrée d'une quelque façon, ni, bien sûr, inaugurée officiellement par les autorités de notre pays. Elle fut même, à vrai dire, totalement et volontairement ignorée ce qui devrait, en toute logique, interpeller dans une contrée du monde connue pour son caractère cocardier…

Pourquoi une telle indifférence à la fois officielle, médiatique, scientifique, technologique ou, même, industrielle alors qu'il s'agit, pour le moins, dans le domaine des soins, d'un véritable progrès qu'aujourd'hui, quelques 25 ans après, personne ne remet en question ? On doit se le demander, la conception et la réalisation de ce cyclotron original, soutenues par les plus hautes autorités scientifiques et médicales étant, pourtant, une belle illustration des capacités, individuelles et collectives, d'une nation ouverte à l'avancée des sciences, notamment dans ce champ de l'instrumentation médicale à visée diagnostique et thérapeutique, ce vaste domaine du Génie Biologique et Médical, là où, effectivement, la France, jadis, joua un rôle d'excellence. Peut-être avons-nous ici perdu l'indispensable dynamique de l'audace. Elle a cédé devant l'inertie d'une bureaucratisation au pouvoir exorbitant. Pour ce projet niçois ambitieux, cela conduit à un triste constat : celui que le cœur administratif du pays, pourtant garant de l'intérêt général, ne voulut, et ce d'emblée, ni reconnaître, ni accompagner le développement. Certes MEDICYC est né aux confins de l'hexagone dans une région que, traditionnellement, certaines élites jugent plus attractive par les bénéfices qu'engendre son tourisme que par la densité, pourtant fort appréciable, de son potentiel de recherche et d'innovation. La Côte d'Azur apparaît là, dans le concert national, outre géographiquement isolée, mais aussi probablement trop indépendante d'une collectivité française jacobine qu'elle n'a rejoint finalement que depuis peu. Si c'est une explication, elle ne satisfait guère…Dès le début pourtant, les institutions nationales que sont le CNRS (l'IN2P3) et le CEA ont été associées à la conception de la future machine et un Conseil Scientifique formé d'experts nationaux et internationaux renommés a, en permanence, suivi l'évolution de la réalisation de ce prototype innovant.

Malgré tout, ce soutien et cette reconnaissance n'ont pas écarté la défiance…

En outre, dans les équipements de soin de l'hôpital, il faut convenir que toute innovation s'avère d'autant plus problématique qu'elle comporte un plus haut degré de technologie. Là, les autres directions administratives centrales, Recherche et/ou Industrie, réservent souvent leur soutien et préfèrent se tenir en prudent retrait derrière les responsabilités dont s'arrogent, au titre de leur tutelle aussi exclusive que tatillonne, les services du ministère de la Santé. Alors, beaucoup d'initiatives dans le domaine de l'instrumentation médicale, d'autant plus « fragiles » qu'elles naissent hors de la proximité des centres de décision de la capitale, vont ainsi, presqu'inéluctablement, mourir asphyxiées dans cet environnement délétère. MEDICYC est une exception et, après beaucoup d'efforts, un succès lié, pour l'essentiel, à la tenace volonté de son équipe technique, douée de hautes compétences pluridisciplinaires, et de la détermination de la gouvernance médicale et administrative du Centre Antoine Lacassagne de Nice.

Nous avons rapporté l'aventure de l'élaboration de cette « merveille » technologique, un cyclotron conçu et construit pour une activité unique en médecine et en biologie, le temps vient, maintenant, de décrire le pénible combat que le Centre dut mener pour réussir son installation.

Les frères Ernest et John Lawrence au pupitre du Cyclotron de 60 inches de Berkeley. Le Cyclotron Crocker, d'une masse de 220 tonnes, entra en service en 1939, année où Ernest Lawrence reçut le prix Nobel de Physique. John Lawrence était médecin.

MEDICYC dans le Hall de montage de Carros avec l'équipe du Cyclotron

Des grandes heures de l'histoire de MEDICYC

Discours de Claude Lalanne (debout) pendant le banquet de la Conférence Européenne des Cyclotrons à Nice en Mai 1987 : De gauche à droite, John Lawrence, Pierre Mandrillon, François Demard

Georges Charpak (Nobel 1992) et Pierre Mandrillon pendant la journée des Applications industrielles potentielles de MEDICYC le 1er Avril 1997

Le Cyclotron MEDICYC à Nice

Vue d'ensemble et départ de la voie de faisceau 65 MeV

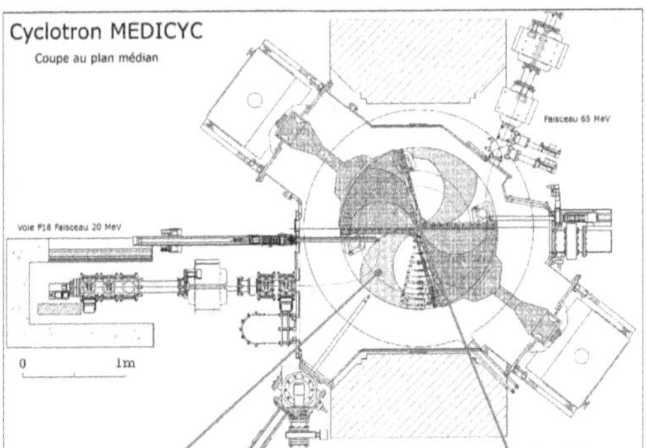

Pôle de l'aimant
avec secteurs magnétiques

Inflecteur injectant les particules
dans le plan d'accélération

La protonthérapie haute énergie au Centre Lacassagne à Nice

Entrée du S2C2, le Synchrocyclotron supraconducteur compact de 230 MeV, dans le Hall Sud du bâtiment de la Lanterne.

Portique isocentrique (gantry) permettant l'irradiation sous n'importe quel angle.

PARTIE 2

LA LONGUE TRAJECTOIRE DESORDONNEE DE SON INSTALLATION

« *La valse lente des refus, réticences, autorisations...* »

Rapport de l'Inspection Générale des Affaires Sociales (1990)

« *On peine parfois à imaginer à quel degré de perversion nous sommes arrivés en France pour empêcher nos compatriotes d'entreprendre, d'innover…* »

François Fillon, (Le Figaro, 13 octobre 2015)

Le défi scientifique que représentent la conception, la construction, l'opération quotidienne du fonctionnement et la maintenance d'un accélérateur de particules, original et innovant pour une radiothérapie plus précise et performante, est une expérience technologique quasi unique et, très probablement, peu reproductible au sein d'un établissement hospitalier.

La conduite de son installation dans ce cadre adapté au service de malades, doit tout, elle, à la détermination sans faille du Centre anticancéreux niçois qui dut, pour cela, surmonter des difficultés multiples dans un complexe et hasardeux chemin. Le financement (ne l'oublions pas, car c'est le nerf de la guerre) a reposé, lui, sur la formidable capacité que ce Centre a su développer pour solliciter et bénéficier de la générosité des donateurs publics et privés. Cette confiance, ainsi manifestée et toujours renouvelée, assurera, ainsi, la réussite finale de cette ambitieuse initiative.

Avant de dérouler la chronologie, édifiante à maints points de vue, de cette installation mouvementée de MEDICYC, il n'est probablement pas inutile de brièvement rappeler certaines des caractéristiques de ces structures de soin et de recherche spécialisées que sont les Centres Régionaux de lutte contre le Cancer. Celui de Nice présente, à l'évidence, un profil de fonctionnement strictement conforme au modèle organisationnel commun.

Les Centres de lutte contre le Cancer et le CAL à Nice.

Cette catégorie particulière d'établissement de santé fait partie d'une organisation spécifique qui prend forme au début des années 1920 pour devenir vite un fer de lance, en France, du combat contre les affections cancéreuses. Il deviendra même, plus tard, un modèle pour de nombreux pays étrangers, qui créeront aussi de tels centres spécialisés pour lutter contre un fléau responsable de la plupart des morts prématurées.

Commençons, parmi les particularités de ces structures hospitalières de soins, par citer, d'emblée, celle qui consiste (rapidement mais non sans mal) à opter juridiquement, à la différence des hôpitaux publics, pour un statut de droit privé jugé moins rigide et plus performant. Elles fondent également l'originalité de leur démarche sur la place éminente qu'elles veulent réserver non seulement à l'ensemble des soins dévolus à chaque patient mais, aussi à toutes les problématiques liées au dépistage, à la prévention ainsi qu'à la recherche médicale, fondamentale ou appliquée à la clinique.

En dépit des menaces, quasi permanentes, qui ont pesé (et perdurent encore aujourd'hui) sur leur existence même ou sur certaines de leurs spécificités, cela depuis bientôt un siècle, ces hôpitaux particuliers, totalement dans la main de l'Etat qui en exerce la complète tutelle administrative et budgétaire, assument, sans défaillance, une place solide reconnue dans l'offre globale de soins de notre pays, sur la base d'un engagement et d'un effort, constant et majeur, en matière de recherche scientifique et technologique.

Leur concept de base, il n'est pas inutile de le rappeler, est né pendant la guerre 1914-1918 sous l'impulsion de Claudius Regaud, médecin, professeur agrégé d'histologie et d'embryologie à Lyon puis à l'institut Pasteur de Paris. Ce jeune lieutenant-colonel va créer, en juin 1917, en pleine guerre, une « Faculté de médecine sur le front » qui réunissait les noms les plus brillants de la médecine française et se trouvait dotée, en matière d'urgence et de chirurgie de guerre, d'une organisation et d'un équipement perfectionnés : elle était installée à Bouleuse près de Reims. Son fonctionnement reposait sur la multidisciplinarité médicale, un concept nouveau dans la prise en charge des blessés de guerre. Le succès et les services rendus par cette équipe médicale furent considérables mais limités dans le temps car, au cours de l'offensive allemande de mai 1918, l'infirmerie de Bouleuse dut être évacuée et totalement détruite.

La guerre achevée, Claudius Regaud revient à l'Institut Pasteur et se consacre, sur la base de l'expérience acquise en matière de pluridisciplinarité, au développement d'un modèle innovant pour la prise en charge des tumeurs malignes notamment grâce aux radiations. Il écrit alors :

« *Toute institution consacrée à la thérapeutique des tumeurs malignes doit être en état de traiter les malades complètement, c'est-à-dire par toute méthode jugée la meilleure dans un cas particulier quelconque...*

Comme l'était la chirurgie de guerre, le traitement du cancer est une affaire d'équipe thérapeutique. Il est évident que le traitement des cancers ne pourrait pas être l'œuvre de médecins isolés, pourvus seulement de leurs moyens personnels. Ce doit être au contraire un travail d'équipe, une œuvre collective, pourvue de moyens considérables et exigeant la coopération de nombreux techniciens... »

Tout est dit et, sur ce principe simple, sans réglementation ni structuration juridique bien définie, la création de centres régionaux anticancéreux fut reconnue nécessaire dès le début des années 1920.

Il faudra, cependant, attendre l'Ordonnance n°45 22 21 du 1er octobre 1945, relative à l'organisation des Centres de lutte contre le Cancer, signée par le Général de Gaulle, Président du Gouvernement provisoire de la République française, pour doter ces établissements d'une organisation précise avec :

- une capacité juridique d'établissements d'utilité publique accompagnée et soulignée dans les textes fondateurs, d'une grande autonomie de gestion

- un statut spécifique pour les médecins qui y travaillent

- un Conseil d'administration présidé (fait exceptionnel pour un établissement de santé) par le Préfet du département (remplacé plus tard, dans certains cas, par le Préfet de région)

- un Directeur, obligatoirement médecin, avec la double responsabilité médico-scientifique et administrative, en mesure d'encourager la concertation entre tous les intervenants, et ce dans l'égalité des techniques.

Les missions de ces Centres sont inscrites dans la Loi (le choix de la forme d'une Ordonnance par opposition à celle d'une Loi repose sur de simples raisons de rapidité) et concernent :

-le dépistage, l'examen, l'hospitalisation et le traitement des malades

-la surveillance prolongée des résultats thérapeutiques, l'établissement et la tenue à jour des dossiers médicaux

-les recherches sur l'étiologie, la prophylaxie et la thérapeutique des cancers.

Cette gouvernance originale permet d'associer, soulignons-le, à la fois le double pouvoir, médical et administratif, du Directeur-médecin et le double positionnement du Préfet, qui préside le Conseil d'Administration mais qui est aussi, comme représentant de l'État, chargé de la tutelle administrative. Ce dernier est en charge d'orienter la marche et l'avenir du Centre du fait de sa « casquette » de Président, tout en attribuant et contrôlant ses ressources budgétaires, ce qui renforce la cohérence de cette gouvernance. Il peut être, on le conçoit aisément, un atout potentiel considérable dans l'engagement et la conduite, par cet établissement hospitalier, d'une opération ou d'un investissement de grande envergure. Mais il est vrai, *a contrario*, qu'en cas de dysharmonie dans ce « couple » exécutif, les difficultés, même en matière de gestion quotidienne, vont, vite, retentir sur la marche normale de l'établissement. Le projet MEDICYC connaîtra, avec différents Préfets, à la fois un tel avantage et son inconvénient !

Enfin, puisqu'on trouve, dans le statut des Centres, la volonté réitérée du législateur d'accorder à ces établissements une grande et réelle autonomie de gestion, cette dernière peut, donc, être revendiquée et assumée par l'équipe dirigeante (le doublon ci-dessus) et, comme lui est associée la capacité de recevoir des libéralités (sous forme de dons et de legs), sont alors réunies les conditions pour mener à bien un grand projet. Celui du Centre Antoine Lacassagne de Nice fut de décider, en toute légitimité, de se doter d'un cyclotron dédié à une unique activité à la fois biologique et médicale.

La grande majorité des Centres de lutte contre le cancer porte le nom de leur fondateur, très souvent leur premier directeur, tous statutairement donc, médecins, chirurgiens, radiologistes ou anatomopathologistes. C'est le cas pour Paris (Gustave Roussy, 1920), Bordeaux (Jean Bergonié, 1923), Lyon (Léon Bérard, 1923), Nancy (Alexis Vautrin, 1924), Nantes (René Gauducheau, 1924) ou Lille (Oscar Lambret, 1930). Il y a quelques exceptions comme celui de la Fondation Curie à Paris (créé en 1920), qui conserve le nom prestigieux de Marie Curie mais dont le premier directeur fut Claudius Regaud , l'un des pères fondateurs des Centres anti-cancéreux (dont le nom honore aujourd'hui le Centre de Toulouse), ou celui du Centre de Montpellier qui porte le nom de Paul Lamarque alors qu'il fut, non pas le premier Directeur (Emile Forgues) mais son successeur.

Le Centre de Nice, plus tardif, fait partie de ces exceptions : seulement 17e établissement de ce type créé en France, il est agréé par le Ministère par un arrêté du 18 octobre 1954.

L'arrêté gouvernemental se borne, initialement, à regrouper et à transformer en Centre anticancéreux « virtuel » deux services hospitaliers préexistants, situés au sein de l'hôpital Saint-Roch, celui de cancérologie-curiethérapie et celui de chirurgie générale avec la mission, confiée aux deux responsables, d'engager la construction d'un bâtiment dédié nouveau. Ces deux précurseurs sont le docteur Vincent Paschetta, électroradiologiste des hôpitaux, grand montagnard, passionné de sa région natale et, déjà, à l'origine de la création de la section locale de la Ligue contre le Cancer et le docteur Pierre-Paul Prat, également niçois, brillant chirurgien des hôpitaux qui vient, sous l'égide de l'OMS, de passer un long séjour au *Memorial Sloan Kettering Cancer Center* à New York.

Le 15 décembre 1954, le (premier) Conseil d'administration du Centre, complété à neuf membres, élus et médecins hospitaliers, propose, à l'unanimité, que le docteur Vincent Paschetta en soit nommé le directeur. Cela sera entériné par un arrêté ministériel en date du 4 février 1955.

Bien que quelques réticences (locales et régionales) s'expriment devant la perspective de l'édification d'un nouveau Centre hospitalier doté d'une appréciable indépendance, les deux fondateurs, avec habileté et opiniâtreté, vont lever progressivement tous les obstacles et gagner ce pari risqué dans une ville, alors non universitaire où un tel projet heurtait beaucoup d'intérêts privés (parfois) légitimes.

Appelé « Centre de diagnostic et de traitement », il va ouvrir ses portes le 1er janvier 1961 mais son inauguration officielle attendra le 7 juin 1962.

Quelques années plus tard, Vincent Paschetta, préoccupé par sa succession à la direction, fait nommer à Nice, en 1968, en tant que Chef de service de radiothérapie, le professeur Claude Lalanne qui travaillait précédemment à l'Institut Gustave Roussy. Le 1er janvier 1971, il lui cède la direction du Centre.

C'est Claude Lalanne qui, au décès brutal quelques mois après, en avril 1971, du professeur Antoine Lacassagne, Directeur de l'Institut du radium à Paris, professeur au Collège de France (où il succéda à Claude Bernard), membre de l'Académie nationale de Médecine et de l'Académie des Sciences, Président de la Ligue nationale contre le cancer, sollicita de la famille de cet éminent médecin et chercheur, l'honneur que soit attribué ce nom prestigieux au Centre anti-cancéreux de Nice.

Dès l'année suivante, c'est lui qui va engager ce tout récent « Centre Antoine Lacassagne » dans les toutes premières étapes du projet, principal objet de ce livre, sans qu'il n'imagine, probablement, l'ampleur des difficultés pour sa réalisation effective à Nice.

Prendre la décision de construire, en interne, un accélérateur de particules pour la seule activité médicale (la première proposition en remonte à un Conseil d'Administration dès 1975) et l'installer dans des locaux spécifiques, voilà ce qui se révélera effectivement, année après année, être une route particulièrement longue et incertaine.

Pour partie essentielle, les difficultés rencontrées dans le projet MEDICYC relèveront, et ce au fur et à mesure de son avancée pendant plus d'une décennie, d'un comportement hostile de la part de l'administration publique de tutelle. Outre ses atermoiements répétés et ses critiques infondées, cette dernière va conduire, à titre de représailles, des maneuvres visant à entraver le déroulement normal des attributions budgétaires qui sont celles des Centres de lutte contre le cancer, mettant ainsi en péril la vie et la pérennité même de l'établissement. Ce climat relationnel souvent détestable entre l'équipe dirigeante du Centre et l'autorité locale de tutelle fut, aussi, le prétexte pour lancer plusieurs enquêtes administratives, toutes suspicieuses à l'excès, avec, pour seul résultat tangible, une pénalisation injustifiée, voire une fragilisation du Centre Lacassagne dans son ensemble.

Contre un projet pourtant porteur de progrès pour la radiothérapie des tumeurs malignes, va se développer, également, un scepticisme à tous les échelons administratifs de l'Etat, dans plusieurs ministères, aux premiers rangs desquels, à l'évidence, celui de la Santé. L'objectif, à peine dissimulé, de la puissance publique ne sera plus, alors, de considérer le bénéfice potentiel d'une telle entreprise, voire d'aider son éventuelle réalisation, mais d'opposer *a priori* l'unique volonté de l'empêcher ou de la retarder en lui retirant, malgré (ou à cause de) son caractère innovant, tout soutien.

Bien que conforme à une vocation nationale reconnue et après avoir, avec un grand retard, enfin obtenu l'autorisation régulière du Ministre de la Santé, il n'y eut, en effet, de la part de l'Etat ou d'organismes relevant de la puissance publique, aucune subvention ou soutien financier pour accompagner le Centre Antoine Lacassagne, ni dans la construction du cyclotron lui-même, ni dans l'édification de son bâtiment d'accueil...

Si ce n'était l'aide, par contre, confiante et renouvelée des collectivités territoriales locales et de leurs dirigeants successifs, et surtout, sans la générosité exceptionnelle de la population, il faut bien admettre que cette installation, pourtant considérée par des autorités scientifiques éminentes, quelques années plus tard, comme étant « *l'honneur de la médecine niçoise* » n'aurait, tout simplement, pas pu aboutir !

Poser la question spécifique de l'indispensable maintien des progrès de l'équipement médical au sein de nos établissements de soins, au présent et pour l'avenir, c'est immédiatement soulever des doutes plus que légitimes sur la rationalité de ces freins multiples que génère un ministère de la Santé débordé, en dépit d'une administration plutôt pléthorique, de toutes parts.

Devant les conséquences néfastes d'une telle défiance permanente face à l'innovation technologique (le développement des scanners ou de l'IRM en sont, aussi, des exemples marquants) de la part d'une administration qui ne cherche ainsi qu'à brider, voire empêcher, toutes les initiatives, faut-il se résigner devant ces comportements ou les dénoncer avec force ? D'autres exemples, dans le domaine des hautes technologies en santé, ne manquent d'ailleurs pas et, outre l'imagerie, pensons à l'endoscopie, l'instrumentation chirurgicale, l'électronique et l'informatique médicales qui sont aujourd'hui en quasi totalité importés… Cela a participé, autre perversion pourtant prévisible, à la déroute industrielle et commerciale que nous subissons dans un domaine où, après avoir beaucoup inventé et contribué à l'avancée des connaissances grâce à nos scientifiques, nos chercheurs, nos médecins, notre pays n'a plus, et ce, depuis plusieurs années, la moindre part du marché mondial !

Ce contexte général, passé et présent, étant rappelé, il est temps de reprendre le cours, depuis l'origine, des démêlés administratifs liés à l'autorisation d'installation de MEDICYC et des péripéties vécues autour de la construction d'un bâtiment adéquat pour une telle activité médicale de pointe.

La création d'un « Centre Azuréen de Radiothérapie Avancée »

Au tout début, l'implantation prévue pour cette future machine s'envisage, c'est logique, dans ou à proximité immédiate du Centre Antoine Lacassagne, sur le site de l'hôpital Pasteur et, en toute première hypothèse, au sein même du bâtiment ouvert depuis 1961. Mais, en dépit d'une surélévation de deux étages, dont les travaux sont, en 1975, à peine terminés, les surfaces disponibles pour accompagner l'ensemble des activités qui s'y développent à marche rapide s'avèrent tout à fait insuffisantes.

Fort heureusement, une parcelle foncière complémentaire de 6000 m^2, au dépend du terrain proche dit du « Val d'or », propriété de la ville de Nice, a été attribuée au Centre au prix fixé par l'administration des domaines et en accord avec le Centre Hospitalier Régional de Nice, pour réaliser l'extension des locaux de soins devenue impérativement nécessaire, sous la forme d'un deuxième bâtiment. Une fois construit, ce dernier, entre autres avantages, pourrait rendre possible le regroupement de l'ensemble du plateau de radiothérapie, dèjà très contraint dans le premier bâtiment. Cependant, il apparait difficile, sinon impossible, d'incorporer, au sein de ces surfaces nouvelles, à la fois les matériels déjà existants et l'installation, programmée et prévue à court terme, d'un accélérateur linéaire d'électrons du type « Sagittaire » dont la longueur approche les 15 mètres. Dans de telles conditions, le futur projet de Pierre Mandrillon et du professeur Claude Lalanne, concernant la neutronthérapie et la production d'isotopes, ne pourrait, raisonnablement, y trouver place. Ce deuxième bâtiment, qui portera, pour honorer le directeur-fondateur, le nom de « Fondation Vincent-Paschetta », sera effectivement construit sur ce terrain à la fin des années 70 et inauguré, en avril 1981, par le Ministre de la Santé, Jacques Barrot. Il abrite toujours aujourd'hui, en 2016, l'ensemble des installations conventionnelles de radiothérapie-curiethérapie du Centre, à l'exception, bien évidemment, de celles du (ou plutôt des) cyclotron(s) qui ont un site propre sur la colline de Fabron.

La véritable première hypothèse, pour l'implantation de l'activité de neutronthérapie, relève d'une proposition de Monsieur Anquetin, Directeur de la DdASS des Alpes-Maritimes, présentée au Conseil d'administration du Centre Antoine Lacassagne le 3 mai 1974 : il suggère que le Centre étudie la possibilité de créer un Etablissement annexe consacré en priorité à la Recherche clinique. Dans ce but, il signale un terrain de la commune de Valbonne, parcelle achetée par le département des Alpes-Maritimes, sur lequel doit être édifié un Hôpital psychiatrique. Son voisinage éminemment favorable au sein du pôle technologique de Sophia-Antipolis et sa superficie, d'environ 2 ha, retiennent d'emblée l'attention des administrateurs.

Le Conseil d'administration du 6 août 1974, sous la présidence du Préfet, récemment en poste dans les Alpes-Maritimes, Monsieur Pierre Lambertin, marque clairement la volonté de l'établissement et de ses dirigeants de s'engager dans la voie innovante et prometteuse de la neutronthérapie des tumeurs au sein d'un bâtiment nouveau.

Dans cette séance « historique », plusieurs objectifs ambitieux sont discutés et fixés par les administrateurs :

- résoudre les nombreux problèmes posés par l'installation d'un générateur de neutrons, générateur (d,t) ou d'un cyclotron, pour l'usage médical

- tester l'efficacité de cette neutronthérapie sur les cancers au moyen d'essais thérapeutiques statistiquement contrôlés

- améliorer le rendement de ces machines (les générateurs (d,t) sont déjà disponibles, rappelons-le, sur le marché commercial) pour augmenter le débit des neutrons et la durée des cibles, programme qui sera entrepris en collaboration avec le Centre d'Etudes Nucléaires de Grenoble.

Il est proposé de donner, à ce futur Etablissement annexe à Sophia-Antipolis, le nom de « *Centre Azuréen de Radiothérapie Avancée* » (CARA), de le doter d'un service d'hospitalisation d'une capacité de 60 à 90 lits et d'assurer sa gouvernance par la nomination d'un Secrétaire Général (ce sera Monsieur André Eude qui est l'ancien Directeur général du CHRU de Nice). Ce CARA sera rattaché à l'établissement hospitalier voisin pour tous les services techniques concernant notamment le chauffage, la cuisine, l'entretien etc…

Le financement de sa construction et de son équipement suivra les voies habituelles d'emprunts qu'utilisent les Centres de lutte contre le cancer et bénéficiera de l'affectation des « dons et legs » dont peut bénéficier le Centre Antoine Lacassagne. Les administrateurs espèrent, dans cette nouvelle structure, un apport humain supplémentaire venant de personnels plus spécialisés dans la Recherche, INSERM ou CNRS, attirés par des potentialités scientifiques nouvelles et pris en charge directement par ces organismes.

Le Directeur propose que soit également envisagée la création d'une Association pour le Soutien du CARA (du type loi de 1901), l'ASCARA, dotée d'un Conseil d'administration et d'un Conseil scientifique propres. Cette nouvelle entité reçoit l'approbation de tous les membres du Conseil d'Administration du Centre Lacassagne.

Malheureusement, l'abandon du projet voisin de construction de l'Hôpital psychiatrique de Valbonne va, peu de temps après, pénaliser définitivement l'implantation prévue de ce futur CARA ; la viabilisation du terrain à son seul profit devient, selon l'architecte Christian Ivaldi retenu pour édifier les deux entités, beaucoup trop onéreuse. Bien que la recherche d'un autre terrain à Sophia-Antipolis s'avère difficile, le Directeur du Centre est dûment mandaté par les administrateurs pour négocier l'éventuel achat d'un nouveau terrain auprès de SAVALOR et de SIMIVAL, les deux gestionnaires du Parc d'activités scientifiques.

Un changement d'orientation stratégique se profile quand les insuffisances pour l'usage médical des générateurs de neutrons existants (et disponibles sur le plan commercial) commencent à être mieux cernées à partir de l'expérience acquise dans les centres européens qui en sont déjà équipés.

Lors du Conseil d'Administration du 12 novembre 1975, le professeur Lalanne propose, alors, d'envisager leur remplacement par une machine accélératrice *« un cyclotron qui permettra, en plus de l'irradiation externe des malades, l'activation d'isotopes radioactifs à vie courte, très recherchés par les médecins, les biologistes, les chercheurs de toutes disciplines et par l'Industrie… un cyclotron trouvera donc naturellement sa place dans le parc d'activités scientifiques de Valbonne »*.

Peu de temps plus tard, une autre option d'achat est alors consentie au Centre Lacassagne sur un terrain disponible d'une superficie de 45 000 m² à Sophia-Antipolis. Mais c'était sans compter sur les

« craintes » qui naissent devant la possibilité de voir s'édifier un établissement, certes dévolu à une activité médicale, mais dont l'objet repose sur les applications d'un domaine sensible, celui de la Physique Nucléaire. Ces réticences, dont certaines proviennent de l'intérieur même du Parc, aboutiront, sans peine, à rapidement bloquer ce projet. On peut relativiser la légitimité réelle de ces oppositions locales quand on sait que, durant la même période, ce même Parc, ciblant le domaine de la haute recherche en Physique Nucléaire, avait déposé un dossier de candidature pour devenir le site d'implantation du GANIL (**G**rand **A**ccélérateur **N**ational d'**I**ons **L**ourds), avant que, sous la pression politique de Michel d'Ornano, le ministre de la Recherche de l'époque, le choix définitif de cette installation se porte en Normandie, dans la ville de Caen…

Exit, donc, le site de Sophia-Antipolis pour GANIL et… le CARA !

Une nouvelle implantation possible apparaît lorsque se confirme qu'enfin un véritable Centre Hospitalier et Universitaire serait construit, à Nice, dans la plaine du Var sur des terrains agricoles, dans une zone de 30 ha située dans la boucle des Iscles du quartier de Sainte-Marguerite.

Cette potentialité est immédiatement saisie par la direction du Centre et, dans une lettre en date du 1er octobre 1976, le Maire de Nice y répond favorablement : il accepte de céder au Centre Lacassagne une parcelle de 22 406 m² pour élever le CARA, remplaçant ainsi l'environnement scientifique recherché au sein du Parc Sophia-Antipolis par la proximité médicale d'un grand ensemble Hospitalier et Universitaire ainsi que celle d'un (encore hypothétique) Centre de Recherche de l'Institut Pasteur.

Ce projet d'installation est adopté lors du Conseil d'administration du Centre en date du 26 octobre 1976 et le Directeur autorisé à poursuivre les démarches en vue d'obtenir la concession de ce terrain proposé par la municipalité de Nice. Certes, quelque temps après, la parcelle concédée se verra un peu réduite (à 17 650 m²) pour ne pas gêner une extension souhaitée par le Centre Hospitalier et Universitaire, mais cette modification est sans conséquence pour le projet du Centre Antoine Lacassagne.

En raison de la fiabilité insuffisante observée dans les hôpitaux étrangers, des contraintes d'exploitation et de l'absence d'ouverture vers la production d'isotopes médicaux, l'orientation initiale qui allait vers les générateurs (d,t) est abandonnée au profit d'un accélérateur, de type cyclotron, tel que celui proposé par Pierre Mandrillon. Ce choix, maintenant définitif, retenu par le professeur Claude Lalanne est acté lors du Conseil d'administration, en date du 26 janvier 1977. Le délai d'élaboration et de construction d'un tel cyclotron est évalué à quatre années et le Conseil est informé que le Centre pourrait bénéficier, pour cette étude et sa réalisation, du soutien scientifique du prestigieux CERN à Genève.

Lors de ce Conseil, le professeur Claude Lalanne, Directeur, indique aussi qu'il s'est ouvert de ce projet au professeur Denoix, Directeur Général de la Santé et ne cache pas que ce dernier « *s'est, conformément à la politique générale adoptée par le Ministère, montré réservé* ». Il aurait même ajouté (sinistre présage !) au cours de cet entretien « *…qu'il risque d'y avoir des réticences sur le fond, le choix de la machine, sur la localisation à Nice, sur les personnes…* »

Il faut savoir qu'au niveau du ministère de la Santé, à cette période, il existe déjà de sérieuses réserves concernant la neutronthérapie, non liées à l'embryonnaire projet niçois mais aux difficultés existentielles du seul autre projet à l'étude en France. A Orléans, sur un site de recherche scientifique, il est effectivement envisagé d'utiliser un cyclotron, déjà construit par la CGR-MeV pour le CNRS, afin de lancer, à temps partiel et en dehors de la recherche prioritaire en physique appliquée, une activité clinique utilisant les neutrons. Cette perspective soulève nombre d'obstacles qui viennent, pour l'essentiel, de l'inquiétude de la communauté médicale de Paris qui juge l'implantation prévue beaucoup trop éloignée du tissu hospitalier de la capitale ! Le ministère se trouve, ainsi, placé entre un engagement relativement fort des autorités locales qui approuvent et soutiennent cette mise à disposition médicale et les futurs utilisateurs que sont les Centres anti-cancéreux parisiens et l'Assistance Publique-Hôpitaux de Paris qui s'y opposent …

Cette situation confuse ne peut qu'avoir une incidence négative sur l'initiative niçoise qui propose, elle, d'installer au sein d'un centre hospitalier de cancérologie un cyclotron dédié à la seule activité médicale. Cela amène le Professeur Lalanne, devant son Conseil d'administration, à déclarer :

«… *il faut rendre hommage aux assemblées départementales et locales d'Orléans dont l'initiative, l'indépendance vis-à-vis du pouvoir central, la détermination et la contribution financière ont réussi à débloquer la situation. Elles ont ainsi permis que la France, pionnière dans le domaine de la radiothérapie, apporte, enfin, sa contribution à ce développement prometteur du traitement des cancers.*

Malgré cela, l'opération d'Orléans constitue une solution médiocre du point de vue médical, comme d'ailleurs tous les cyclotrons actuellement médicalisés dans le monde, car ce sont des cyclotrons de la physique transformés en cyclotron médicaux ».

Il termine en indiquant qu'à Orléans *« le début de l'utilisation médicale est prévu dans le courant de l'année 1977* », dans l'année en cours !

Dans ce Conseil d'administration du 26 janvier 1977, présidé par le Préfet Pierre Lambertin, sont confirmées, et de façon définitive, deux décisions d'importance : le CARA sera équipé d'un cyclotron et le financement de cette machine sera basé sur les dons et legs dont bénéficie le Centre Lacassagne. Le projet d'élaboration de l'accélérateur s'étale sur une période estimée à quatre ans et le Conseil engage une première tranche de financement à compter du 1er mars 1977. Le Directeur est également invité à entreprendre, d'ores et déjà, les démarches auprès du Conseil municipal de Nice et du Conseil général des Alpes-Maritimes en vue de l'obtention de crédits concernant la construction du bâtiment d'accueil ainsi qu'auprès de la Commission Nationale d'Hospitalisation (une autorisation d'installation de ce nouvel accélérateur étant probablement nécessaire au titre de la règlementation concernant les équipements lourds).

Nous sommes début 1977, le projet de cyclotron niçois dédié à la médecine est sur les rails !

Plus d'un an va s'écouler sans avancée sensible au plan du terrain de la plaine du Var et, en mai 1978, la zone d'implantation du CARA n'est toujours pas définie de façon précise, compte tenu d'atermoiements divers qui accompagnent la détermination de l'emplacement précis du futur Centre Hospitalier et Universitaire !

Un important retard s'installe de ce fait dans la mise à disposition de ce terrain de la plaine du Var, sous le coup d'une nouvelle procédure administrative. Ceci a une incidence directe sur la future construction de la machine elle-même car sa structure centrale, l'aimant (qui serait éventuellement fourni, à cette période du projet, par la société CGR-MeV) ne peut faire l'objet d'une commande ferme auprès de cet industriel que lorsque le bâtiment destiné à le recevoir sera soit effectivement édifié soit en passe de l'être avec une date précise de finition de ses travaux. Or ce terrain de 3 ha dans la plaine du Var qui convient pourtant parfaitement voit, du fait de ce réexamen de la Déclaration d'Utilité Publique (DUP), son expropriation reportée à la fin de l'année 1979 !

Pour tenter de limiter les conséquences de ces pénalisantes pertes de temps, il est quand même décidé, par la gouvernance du Centre Antoine Lacassagne, que les plans préliminaires de l'installation sur ce terrain doivent être établis. Ce sera, dès le mois d'octobre 1978, le travail des deux architectes Christian Ivaldi et Charles Marra choisis et désignés pour la conception et la réalisation de ce bâtiment d'accueil du cyclotron. L'emprise au sol de futur bâtiment est d'environ 3000 m² ce qui, sur cinq niveaux, représentent 18 000 m² de plancher, organisés autour de quatre zones : la zone centrale, réservée au cyclotron et à son environnement et trois zones, indépendantes mais articulées autour de la machine, pour les activités administratives, des lits d'hospitalisation et une unité d'exploration fonctionnelle par radio-isotopes.

Dans un courrier en date du 21 juin 1978, le professeur Jean Dutreix, de l'Institut Gustave-Roussy, a confirmé au Directeur Général de la Santé, le professeur Pierre Denoix, l'opposition des parisiens au projet d'Orléans : « *Les radiothérapeutes de l'Institut Gustave-Roussy et de la Fondation Curie ont renoncé à participer, sous la forme qui était initialement envisagée, à la neutronthérapie à Orléans. La raison essentielle est le long retard que connaît le projet. Dans la meilleure des hypothèses la disponibilité du faisceau de neutrons pour la radiothérapie ne pourrait être envisagée avant 1980. A cette date, il y aura, en Europe, une douzaine de Centres disposant, à temps complet, d'une installation basée dans le Centre lui-même... On ne peut plus espérer une contribution très significative à l'étude de la neutronthérapie d'une équipe parisienne, disposant à temps partiel, dans la semaine et dans l'année, d'une installation située à 130 km de ses bases hospitalières...* ». Ce retrait (contraint) de Paris reste pourtant pour lui « *une grande déception pour les radiothérapeutes d'être privés de ce moyen thérapeutique qui continue de se développer dans le monde entier* » et il conclut : « *Il serait souhaitable que le Ministère de la Santé soutienne le seul autre projet français à l'étude (professeur Lalanne à Nice) et suscite un nouveau projet pour la région parisienne* ».

A Paris, à la fin de cette année 1978, la Commission du Cancer du Ministère de la Santé, que préside le professeur Maurice Tubiana, s'interroge sur la place de la neutronthérapie en France. Pour ces experts, le projet d'Orléans est déjà considéré comme inadapté et dépassé. Cette installation ne cesse aussi de prendre du retard alors que plusieurs réalisations, médicales à l'étranger, sont opérationnelles et apportent des résultats prometteurs. La Commission du Cancer retient d'ailleurs qu'il existe bien une efficacité supérieure de cette modalité innovante de neutronthérapie, à doses égales, par rapport aux techniques traditionnelles disponibles de photonthérapie. Et dans sa séance finale en date du 20 décembre 1978, ses membres adoptent, après un vote à bulletins secrets, une importante motion :

« ...la Commission considère que l'expérience de neutronthérapie acquise dans plusieurs pays étrangers au cours des dernières années conduit déjà à une conclusion positive : dans un nombre non négligeable de cas, cette thérapeutique est avantageuse vis-à-vis des autres modes actuels de radiothérapie. Le nombre de ces cas semble être suffisant pour justifier la création de quelques postes en France équipés chacun d'un générateur adapté aux exigences de l'irradiation médicale. Le nombre de ces postes pourrait être actuellement envisagé au minimum de deux et au maximum de cinq.

La France pourrait ainsi bénéficier des avantages de cette nouvelle thérapeutique et participer à la recherche clinique et à la découverte des progrès à venir. »

Voilà une prise de position prospective qui s'avère, à l'évidence et sans ambiguïté, très favorable au projet niçois qui acquiert ici toute sa légitimité. Seul à pouvoir répondre à une problématique scientifique et médicale maintenant parfaitement posée et clairement actée, le projet MEDICYC est, bien évidemment, candidat à l'une des installations proposées par la Commission du Cancer. L'état d'avancement de son accélérateur, dont l'énergie, à l'inverse d'Orléans, est idéalement adaptée à cette utilisation médicale spécifique, représente un atout certain pour garantir la réussite de cet engagement.

Mais, à quoi servent les avis autorisés d'autant plus qu'ils ne sont pas suivis ?

A quoi bon que des experts reconnus déclarent telle voie scientifique porteuse d'avenir si la réalisation à entreprendre se heurte, par pure position dogmatique, aux réserves, pour ne pas dire aux blocages des « décideurs » du ministère de la Santé ? Comme le souligne, avec regret, un de ces experts, le professeur Coursaget, l'administration centrale déclare, en effet, dans le cadre d'une sempertinelle politique de réduction des dépenses de santé, qu'il vaut mieux attendre les premiers résultats de la future installation à Orléans, avant d'entreprendre, en France, quoi que ce soit d'autre en neutronthérapie… Le ministère de la Santé s'appuierait, semble-t-il aussi, pour conforter sa plus que prudente attitude, sur la position de l'INSERM, dont quelques responsables se montrent très négatifs sur des développements tels que celui-ci, bon exemple pourtant de fertilisation croisée entre Recherche et Industrie, au motif qu'ils engagent des investissements jugés trop lourds sur le plan financier !

Force est de constater qu'il résulte de ses atermoiements une absence de stratégie coordonnée de la puissance publique et un enlisement qui menacent bien souvent les projets d'ingénierie biologique et médicale. L'INSERM, en particulier, soutient, et elle est entendue, que des progrès importants peuvent et ont pu être obtenus, notamment durant la dernière décennie, en Immunologie, Virologie, Pharmacologie et d'autres disciplines encore, par des groupes de chercheurs moins « gourmands » c'est-à-dire moins consommateurs des ressources financières limitées dont dispose le ministère…

Donc, position princeps concernant les grands équipements de haute technologie: on ne bouge pas et on attend !

L'année 1979 ne va pas permettre d'avancer sur le plan de l'implantation du bâtiment d'accueil à venir, mais sera, heureusement, plus productive pour le développement de la machine. Verront, ainsi, s'affiner les caractéristiques du futur cyclotron pour satisfaire les besoins médicaux spécifiques de cette neutronthérapie des tumeurs ;

ils exigent de répondre à des critères précis, éloignés de ceux des cyclotrons construits pour d'autres utilisations, recherche ou industrie.

Les dimensions physiques de la machine notamment, mais aussi les servitudes de la radioprotection, les coûts globaux d'investissement et ceux de la future exploitation doivent ainsi rester acceptables pour l'installation dans un établissement de soins. La « médicalisation » de l'accélérateur introduit, en complément, diverses contraintes, en matière de fiabilité de fonctionnement (absence de panne) et de disponibilité dans le temps (facilité d'entretien), conditions d'utilisation absolument nécessaires dans une pratique de soins, soumise, on le comprend aisément, à la présence quotidienne des malades.

Un tel cyclotron, dédié à la seule activité médicale et biologique, doit aussi, c'était l'ambition initiale, fournir des prestations au moins équivalentes à celles de la radiothérapie usuelle en termes de durée de séance, de sécurité et de confort du patient et supporter un niveau de qualité comparable à celui des générateurs modernes de radiothérapie de haute énergie, en matière de rendement en profondeur et d'homogénéité de dose notamment.

En juin 1979 parait, sous la double signature de Claude Lalanne et de Pierre Mandrillon, une première plaquette détaillée appelée « *Projet MEDICYC* » destinée à la communauté scientifique et médicale : y sont successivement présentés les objectifs et les buts de cette recherche clinique, à la fois en matière de neutronthérapie et de production de radio-isotopes à vie courte pour la médecine nucléaire. L'organisation interne du futur bâtiment autour de l'accélérateur ainsi que la radioprotection et la disposition des locaux pour leur exploitation médicale sont également précisées avec un calendrier de réalisation et un financement basé sur des contributions privées.

Avec discrétion et élégance, Monsieur André Eude, ancien Directeur général du Centre Hospitalier Régional de Nice, qui occupait, depuis le 1er janvier 1975, les fonctions de Secrétaire général d'un CARA virtuel, part en retraite le 31 octobre 1979 et ne sera pas remplacé.

En novembre, pour l'Avant-Projet Sommaire (APS) du futur bâtiment d'accueil du cyclotron confié aux architectes Christian Ivaldi et Charles Marra, s'ajoutent les compétences d'un Bureau d'Etude spécialisé de Lyon, la société Studeurop, dirigée par Monsieur Roux.

L'Association pour le soutien au Centre Azuréen de Radiothérapie Avancée (ASCARA) est créée le 31 décembre 1979. Son but est « *de soutenir, par tous les moyens et en particulier par la collecte de fonds dans l'immédiat, la réalisation du CARA telle qu'elle est proposée par le Centre Antoine Lacassagne et, dans l'avenir, le développement autour du CARA d'un Institut Méditerranéen de Recherches Oncologiques Pluridisciplinaires* ».

Avant de devenir, ultérieurement, objet de toutes les suspicions par les trois inspections administratives qui vont se succéder, l'ASCARA, qui n'est, dès le départ, qu'un instrument du financement de ce projet MEDICYC, ne cessera, contrairement à certaines allégations malveillantes, et cela jusqu'à l'aboutissement de sa mission, d'être étroitement subordonné à la gouvernance (et, donc au contrôle permanent) du Centre Lacassagne : ses membres fondateurs appartiennent au Centre, son siège social est au Centre et le président de son Conseil d'administration est le Directeur du Centre. Conformément à ses statuts, rappelons que le nombre des administrateurs, tous bénévoles, de son Conseil passera, des mois après sa constitution, de six à douze intégrant diverses personnalités régionales susceptibles, là encore, d'apporter une aide active à la réalisation finale du projet. En faire beaucoup plus tard, insinuation sans fondement, une sorte d'officine opaque, plus ou moins étrangère à la direction de l'établissement, est une insulte à la vérité et au dévouement de tous ses membres bénévoles.

Suite aux plans fournis par les architectes et la mission d'assistance technique, l'Avant-Projet Sommaire (APS) du bâtiment projeté est finalement établi en Juillet 1980.

Ce sera malheureusement peine perdue !

Dans le cadre, en effet, de l'Enquête publique déclenchée à la suite d'un mémoire établi par différentes organisations agricoles de la plaine du Var, la poursuite de la construction projetée du CARA s'avère compromise, très probablement, de façon définitive. En cause, l'avis défavorable émis par le Commissaire enquêteur en charge du dossier, le 2 août 1980, sur la base d'un argumentaire plus que spécieux. Pour lui en effet :

- il faut conserver l'intégralité des terres agricoles de la plaine du Var dont la fertilité exceptionnelle constitue une véritable « richesse naturelle ». Ces terres, celles affectées au projet, toujours en culture, doivent, donc, être préservées.

- Le projet de création, pourtant très avancé, du nouveau Centre Hospitalier et Universitaire ayant été abandonné (il le fut, en octobre 1979, par la décision négative brutale lors de sa visite, à Nice, du Ministre de la Santé, Madame Simone Veil), les terrains ainsi libérés se doivent d'être réaffectés en zone protégée agricole.

- malgré la notice technique fournie, écartant tout risque de radioactivité, le cyclotron reste toujours, ici, qualifié « *d'appareil nucléaire* » susceptible de polluer la nappe phréatique du fleuve Var, ressource essentielle en eau potable pour la ville de Nice.

Avis totalement négatif, donc, mais pas pour tous… Il est amusant, en effet, de noter que ce même Commissaire enquêteur émet, par contre, un avis favorable au projet d'un Centre de recherche de l'Institut Pasteur sur un terrain pourtant à proximité immédiate de celui dévolu au CARA, avec les arguments particulièrement convaincants que sont :

- la construction programmée par l'Institut Pasteur d'un réseau spécifique d'assainissement écartant tout risque de contamination de cette nappe phréatique par les eaux résiduaires provenant des laboratoires et susceptibles d'être porteuses de germes !

- un bâtiment de format modeste, limité à deux niveaux, avec l'aménagement d'espaces verts apportant à ce secteur particulièrement déshérité sur le plan de l'esthétique, une note agréable…

- le caractère même des recherches qui y seront effectuées, sans aucune gêne, ni nuisance de quelque nature que ce soit pour le voisinage…

Le 20 novembre 1980, par courrier adressé à Monsieur Jacques Barrot, Ministre de la Santé, le professeur Claude Lalanne confirme sa demande d'autorisation d'installation de ce futur cyclotron biomédical. Il présente, en annexe, l'état des études en cours et, déjà, de certaines réalisations techniques autour de l'accélérateur.

Alors que, durant cette année 1980, se poursuivent à Genève des réalisations techniques telles que la cavité accélératrice prototype et que s'élaborent des solutions originales pour l'éjection du faisceau, on doit déplorer, qu'à la suite de cet avis négatif du Commissaire enquêteur, la situation locale reste, elle, obstinément bloquée. Pourtant, ce terrain destiné à la construction du CARA demeure encore, en mars 1981, en potentialité (très aléatoire évidemment) d'accueillir l'implantation du cyclotron. Nous allons voir que cette réserve foncière va faire l'objet, de la part du ministère de la Santé, d'un intérêt singulier, inattendu autant qu'exceptionnel…

Le professeur Jean-François Lacronique raconte qu'alors adjoint du Directeur général des Hôpitaux et de la Santé, Monsieur Jean Choussat, il est amené, sur la demande de ce dernier, à travailler, toutes affaires cessantes, sur l'éventuelle concrétisation d'une proposition alléchante. Emise lors d'un dîner à l'ambassade d'Arabie

Saoudite, elle consiste à mettre une centaine de millions de francs (!) de la manne pétrolière saoudienne à la disposition du ministre de la Santé français pour soutenir un ou deux projets médicaux prometteurs. Il faut, pour cela, établir, dans l'urgence, une liste de 10 grands projets médico-scientifiques dûment chiffrés et argumentés.

Pour au moins deux raisons personnelles, Jean-François Lacronique connaissait, déjà, le rôle potentiel des accélérateurs pour la médecine. La première remonte en 1974, alors qu'il était attaché scientifique et médical à l'Ambassade de France à Washington, car il avait accompagné, à Boston, le baron Philippe de Rothschild, porteur d'un mélanome de la choroïde pour son traitement au Massachusetts Général Hospital, le MGH, le centre hospitalier fondateur et pionnier de la protonthérapie oculaire. La seconde, quelques années plus tard en 1980, au cabinet de Jacques Barrot, Ministre de la Santé et des Affaires sociales, où il s'était longuement entretenu avec le professeur Lalanne lequel l'avait convaincu de l'intérêt du projet de cyclotron niçois.

Il plaça donc le dossier MEDICYC en tête de la liste des éventuels bénéficiaires, en insistant, dans son argumentaire, sur les éléments particulièrement attractifs que présentait ce thème innovant, porteur de possible guérison de cancers graves, mais aussi les avantages d'une réalisation sur les bords de la Méditerranée, près d'un aéroport commode et d'un Centre de lutte contre le Cancer autonome et sérieux…

Retenu, alors, comme siège d'un futur « *Institut méditerranéen de recherches oncologiques* », voire, même, d'un « *Institut franco-saoudien de recherches oncologiques* », ce site (encore agricole) de la plaine du Var, pourtant déclaré par une enquête administrative impropre à une haute activité médicale, reçut la visite inopinée, dans les champs de blettes, de hautes personnalités représentant les autorités saoudiennes et parisiennes, venues sur la Côte d'Azur en jet privé princier. L'enthousiasme manifesté lors de ce bref mais tout à fait insolite déplacement fut, aussi, de courte durée puisque, dès connu le résultat des élections présidentielles de mai 1981, outre le grand bouleversement dans les administrations françaises qui s'ensuivit, le mécène saoudien disparut sans honorer son offre.

Le 3 avril 1981 est une date importante du Projet MEDICYC

Alors qu'il procède à l'inauguration à Nice d'un nouveau bâtiment du Centre Antoine Lacassagne qui porte le nom du fondateur et premier Directeur de l'Etablissement, le docteur Vincent Paschetta, le ministre de la Santé, Jacques Barrot, va lancer officiellement sa concrétisation.

Il trace dans son discours, comme nous l'avons déjà en partie rapporté (cf. Partie 1), les lignes d'une véritable stratégie nationale dans ce domaine naissant de l'hadronthérapie :

«*… Si l'intérêt de la neutronthérapie est confirmé, nous nous doterons des moyens industriels destinés à produire ces équipements de haute qualité et nous pourrons bien entendu les exporter…*

Notre objectif est de doter la France d'une industrie puissante de tous ces équipements qui vont faire l'objet, dans les vingt années qui viennent, d'une forte demande de tous les pays du monde ».

Voilà un ministre de la Santé qui promeut la haute technologie dans le monde médical et qui sait reconnaître d'évidentes retombées industrielles, utiles au rayonnement de la France ! Il confirmera ultérieurement et de la façon la plus claire, par écrit en date du 5 mai suivant, son « *accord de principe pour la mise en service et l'utilisation du cyclotron Médicyc, consacré à la neutronthérapie* ». Cette acceptation, en toute logique administrative, est assortie dans ce courrier d'un certain nombre de demandes de précision concernant les modes de financement tant de l'équipement que des bâtiments, la mise à disposition du terrain que la ville de Nice s'engage à fournir, la nécessité d'obtenir l'approbation technique du Service Central de Protection contre les Rayonnements ionisants, le SCPRI, ainsi que les bases d'un recrutement régional des malades et la création d'un Comité médical regroupant des praticiens radiothérapeutes de divers établissements de soins français.

MEDICYC est enfin sur les rails et l'enthousiasme de la jeune équipe niçoise du CERN décuplé…

Autre site et projet de bâtiment.

Le temps court et ne cesse d'enliser dans de profonds méandres administratifs l'installation envisagée dans la plaine du Var. Le professeur Lalanne écrit le 24 août 1981 au Maire de Nice : *«… Il faut s'interroger sur l'opportunité de maintenir un site dont la mise à disposition recule en raison d'obstacles, sans cesse, renaissants… »*

Il va enfin effectivement être abandonné. A l'aune du caractère piteux de cette renonciation tardive, constatons simplement qu'au final, ni le grand Centre Hospitalier et Universitaire de Nice (qui attendra la construction de Pasteur 2, plus de 30 ans après) ni, donc, le CARA, ni même le bâtiment de Recherche de l'Institut Pasteur ne verront finalement le jour dans la plaine du Var, là où aujourd'hui ces terres agricoles, qu'il fallait absolument sauvegarder en priorité, ont depuis laissé place à une grande surface commerciale….

Ce renoncement fera d'ailleurs l'objet de vifs débats au cours d'une séance du Conseil Municipal, le 1er octobre 1981, où le professeur Jean-Baptiste Guiran (majorité municipale) mais aussi Virgile Pasquetti (parti communiste) vont déplorer les conclusions négatives du Commissaire enquêteur. Le Maire lui-même, Jacques Medecin, confirme que : *«… les conclusions du Commissaire enquêteur me semblent excessives. Elles ont conduit à l'abandon du site prévu à l'origine »* mais il ajoute qu' *« un nouvel emplacement a été retenu ».* Ce nouveau site est celui des anciennes pépinières municipales dans le quartier de Fabron, terrain dont la moitié supérieure, d'une surface de

3 hectares, conviendrait parfaitement pour installer le cyclotron. Par décision du Conseil municipal, réuni en séance publique le 29 janvier 1982, est, ainsi, attribué au Centre Antoine Lacassagne, pour la construction du Centre Azuréen de Radiothérapie Avancée, un nouvel emplacement, sis 227 Avenue de la Lanterne à Nice.

Ce sera le site d'implantation définitif, superbe, dominant la baie des Anges et l'aéroport international.

Convention entre la ville de Nice et le Centre Antoine Lacassagne, en date du 29 janvier 1982

- article 1

La ville de Nice donne à bail emphytéotique au Centre Antoine Lacassagne dans les conditions ci-dessous précisées un terrain sis à Nice, avenue de la lanterne, d'une superficie de 30 000 m² environ. La construction envisagée comporte trois bâtiments, une unité d'hospitalisation, un hôtel pour malades et services communs, une unité de neutronthérapie et de radiobiologie

- article 2

Le bail emphytéotique à intervenir entre les parties sera conclu pour une durée de 50 années à compter de la date de signature

- article 3

Le montant du loyer sera fixé à la somme annuelle de 1000 Fr

- article 4

La présente convention est conclue sous les deux conditions suspensives stipulées ci-après :

- Approbation par l'ensemble des services administratifs compétents et du ministère de la Santé en particulier du projet de construction du CARA

- Obtention par le centre Antoine Lacassagne du permis de construire avant le 31 décembre 1984

Dans un courrier daté du 5 février 1982, le professeur Lalanne rapporte à Jacques Médecin, Maire de Nice, la satisfaction au sein de son établissement :

«... je tiens sans plus attendre à vous exprimer à la fois en mon nom personnel et au nom du Centre Lacassagne mes très sincères remerciements pour la rapidité avec laquelle vous avez réparé une décision inopportune, et de toutes façons mal fondée, de l'enquête d'utilité publique sur le terrain de la plaine du Var.Cette décision est heureuse car elle devrait permettre de rattraper une partie du temps perdu... »

La mise à disposition de ce terrain, aux conditions particulièrement favorables (si l'on considère, notamment, le montant annuel du loyer consenti) ne reste donc soumise qu'à l'approbation du Conseil d'administration du Centre Lacassagne du 7 mai 1982 : elle sera unanime !

L'implantation du CARA étant maintenant, de ce fait, assurée, les administrateurs abandonnent, l'option, maintenue jusqu'alors, sur un terrain disponible à Sophia-Antipolis.

Dès connu le lieu de son implantation définitive, les concepteurs du futur CARA, à savoir le Bureau d'études Studeurop et les architectes, vont reprendre leur mission pour proposer un nouvel Avant-Projet Sommaire.

Ils se mettent au travail avec l'objectif d'en disposer dès ce mois de Juin pour d'une part, servir de dossier de dépôt de demande de Permis de construire auprès de la Mairie de Nice et d'autre part, permettre au Centre Antoine Lacassagne de solliciter une subvention d'Etat (estimée à 40% du montant total des travaux) auprès du Ministère de la Santé et d'en bénéficier dès l'exercice suivant, à savoir celui de 1983.

Ce programme, qui se met ainsi en place dans une certaine fébrilité, se propose de remplir les fonctions suivantes :

• installer l'activité de neutronthérapie, dont les contraintes de radioprotection vont pouvoir tirer profit de la pente naturelle de ce nouveau terrain car le bâtiment à construire y sera adossé et enterré sur sa face arrière.

• autour et en lien avec ce hall technique, réaliser des locaux abritant la réception et les consultations, la radiobiologie, ainsi qu'une Unité d'hospitalisation (représentant une capacité de 36 lits venant par transfert du Centre Antoine Lacassagne). A part, avec un accès indépendant des autres circuits, est également prévue une Unité d'hôtellerie, orientée sud-est, correspondant à 36 chambres doubles destinées à l'hébergement des malades et de leurs accompagnants.

• organiser les services communs représentant une surface bâtie complémentaire d'environ 500 m² pour l'administration, les bureaux, la cafétéria, la garde et la logistique.

Le coût total de l'ensemble de ces constructions est, en première approximation, estimé à 33,8 millions de francs.

Le 14 mai 1982, une convention, dite d'autorisation d'occupation précaire, est signée, par les deux parties, dans le but de permettre l'engagement effectif des diverses études d'implantation. La durée de validité de ces conventions étant limitée à deux années, elles devront être prorogées, et cela à deux reprises par voie d'avenants.

Afin de ne plus avoir à procéder à ces renouvèlements et à mettre définitivement ce terrain à la disposition du Centre Antoine Lacassagne, la Ville de Nice proposera, en 1987, au professeur François Demard, alors directeur du Centre Antoine Lacassagne, la signature du bail emphytéotique prévu par la convention initiale. Cela sera effectivement réalisé après l'approbation ultime du Conseil d'Administration du Centre réuni en date du 30 mars 1987.

L'implantation de l'accélérateur pose des problèmes spécifiques. Une forme rectangulaire et une surface de 120 m² sont retenues pour recevoir le cyclotron. Les murs de protection, fixes, sont d'une hauteur minimale nécessaire d'au moins 5 mètres à cause de la source d'ions et de l'injection axiale ; le sous-sol est aménagé autour des quatre solides piliers de soutien de l'aimant. Cela assure l'espace nécessaire pour le dispositif d'inflexion du faisceau dans le plan médian provenant de la source externe supérieure et l'implantation de divers équipements auxiliaires, refroidissement notamment. Le plafond sera fermé par un ensemble de poutres mobiles en béton (10 mètres de longueur), manœuvrable grâce à un pont roulant dont la capacité sera d'au moins 10 tonnes.

Comme précédemment présentées dans la plaquette de 1979 « *Projet MEDICYC*» sont aussi concernées les voies de faisceau, les salles pour les traitements et la recherche expérimentale, le poste de commandes et contrôles, des locaux de services pour la réfrigération, la sous-station électrique, les alimentations et un atelier mécanique. Un bureau d'études et un laboratoire d'électronique complètent cet agencement complexe mais indispensable autour d'un accélérateur de particules.

Sur ces bases, le Permis de Construire du bâtiment d'accueil est accordé le 10 décembre 1982.

Le début des années noires

Il n'a pas échappé au lecteur que la visite et l'autorisation accordée au projet MEDICYC par le Ministre de la Santé, Monsieur Jacques Barrot a eu lieu quelques jours avant l'élection présidentielle de Monsieur François Mitterrand. Il s'en est suivi une période d'importants mouvements, en particulier dans les ministères, ce qui explique, peut-être, que dans celui de la Santé et au regard de son nouveau locataire, l'avenir de l'initiative niçoise ne représente plus guère une quelconque priorité.

Pendant 18 mois ce sera effectivement, côté administration, calme plat même s'il est aisé de pressentir une hostilité grandissante.

Quelques semaines auparavant l'attribution du Permis de Construire, dans un courrier en date du 3 novembre 1982, la direction de la DdASS de Nice, sous la signature du Préfet, vient exposer la position de l'administration de tutelle, sa « vision » de l'opération en cours et les procédures qu'elle souhaite voir mises en œuvre par la gouvernance du Centre Antoine Lacassagne :

« Tout d'abord, par lettre du 5 mai 1981, Monsieur le Ministre de la Santé vous avait confirmé son accord de principe pour la mise en service et l'utilisation du cyclotron consacré à la neutronthérapie. Cet accord était donné sous réserve de la constitution d'un dossier financier ainsi que d'un dossier faisant apparaître les besoins en la matière. D'autre part, le Ministère pense qu'il est nécessaire de recueillir l'approbation technique du SCPRI.

*Dans l'esprit du Ministère, ces éléments devaient servir de base à une autorisation définitive d'acquisition de ce cyclotron qui constitue un équipement lourd au sens de la Loi du 31 décembre 1960 portant réforme hospitalière. De plus, vous projetez d'installer ce cyclotron dans des locaux qui doivent abriter 36 lits d'hospitalisation provenant de lits existants avenue de la Voie romaine (*Le ministère fait référence là au site principal existant du Centre Antoine Lacassagne). *Je vous rappelle que tout transfert géographique de lits d'hospitalisation doit faire l'objet d'une autorisation de Monsieur le Préfet de région après avis de la Commission Régionale de l'Hospitalisation…*

Enfin, en ce qui concerne l'hôtel pour malades, il me paraît indispensable de recueillir l'avis du Ministère sur cette structure un peu particulière et notamment, sur les modalités de prise en charge éventuelle par les organismes de Sécurité Sociale…

En ce qui concerne le financement, je vous précise que l'opération n'a pas été programmée au titre de l'exercice 1983, aucun dossier n'ayant été déposé dans mes Services. Je prends, toutefois, note de cette éventualité pour l'exercice 1984 en vous précisant, toutefois, que réglementairement, la décision de subvention doit être préalable à tout commencement d'exécution des travaux... »

Selon le ministère de la Santé, le cyclotron MEDICYC ne dispose pas encore d'autorisation. Il paraît s'agir pour lui d'une acquisition auprès d'un « fournisseur » et, pour rendre celle-ci effective, il est nécessaire que des réponses administratives circonstanciées soient fournies. Quant à une éventuelle subvention, toute décision ne peut qu'être reportée dans l'ignorance d'un quelconque dossier MEDICYC (ou CARA) déposé dans ses services...

Pour se mettre en conformité avec un tel rappel procédural, les dossiers imposés vont effectivement être fournis par le Centre Antoine Lacassagne le 4 et le 24 février 1983. Le 10 mars 1983, la DdASS des Alpes-Maritimes répond au Professeur Lalanne :

« J'ai l'honneur de vous accuser réception de vos correspondances citées en référence par lesquelles vous m'avez transmis les trois dossiers justificatifs relatifs au projet de Centre Azuréen de Radiothérapie Avancée qui comprend

- *le transfert de 36 lits d'hospitalisation*
- *la création d'un hôtel pour malades*
- *l'installation d'un Cyclotron biomédical*

Ces trois dossiers, ne pouvant être dissociés, seront soumis en leur totalité à l'avis de la Commission Nationale de l'Hospitalisation, conformément aux directives de Monsieur le Ministre de la Santé en date du 28 février 1983. Étant considérés comme complets, ces trois dossiers seront transmis par courrier de ce jour, à l'Administration centrale aux fins de décision. La demande étant parvenue à mes

Services le 28 février 1983, une décision devra donc vous être notifiée avant le 28 août 1983... »

Il ressort de ce courrier que, pour l'essentiel, le projet niçois doit préalablement recueillir l'avis favorable de la Commission Nationale de l'Hospitalisation (CNEH) avant d'être autorisé... et que cette décision connaît une date limite, la fin du mois d'août de l'année en cours.

Un avis expert, celui de Monsieur Roger Grégoire, membre du Conseil d'État, ancien Président du Haut Conseil d'aide à la lutte contre le Cancer, est sollicité par le Centre Antoine Lacassagne car l'analyse faite par les services de l'Etat ainsi que ses requêtes multiples, surtout celle concernant la CNEH, font juridiquement question. Sa réponse adressée au professeur Lalanne le 14 avril 1983, éclaire bien les ambiguïtés procédurales de ce dossier et marque le début des hostilités avec la tutelle administrative :

«... Je comprends parfaitement combien la multiplicité des procédures, sinon les tergiversations des Services, peuvent décourager ceux qui veulent aller de l'avant...

Je ne puis me défendre de l'impression que la DdASS des Alpes-Maritimes, et peut-être le Commissaire de la République lui-même, ne sont pas convaincus de l'intérêt de l'opération projetée et qu'ils cherchent, sinon à la retarder, du moins à reporter la responsabilité des décisions au niveau ministériel.

Ce qui, en particulier, me paraît étonnant, c'est l'amalgame que l'on fait entre l'autorisation de l'appareil et l'autorisation du transfert des lits. Bien sûr, les deux problèmes sont liés, mais ils sont de nature et d'importance très différentes. Il serait très regrettable qu'un refus total ou partiel concernant les lits serve de prétexte à un refus d'autoriser l'installation du cyclotron...

Mais l'affaire étant ainsi engagée, et si l'autorisation d'installer un cyclotron est bien requise, il faut simplement faire en sorte que la

Commission Nationale de l'Equipement Hospitalier soit parfaitement éclairée... »

Le Conseiller d'Etat ne cherche pas, avec justesse, à s'opposer à l'exigence, qui fait pourtant débat, consistant, pour le promoteur du projet, à solliciter et à obtenir l'aval de cette commission, le CNEH, dans le cas très particulier d'une machine totalement expérimentale, un véritable prototype, élaboré par l'équipe travaillant au sein du CERN à Genève alors que, pour l'installation (ou le transfert) de lits d'hospitalisation qui y est liée, une telle autorisation préalable ne soulève, bien évidemment et pour personne, le moindre doute. D'autant qu'à ce même propos réglementaire, au Journal officiel du 9 juin 1983, est publiée la réponse à une question posée en date du 3 mars 1983 par Monsieur Francis Palmero, Sénateur des Alpes-Maritimes concernant le cyclotron MEDICYC :

«... sa réalisation reste subordonnée à l'octroi d'une autorisation délivrée dans le cadre des dispositions des articles 31 et suivants de la Loi n°70 – 13 18 du 31 décembre 1970. S'agissant d'un équipement matériel lourd inscrit sur la liste fixée par le décret n° 76 – 843 du 24 août 1976, la décision relève de la compétence ministérielle après avis de la Commission Nationale de l'Hospitalisation... »

Le débat semble clos même s'il est licite d'indiquer qu'il existe une interprétation divergente. Celle-ci, est exprimée par un service pourtant compétent de l'Etat, le Service Central de Protection des Radiations Ionisantes (SCPRI) lui-même. Son Directeur adjoint, le professeur Chanteur, dans un courrier du 26 avril 1982, indique, en effet, au professeur Lalanne :

« Par lettre du 26 février 1982, vous nous avez confirmé votre projet d'installer un cyclotron biomédical au Centre Antoine Lacassagne pour la neutronthérapie, à la suite de l'accord qui vous a été donné par le Ministère de la Santé... Cet accord semblerait donc impliquer que le projet ne serait pas soumis à la procédure d'autorisation

d'installer un équipement matériel lourd, du fait, je le suppose, du caractère encore expérimental de ce type d'installation... »

Claude Lalanne dans un courrier antérieur au Préfet Lambertin, Président du Conseil d'Administration, insistait déjà sur ce point important :

«... L'appréciation portée par le directeur du SCPRI rejoint bien mon sentiment personnel, à la suite des discussions que j'ai eues régulièrement pendant plusieurs années avec les personnels du ministère de la Santé... À ce jour, je demeure persuadé que le cyclotron MEDICYC est bien, en effet, une installation expérimentale, entrant dans le cadre du Génie Biologique et Médical. La décision de construction d'un tel prototype, étalée sur plusieurs années, ne peut être assimilée à l'achat d'un quelconque équipement lourd chez un fournisseur »

Mais, dont acte, puisque le ministère de la Santé exige l'avis du CNEH, le Centre Antoine Lacassagne le sollicitera !

L'avis du professeur Maurice Tubiana, Directeur de l'Institut Gustave-Roussy, est demandé, non pas par le ministère de la Santé mais par celui de la Recherche. Dans son courrier de réponse, en date du 26 janvier 1983, adressé à Monsieur Goubault de Brugière, Directeur du Développement Scientifique et Technologique de l'Innovation, cet expert éminent indique :

« ...Je pense que cette opération du cyclotron de Nice a un grand intérêt ; elle pourrait nous permettre d'évaluer l'efficacité d'une radiothérapie par neutrons par rapport à une radiothérapie classique dans de bonnes conditions méthodologiques »

Et, il ajoute cet argument majeur:

« En effet, le cyclotron d'Orléans se heurte à des difficultés sérieuses, puisque l'appareil n'avait pas été initialement conçu pour faire de la radiothérapie et que l'environnement dans lequel il se trouve ne

fournit pas à l'équipe qui a la charge de cet essai toute l'infrastructure souhaitable. Au contraire, on peut espérer qu'à Nice, les conditions seront beaucoup plus favorables, puisqu'il s'agit d'emblée d'un cyclotron conçu pour la radiothérapie, qui a été voulu et souhaité par les radiothérapeutes niçois.

Etant donné l'effort qui a déjà été fait et le degré d'avancement du projet, il serait navrant que l'on ne fasse pas tout pour en tirer le meilleur parti... »

Les tracasseries administratives dont fait l'objet le projet niçois commencent à intéresser les médias et Jean-Yves Nau, journaliste au Monde, écrit, le 16 février 1983, sous le titre évocateur du « *Cyclotron oublié de Nice »,* d'une plume non trempée dans l'acide mais attentive à l'engagement de forces sous-jacentes, un article fondé qui sait dépasser les seuls problèmes réglementaires :

«... Il semble, en définitive, que les Ministères concernés ont tous oublié l'existence du projet niçois, bien que Monsieur Jean-Pierre Chevènement, Ministre de la Recherche et de l'Industrie, ait lancé en 1982 un programme national d'équipement en Cyclotrons d'usage médical.

Actuellement, un seul cyclotron thérapeutique fonctionne en France, à Orléans, avec jusqu'à ces dernier temps quelques difficultés. Quels que soient les handicaps du projet niçois, on comprendrait difficilement qu'il ne puisse s'intégrer au programme de Monsieur Chevènement.

À moins que les attaches avec l'ancienne majorité du professeur Lalanne, directeur du Centre Lacassagne et médecin responsable de MEDICYC, qui lui avaient, peut-être, été utiles hier pour lancer le projet soient, peut-être, aujourd'hui suffisantes pour le faire avorter. »

Voilà des supputations qui pourraient suggérer que le pouvoir politico-administratif, pourtant garant de l'intérêt général, a la capacité de s'éloigner dans ses décisions, des seules données technologiques et médicales, celles que requiert, pour tous, le simple intérêt des malades !

Devant une situation administrative maintenant tendue et pour tenter d'avancer ce dossier d'installation d'une manière plus favorable, Pierre Lambertin, Préfet des Alpes-Maritimes (et, rappelons-le, une fois encore, Président du Conseil d'Administration du Centre Antoine Lacassagne) obtient d'être reçu le 14 juin 1983 par Monsieur Gaston Rimarex, Chef de cabinet du Secrétaire d'État à la Santé, Monsieur Edmond Hervé.

Il rapporte, dans sa note de synthèse du 20 juin suite à cette entrevue, que le ministère maintient ne pas avoir été informé du projet, ce qui l'a amené à rappeler à son interlocuteur qu'il était, lui-même, intervenu successivement auprès de Madame Veil, puis de Monsieur Barrot. Nouvelle répétition obstinée : il n'y a pas de dossier au ministère de la Santé…et, de plus, il n'y a aucun crédit disponible, à savoir rien au budget 1983, rien, non plus, au budget 1984, mais, peut-être, quelque chose en 1985 ! Il apprend, aussi, qu'au ministère, on tend une oreille favorable à l'opposition interne, manifestée par la CGT, syndicat majoritaire au sein du Centre Antoine Lacassagne (l'hostilité de ce syndicat demeurera vive jusqu'à la réalisation finale et le début d'activité de MEDICYC pour s'éteindre ensuite).

Cela étant, à l'issue de l'entretien qui a duré 1h30, le Préfet, optimiste, estime toujours qu'il y aura une décision et que celle-ci sera positive…

Afin de l'informer de ces difficultés grandissantes et solliciter, à nouveau, un soutien politique et financier local, le 4 juillet 1983, le professeur Lalanne écrit à Jacques Médecin, Maire de Nice :

« ... La Commission Nationale d'Hospitalisation sera consultée le 13 juillet sur le programme MEDICYC, à l'initiative du Ministère de la Santé. Cette consultation vient très tard pour un projet qui est en cours de réalisation depuis plus de cinq ans et auquel le Ministère de la Santé avait donné son accord par la voix et une correspondance de Monsieur Jacques Barrot.

Il avait été considéré que ce projet, expérimental et exceptionnel, n'était pas soumis à la procédure habituelle.

Aujourd'hui, le ministère revient sur cette position et il ne faut pas se dissimuler les réticences de l'Administration qui s'expliquent aisément par des raisons budgétaires. Il serait navrant que soit totalement perdu l'investissement scientifique, financier et également humain accumulé depuis plusieurs années...

Compte tenu des difficultés budgétaires invoquées par le ministère, ce programme ne pourra donc aboutir qu'avec une contribution importante des instances locales et départementales... »

La Commission Nationale d'Hospitalisation (CNEH), dont la composition a été renouvelée par arrêté en date du 2 mars 1983, est présidée par un Conseiller d'État, Monsieur Léon Fleck.

Elle comprend :

• des membres désignés es-qualité, représentant le Ministre (quatre)

• des membres désignés nominativement, représentant les Syndicats médicaux (quatre), les Organismes d'assurance-maladie (quatre), les Etablissements assurant le Service public hospitalier (quatre) et les Organisations d'hospitalisation privée (quatre).

Elle se réunit le 13 juillet 1983. Le rapporteur désigné du dossier MEDICYC, est le docteur Blanquié, chef du bureau 3B à la Direction Générale de la Santé. Il retrace, dans son exposé, l'historique de ce projet en estimant, tout d'abord, que le professeur Lalanne a entrepris, sans autorisation, la construction du cyclotron, même s'il convient qu'il ait pu effectivement obtenir, par lettre du 5 mai 1981 signée du Ministre de la Santé et de la Sécurité sociale de l'époque, un accord de principe pour la mise en service de cet appareil …

Sur le plan des besoins, le rapporteur reconnaît qu'il ne peut, compte tenu du caractère expérimental de l'appareil, opposer à cette demande la satisfaction des besoins de la région en matière de machine de cette catégorie (accélérateur de particules d'une puissance supérieure à 10 MeV).

Il rapporte deux avis négatifs :

- celui d'un « Sous-groupe de réflexion Cancer », émanation du ministère qui, en date du 3 mai 1983, émet des réserves quant au réel progrès thérapeutique qu'on est en droit d'attendre de l'utilisation de ce cyclotron et qui est également hostile à une utilisation à double usage avec production d'isotopes à vie courte d'un côté et radiothérapie de l'autre.

- celui du Directeur de la CNAMTS (la **C**aisse **N**ationale d'**A**ssurance-**M**aladie des **T**ravailleurs **S**alariés), en date du 19 octobre 1982, qui estime d'une part, qu'il s'agit d'un projet dont l'exécution est déjà très avancée et dont le lieu d'implantation n'est motivé, en fait, que par le dynamisme et la compétence particulière, dans le domaine considéré, de l'équipe du Centre Lacassagne, et d'autre part, que l'expérience conduite vise un double objectif de recherche clinique et technologique identique à celui poursuivi, depuis 1981, au CHR d'Orléans. Aucune évaluation définitive n'étant encore effectuée au plan des indications médicales et cette dernière installation rencontrant d'énormes difficultés financières, son opinion ne peut qu'être défavorable.

Le rapporteur considère, dans ces conditions, qu'il est opportun d'attendre 1986, voire 1988, pour décider de la création de nouveaux centres de neutronthérapie et propose que la demande du Centre Lacassagne, dont le coût est jugé, par ailleurs, particulièrement élevé, soit rejetée. Quant au transfert des 36 lits de médecine et la création d'une unité hôtelière destinée à l'hébergement des malades non domiciliés à Nice qui sont liés à l'installation du cyclotron, le docteur Blanquier émet également, pour ces deux demandes, un avis défavorable.

La discussion de la Commission s'ouvre sur le caractère expérimental de cette opération et les problèmes tant scientifiques qu'économiques qu'elle pose. Ses membres s'interrogent sur leur compétence à émettre un avis sur une décision de cette importance qui relève éventuellement du cadre de la politique gouvernementale en matière de Santé. Cela soulève aussi la question épineuse de la valeur juridique de l'accord donné par Monsieur Barrot le 5 mai 1981. Mais l'administration ayant exigé du professeur Lalanne le dépôt d'une demande d'autorisation établie en la forme réglementaire, la Commission estime finalement qu'elle n'est pas juridiquement fondée à se déclarer incompétente et doit donc se prononcer sur l'opportunité du projet.

L'ensemble des membres partageant ce point de vue, le président Fleck met aux voix, l'avis défavorable émis par le rapporteur :

- concernant l'installation d'un cyclotron, cet avis est repoussé par 15 voix contre et une abstention : la Commission se prononce donc favorablement

- concernant le transfert de 36 lits de médecine vers les nouveaux bâtiments à construire sur le même terrain que le cyclotron, le vote est partagé entre 8 voix pour (dont celle du président), 8 voix contre et une abstention

- concernant la création d'une unité hôtelière destinée à l'accueil des malades externes et de leurs familles, s'agissant d'une structure exclusivement affectée à l'hébergement et donc n'ayant pas à être soumise à l'actuelle procédure d'autorisation, la Commission se déclare, à l'unanimité, incompétente.

Voilà, après délibération, un soutien aussi complet qu'inattendu de cette Commission, ce qui, bien évidemment, augure, maintenant très favorablement, de l'attribution prochaine d'une autorisation ministérielle en bonne et due forme.

L'équipe du Centre Lacassagne s'abstient, cependant, de chanter victoire, d'autant que, quelques jours après, un des membres de la Commission s'inquiète ouvertement, par courrier auprès du professeur Lalanne, des suites potentiellement négatives d'un vote favorable aussi massif ! Il avance même que, dans ce type de circonstances, « *si l'Administration, farouchement hostile à votre projet, a cédé par tactique, elle peut provoquer des dispositifs de retardement...* ».

Et de fait la décision finale du ministère de la Santé, qui doit intervenir réglementairement dans les six mois suivant le dépôt de la demande, tombe quelques jours avant la date limite, très brutale, le 24 août 1983:

« *La demande présentée par le Centre de lutte contre le Cancer Antoine Lacassagne de Nice (Alpes-Maritimes) tendant, d'une part à l'installation d'un cyclotron biomédical destiné à la neutronthérapie, d'autre part au transfert de 36 lits d'hospitalisation, est rejetée* ». Avec une dose d'humour sarcastique, cette décision est assortie de la mention DNC (Décision Non-Conforme) à l'avis de la Commission ad-hoc !

Il faut, bien évidement, résister et, par courrier en date du 26 septembre 1983 adressé à Monsieur Edmond Hervé, Secrétaire d'État chargé de la Santé, sous couvert du Préfet Lambertin, le professeur Lalanne, non résigné, tente, avec une certaine bravoure, d'introduire un recours gracieux contre cette décision : *«... Ce recours se fonde sur de puissants arguments : bénéfice pour certaines catégories de malades, ... avancement des connaissances dans le domaine de l'action des rayonnements ionisants sur les tissus humains, existence d'une équipe pluridisciplinaire, ... participation active à ce projet d'importants organismes nationaux et internationaux de recherche, ... état d'avancement du projet dans lequel beaucoup a été investi financièrement, scientifiquement et humainement... »*

Autant le dire d'emblée, ce sont, pour le ministère, lettres mortes !

Pourtant, quasiment au même moment, le sort réservé, jusque-là, aux combattants azuréens va, de manière inattendue, s'inverser.

Une audience ministérielle, mais, là, directement auprès de Pierre Bérégovoy, le Ministre des Affaires Sociales et de la Solidarité Nationale, qui exerce la tutelle sur la Santé, a été obtenue par l'entremise de Maitre Burguburu. Et, cinq jours à peine après la notification du refus, le 29 août 1983, le professeur Lalanne et Pierre Mandrillon rencontrent ce futur Premier Ministre.

Claude Lalanne lui indique que la décision négative qui vient d'être prise par le Secrétaire d'État à la Santé le 24 août crée une situation particulièrement difficile dont on voit mal l'issue et l'étendue de ses graves conséquences.

Ainsi, ce rejet de la demande d'installation d'une machine, certes encore incomplète mais aux trois quarts réalisée, interdit, derechef, d'en terminer la construction puisqu'elle n'a plus de destination et qu'aucun bâtiment ne sera prêt pour la recevoir au moment où elle sera achevée. Pour ce matériel de haute précision, le choix se limite entre la mise à la ferraille (hypothèse de loin la plus probable) ou la cession (très aléatoire) à un organisme qui reprendrait le projet. Sur le plan humain et scientifique, cela signifie le démantèlement d'une équipe motivée qui, depuis plusieurs années, s'est consacrée à ce projet et qui est reçue comme équipe visiteuse au CERN à Genève. Les hasards du calendrier font que cette institution internationale va recevoir, dans les jours prochains (le 13 septembre précisément) le Président de la République, Monsieur François Mitterrand !

Comment, enfin, plaide Claude Lalanne, justifier auprès de l'opinion, l'abandon d'un projet qui est le parfait exemple d'un programme multidisciplinaire associant aux médecins, des physiciens, des ingénieurs, des industriels et qui a reçu, pendant des années, un large soutien aussi bien d'organismes publics, notamment de recherche, que de particuliers grâce à leur contribution ?

A la demande expresse du Ministre, Pierre Mandrillon dispose ensuite de quelques minutes pour présenter la singularité technique et l'état d'avancement de la machine, le soutien sans faille du CERN mais, aussi, la venue à échéance, courant novembre, de six contrats à durée déterminée, concernant des techniciens niçois de haut niveau, travaillant à Genève sur le cyclotron. Ces emplois n'étant pas intégrés dans les effectifs du Centre Lacassagne, leur disparition entraine inéluctablement le démantèlement de cette équipe.

L'écoute attentive du Ministre, qui convie (seulement ensuite) un conseiller technique à la discussion, est ressentie, par les deux protagonistes niçois, comme la marque d'un appui personnel qui va se révéler précieux.

Quelques jours plus tard, lors d'une interview au journal télévisé, Pierre Bérégovoy, interrogé par Martine Alain-Regnault sur le futur du cyclotron de Nice, confirme qu'il souhaite, en effet, soutenir l'entreprise azuréenne et encourager la poursuite des recherches dans le domaine.

La réponse officielle, sous la signature du Ministre des affaires Sociales, Monsieur Pierre Bérégovoy lui-même, parviendra, le 4 octobre 1983, à Claude Lalanne :

« ...Vous avez bien voulu me présenter le projet d'implantation du cyclotron MEDICYC du Centre Antoine Lacassagne de Nice à la suite du refus qui avait été opposé par le Ministère. Ainsi que je vous l'ai indiqué, je souhaite connaître, aussi clairement qu'il est possible, les possibilités de progrès médical et scientifique que votre projet est susceptible d'apporter.

Je me suis entretenu à cet effet avec Monsieur Edmond Hervé, Secrétaire d'État chargé de la Santé, afin que la décision de poursuivre ou non votre recherche soit complètement éclairée. Monsieur Edmond Hervé a demandé au Docteur Yves Cachin, Président de la Commission du Cancer, un rapport sur ce sujet après avoir recueilli tous les avis utiles... »

Dans un nouveau courrier en date du 7 novembre 1983, il confirme son engagement, sans réserve, dans le soutien au projet niçois :

«... À la suite de la demande que vous avez formulée, j'ai le plaisir de vous informer que j'ai décidé la création de trois emplois supplémentaires pour 1983, affectés à votre Centre. Je vous précise que trois autres postes de même nature seront créés dans votre Etablissement en 1984 ... »

Et, enfin, il écrit le 26 décembre 1983 :

«... Malgré le nombre très limité d'emplois non médicaux créés en 1984 dans le secteur sanitaire, il m'est apparu que la situation que vous m'avez signalée était prioritaire. Ces trois postes permettent de titulariser les agents utilisés dans l'action de recherche que vous menez à Genève sur le projet d'un cyclotron thérapeutique... »

La situation, si inquiétante il y a quelques semaines à peine, évolue maintenant sous des auspices beaucoup plus favorables et, avant l'éclairage qui doit être fourni par la mission prochaine de la Commission du Cancer mais fort de la confiance ainsi témoignée par le gouvernement, les promoteurs niçois s'adressent, le 30 décembre 1983, à Monsieur Laurent Fabius, Ministre de la Recherche et de l'Industrie, auprès duquel l'intérêt potentiel de la recherche technologique autour du cyclotron mérite, au titre du développement industriel, d'être soulevé et approfondi :

«... Monsieur Pierre Bérégovoy, Ministre des Affaire Sociales et de la Solidarité nationale, a apporté récemment un soutien actif au projet par la création de six postes de technicien supérieur...

Il lève sans ambiguïté les réticences prêtées aux Pouvoirs publics à l'égard du cyclotron MEDICYC.

... Les États-Unis et d'autres pays (Grande-Bretagne, Belgique, Canada, Afrique du Sud, Italie, Japon...) installent à l'heure actuelle de nouveaux cyclotrons pour la neutronthérapie et la protonthérapie. Les mêmes machines sont destinées également à la production des radio-isotopes à vie courte...

Le cyclotron MEDICYC profite des derniers progrès de la technologie grâce à l'équipe qui travaille depuis cinq ans au CERN à Genève. Il est peu concevable que la France se tienne à l'écart d'un secteur dans lequel elle dispose d'atouts certains, aussi bien sur le plan de la recherche technologique et médicale que des prolongements industriels de cette recherche... »

Il n'y aura, malheureusement, aucune réponse ou suite concrète à ce courrier.

L'année 1984, si elle s'ouvre sur des perspectives qui paraissent plus favorables, va demeurer sans évolution sensible de la situation administrative du projet. Or, comme l'a écrit, le 13 janvier 1984, le professeur Lalanne au ministre Pierre Bérégovoy :

« Les principaux composants de la machine seront donc terminés, comme prévu, à la fin de 1984 et devront impérativement quitter le CERN. Cette échéance m'oblige à attirer votre attention sur les incertitudes qui planent toujours sur l'installation de la machine et donc la construction du bâtiment destiné à la recevoir... ».

C'est l'élément crucial de cette année 1984 qui touche au fait que la convention qui unit le Centre Lacassagne au CERN prendra fin en décembre et il n'y a aucun espoir qu'elle soit renouvelée pour, au moins, deux raisons principales :

– en premier lieu, le CERN n'a vocation scientifique que dans le strict domaine de la Recherche fondamentale et il n'a accepté qu'à titre tout à fait exceptionnel, de soutenir un projet de Recherche appliquée comme c'est le cas du cyclotron MEDICYC. Il l'a fait, pourtant, pendant six ans et, à dire vrai, ce n'est pas l'inertie et l'indécision persistante manifestée par les pouvoirs publics français qui pourraient l'inciter à poursuivre sa collaboration.

- et d'autre part, le LEP, ce grand accélérateur en cours de construction, exige que tout l'espace occupé dans le Hall Est du PS où est installé l'aimant de MEDICYC, soit récupéré par les nombreuses équipes qui travaillent sur ce projet prioritaire, 24 heures sur 24.

L'année va se poursuivre en nourrissant, sans relâche, l'appétit des services administratifs centraux qui ne cesse, comme c'est habituel, de grandir dans un dossier qu'ils estiment si litigieux…

Une nouvelle estimation des coûts de la construction, visant à héberger et installer le cyclotron dans ses propres locaux, est ainsi transmise le 1er février par le professeur Lalanne à Monsieur Gaston Rimarex, devenu maintenant Directeur de cabinet du Ministre de la Santé.

À partir des estimations contenues dans l'Avant-Projet Sommaire (qui remonte au premier trimestre 1982), le montant à engager pour les travaux de construction est actualisé sur la base d'une augmentation moyenne de 12 % (1982 – 83) et de 9 % (1983 – 84). Le directeur du Centre insiste, à nouveau, dans son courrier, sur l'urgence d'une décision définitive concernant une dérogation qui permettrait de commencer les travaux de ce bâtiment d'accueil dans les plus brefs délais. Si le cyclotron (dont l'aimant, rappelons-le, pèse autour de 130 tonnes) ne pouvait bénéficier d'emblée d'une installation sur son site définitif, les éventuels déplacements ultérieurs et/ou toute autre installation, à titre provisoire et temporaire, ne feraient qu'introduire un supplément de dépenses totalement déraisonnable et incompatible au regard de l'économie serrée du projet et de la conjoncture ambiante en matière de maitrise budgétaire.

Heureusement, les positions respectives du Ministère des Affaires Sociales et de la Solidarité Nationale et celle du Secrétariat d'État à la Santé semblent maintenant évoluer dans le même sens, et ce, à la suite du Rapport sur la neutronthérapie qui vient d'être établi, comme cela avait été demandé par Monsieur Pierre Bérégovoy, par la Commission des Cancers sous la signature de son Président, le docteur Yves Cachin. Dans ce document qui restera interne au ministère, le principe de l'installation à Nice du cyclotron MEDICYC semble clairement accepté.

Reste à surmonter l'incontestable obstacle financier que représente l'attribution de la subvention d'Etat, fixée à un montant représentant 40 % du coût de construction des bâtiments (soit environ 15 millions de francs), affectation bien évidemment non disponible en 1984. Les fonctionnaires de la Santé, embarrassés, se tournent alors vers leurs collègues du ministère de la Recherche et de l'Industrie ! Mais, comme il y a peu de chances que leur appel soit entendu, la situation reste, encore, immuablement bloquée et la décision officielle d'autorisation n'intervient toujours pas…

Au professeur Raymond Latarget, de l'institut Curie, le professeur Lalanne, découragé, écrit le 22 juin 1984 :

«… La thérapeutique des cancers par neutrons et protons rapides est en pleine expansion partout dans le monde sauf en France, berceau de la radiothérapie… Le projet Médicyc se trouve aujourd'hui dans une situation tout à fait paradoxale puisque la construction de l'accélérateur se termine au CERN de Genève et que la construction d'aucun bâtiment n'a été autorisée pour le recevoir… »

Le préfet Pierre Lambertin, Président du Conseil d'Administration du Centre Antoine Lacassagne, rencontre Monsieur Pierre Bérégovoy le 27 juin et ce dernier lui confirme que, s'il reste tout à fait favorable à la réalisation du projet, il persiste des difficultés d'ordre budgétaire qu'il ne sait pas comment résoudre ! Le courrier du Ministre, en date du 28 juin 1984, le confirme :

«... Le financement de l'État ne pourrait être affecté que sur le budget de 1985, les dotations de 1984 étant arrêtées depuis plusieurs mois. Mes services rassemblent actuellement les différentes propositions d'équipement à financer en 1985. L'ensemble du programme pourra être arrêté au début du mois d'octobre... »

Il n'y aura pas, non plus, de décision en octobre mais, entre-temps, la composition du gouvernement s'est modifiée, Pierre Bérégovoy devenant, en août, Ministre de l'Economie, des Finances et du Budget et Madame Georgina Dufoix, le nouveau Ministre des Affaires Sociales.

Le professeur Lalanne écrit, le 6 septembre, à cette dernière :

«... Le cyclotron se trouve en cours d'achèvement au CERN à l'égard duquel la situation est intenable si la destination de MEDICYC n'est pas fixée dans les prochains jours par les autorités françaises... »

Les médias locaux commencent à s'émouvoir et, sous le titre « *MEDICYC, panne budgétaire pour les chercheurs niçois* », parait, dans le quotidien local Nice-Matin, le 13 septembre, un article parfaitement documenté, sous la signature de Charles Guerrin. Celui-ci indique notamment :

« MEDICYC, premier cyclotron biomédical français conçu et réalisé par une équipe azuréenne, sera-t-il sacrifié à la rigueur budgétaire ?

...En vain, on cherchera (si l'on veut bien ne pas prêter trop l'oreille aux détracteurs de coulisse) une seule prise de position scientifique ou médicale ouvertement défavorable au projet.

Alors, on peut se demander si, sérieux, raisonnable et prometteur, ce projet ne pâtit pas de quelques tares non reconnues mais bien efficientes : celle d'abord d'avoir été, après des années de recherche, officialisé par un accord ministériel (de Monsieur Barrot, ministre de la Santé) à la veille de l'élection présidentielle de mai 1981, ce qui a valu à MEDICYC d'être pratiquement ignoré pendant les dix-huit premiers mois du septennat par les pouvoirs publics...

Autre handicap, moins conjoncturel : être le fruit d'une initiative locale, la Côte d'Azur en particulier ayant toujours beaucoup de peine à faire prendre au sérieux à Paris sa capacité de travail et de recherche. Cela n'est, certes, guère sérieux.

Mais, à défaut d'autres motifs –techniques et argumentés- on en est bien réduit à se demander si, né sous d'autres cieux, Medicyc n'aurait pas eu davantage l'oreille du pouvoir...»

Voilà, certes, un autre éclairage, plus politique (voire politicien), pour tenter d'expliquer l'embourbement d'un projet scientifique reconnu mais maintenu, c'est un fait d'évidence, en situation précaire, près d'être abandonné sans retour, alors que ses bénéfices potentiels attendus pour la santé sont majeurs.

Dans ce contexte à la fois difficile et désespérant, une autre illustration de ce marasme ambiant se trouve dans la requête, à la tribune du Sénat, le 25 octobre 1984, de Monsieur Pierre-Christian Taittinger, qui demande au Secrétaire d'Etat chargé de la Santé quelles sont les recommandations présentées par le Comité Consultatif des équipements de Santé pour améliorer l'équipement des établissements hospitaliers.

La réponse précise que *: « Depuis sa création en 1982, le Comité Consultatif des équipements de Santé a adopté huit rapports sur les matériels médicaux ».* L'un d'eux concerne, c'est heureux, les cyclotrons médicaux et il est, à leur propos, spécifiquement mentionné:

« Le rapport recommande des implantations hospitalières en nombre limité en débutant par un centre pilote disposant d'un environnement scientifique pluridisciplinaire et de haut niveau.

Un tel appareil est implanté à Orléans et quelques autres projets en nombre limité et de caractéristiques précises sont en cours de développement, en relation avec le Ministère de la recherche et de la technologie. »

Signe des réticences persistantes à admettre son existence, le projet niçois, bien qu'il soit le seul en dehors d'Orléans, n'est pas nommément cité. Son développement devrait pourtant, en toute logique et selon la réponse apportée à la question du parlementaire, être soutenu et donc, à l'évidence, autorisé.

Sans beaucoup plus d'efficacité mais avec du cœur et de l'énergie, le sénateur Pierre Lafitte, fondateur de Sophia-Antipolis, sera également, à plusieurs reprises, et à cette même tribune, un ardent défenseur du cyclotron niçois

Mais, comme trop souvent, les parlementaires interrogent, l'administration répond dans son langage fleuri ou abscons, et le temps, sans décision ou concrétisation, coule…

Se crée, au fil des mois, une vraie situation d'urgence, liée à la nécessité de libérer, très prochainement, les surfaces occupées au CERN.

Le professeur Claude Lalanne envisage, sur le terrain maintenant concédé par la ville de Nice et malgré les coûts supplémentaires que cela induit nécessairement, d'ouvrir un chantier pour l'édification d'un bâtiment provisoire qui pourrait recevoir les éléments les plus lourds (notamment l'aimant de 130 tonnes) et permettre, aussi, d'entreposer les structures les plus fragiles (électriques et électroniques) de ce cyclotron, en cours de construction au CERN dans des locaux qu'il doit quitter, impérativement, avant le 15 janvier 1985. Ce bâtiment provisoire serait détruit ensuite, à l'exception de la dalle conservée pour devenir l'un des parkings prévus.

Dans un courrier en date du 10 octobre 1984, afin d'obtenir des autorités sanitaires une décision finale, le professeur Lalanne sollicite une audience auprès de Madame Dufoix, la Ministre des Affaires Sociales. Le 15 novembre, son directeur de cabinet, Monsieur Gérard Hénault répond :

«... Madame Georgina Dufoix m'a demandé de vous transmettre qu'il lui aurait été agréable de vous recevoir. Toutefois, son emploi du temps lourdement chargé et les dossiers qu'elle a actuellement à traiter ne le lui permettent pas. Je vous exprime ses regrets... »

Le Centre Lacassagne reçoit une lettre officielle, le lendemain 16 novembre (simple coïncidence faut-il penser ?) cosignée des deux Ministres, celui des Affaires Sociales (Madame Dufoix) et de la Santé (Monsieur Hervé). Si son contenu ne modifie pas la position, toujours strictement négative, que maintient le gouvernement, ce courrier marque, cependant, une certaine inflexion par rapport à la volonté initiale de provoquer l'abandon pur et simple de ce projet. Le lecteur peut en juger par lui-même :

«... Après examen des différentes données de cette affaire, je vous confirme le refus d'autorisation qui vous a été notifié par lettre du 24 août 1983. Toutefois, et compte tenu de l'état d'avancement de la machine, je souhaite que le Centre anticancéreux de Nice recherche toute solution qui respecterait les principes suivants :

- *interrompre la situation actuelle qui conduit à investir dans un programme médical dont l'objet ne correspond pas aux orientations retenues par le gouvernement à la suite, en particulier, des travaux de la Commission du Cancer*

- *la solution retenue ne doit pas entraîner de surcoût au niveau du budget du Centre Antoine Lacassagne non plus que sur le budget de l'assurance-maladie*

- *l'exploitation de l'appareil serait entreprise au bénéfice d'un programme de recherche ou de production de radioéléments qui intéresseraient un industriel. Cette exploitation serait développée sur un site cohérent par rapport à ses objectifs.*

Je reste à votre disposition pour vous apporter toute l'assistance qui vous serait nécessaire dans la recherche d'une telle solution... »

Merci pour une si sincère (mais bien hypocrite) proposition d'assistance qui ne masque quand même rien, dans cette missive doublement ministérielle, du refus, qu'oppose, une fois encore, l'administration de la Santé à voir proroger une piste médicale qu'elle n'intègre pas dans sa stratégie et les orientations privilégiées par ses fonctionnaires en matière de lutte contre les cancers. Le ministère de la Santé choisit de laisser à d'autres (la Recherche ou l'Industrie, au choix) une vague initiative pour reprendre et exploiter, mais en dehors de l'hôpital, les potentialités du cyclotron sur un site « *cohérent* » !

Conscient, pourtant, de la gravité de l'impasse où se trouve le projet MEDICYC, le Directeur des hôpitaux, Monsieur Jean de Kervasdoué prend l'initiative de réunir, le 6 décembre 1984, à Paris, le professeur Roux, Directeur Général de la Santé, le professeur Lalanne ainsi que Pierre Mandrillon, Bernard Basset, directeur du service des constructions et de l'équipement à la direction des Hôpitaux et Monsieur Goubaud de Brugière, représentant le Ministère de la Recherche. À l'issue de leur travail, une décision positive consensuelle est prise : une autorisation est accordée au Centre Antoine Lacassagne (elle sera transmise par lettre adressée au préfet Lambertin, Président du Conseil d'Administration, le 18 décembre 1984), de transférer de Genève à Nice, l'aimant du futur cyclotron.

Pour que cette décision de transfert à Nice, ne puisse constituer, pour le Centre Antoine Lacassagne, une approbation de fait du projet, le directeur des Hôpitaux précise :

«... Cette décision est uniquement justifiée par le fait que cet élément est achevé et que le CERN a besoin de la place libérée pour entreprendre d'autres fabrications. Elle ne préjuge en rien de la solution définitive qui sera arrêtée pour le cyclotron proprement dit »

Au cours de cette même réunion, il est aussi acté, qu'après une étude approfondie qui sera menée, l'une sous la direction du professeur

Roux pour le traitement des cancers et l'autre par Monsieur Bernard Basset concernant la production des radioéléments, il y aura enfin de la part du ministère, un positionnement définitif sur l'utilisation ultérieure de ce cyclotron. La date de cette ultime décision est fixée au plus tard à l'issue des six premiers mois de 1985 ! Inutile de se leurrer, les deux missions engagées n'ont pas pour objectif d'infléchir la position du ministère qui, en cette fin 1984, vise toujours clairement, en dépit de cette autorisation de transfert du cyclotron à partir du CERN, l'arrêt définitif de l'opération MEDICYC menée par le Centre Antoine Lacassagne de Nice.

Pour recevoir le cyclotron, bientôt en partance de Genève, la solution précaire et coûteuse d'un abri provisoire ne pouvant être finalement retenue, le choix de la direction du Centre va s'orienter vers une perspective de location d'un local industriel pour poursuivre et terminer sa construction.

Le choix va, rapidement, se porter sur la zone industrielle de Carros, dans la plaine du Var, à une vingtaine de kilomètres de Nice. C'est donc un bâtiment industriel, qui recevra l'aimant du cyclotron grâce à un convoi exceptionnel de 220 tonnes au total, nécessitant des études poussées conjointement avec la société ESCOTA, afin qu'il puisse franchir, sans dommage, les viaducs de l'autoroute entre Genève et Nice.

Ce transfert, hasardeux à plusieurs titres, se déroula, cependant, sans accro majeur et, le 25 février 1985, le professeur Lalanne pouvait écrire à Monsieur Bernard Basset, au Ministère de la Santé :

« La plus grande partie du cyclotron construit jusqu'à ce jour à Genève est maintenant entreposée dans un local de la zone industrielle de Carros où le montage de l'accélérateur va être achevé... »

Un Groupe coopérateur et un Conseil Scientifique déterminant

Nonobstant ce positionnement toujours aussi négatif du ministère de la Santé que nous venons de rappeler mais pour répondre à la demande expresse du professeur Roux (le Directeur général de la Santé précisément !) une réunion est organisée le 25 mars 1985 à Nice pour préparer un programme médical coopératif qui coordonne le fonctionnement futur du cyclotron niçois…

Sept Etablissements sont représentés : le CHU de Grenoble, le CHR sud et le Centre Léon Bérard à Lyon, l'Assistance Publique et l'Institut Paoli Calmette à Marseille, le Centre Paul Lamarque de Montpellier et bien évidemment le Centre Antoine Lacassagne de Nice ; c'est, sans contestation possible, la concentration optimale majeure des moyens de collaboration et de concertation en cancérologie dans le grand Sud-est de la France.

Les participants de ce Groupe, vont étudier et lister les localisations cancéreuses qui entreront dans l'évaluation non seulement de la neutronthérapie mais également, de la protonthérapie, puisqu'on commence à disposer de l'expérience acquise au « Harvard Cyclotron Laboratory » de Cambridge (Massachusetts, USA) et des résultats exceptionnels obtenus dans le traitement du mélanome oculaire tant sur le plan de la conservation du globe oculaire mais aussi de la préservation de la vision. Des responsables de localisation, dont la tâche sera de suivre la bibliographie et de réfléchir aux essais à entreprendre sont désignés et le professeur Jean-Pierre Gérard de Lyon est sollicité, à l'unanimité, pour assurer le secrétariat de ce groupe médical.

Le vendredi 17 mai 1985, quelques semaines après la constitution de ce Groupe coopérateur régional, se réunit, également au Centre Lacassagne, le Conseil Scientifique de MEDICYC, lequel n'avait plus été convoqué depuis deux ans devant le gel du projet d'implantation et la prééminence de l'étranglement administratif.

Il regroupe 26 scientifiques qui vont débattre de l'avancée du projet, le matin avec l'équipe technique de réalisation du cyclotron, puis, durant l'après-midi hors la présence des promoteurs et acteurs de cette initiative.

Au regard du (considérable) travail d'analyse et de synthèse effectué, ce jour là, par l'ensemble de ces experts reconnus ainsi que pour l'exceptionnel consensus auquel ils sont parvenus, le compte rendu final de leurs réflexions mérite d'être retranscrit en totalité :

« A la suite de la réunion du Conseil scientifique de MEDICYC, qui s'est tenue le 17 mai 1985 au Centre Lacassagne à Nice, il nous paraît important d'attirer l'attention des Pouvoirs Publics sur les points suivants que l'état d'avancement du projet et le développement de l'usage de la neutronthérapie dans le monde permettent d'affirmer :

- *De l'avis unanime des physiciens présents, le cyclotron, dont l'essentiel est actuellement construit, est une machine de haut niveau technologique, grâce à des années d'études et de travail. Elle a été spécifiquement conçue pour une activité de traitement et se trouve à la pointe des réalisations dans ce domaine.*

- *De l'avis unanime des cancérologues, la neutronthérapie constitue un perfectionnement dans le traitement de certains cancers, ce qui est maintenant prouvé par divers résultats obtenus ou essais thérapeutiques mis en œuvre dans le monde. Il est raisonnable d'en espérer un gain notable en vie humaine.*

- *Les accords intervenus entre les Centres de lutte contre le cancer et les Centres hospitalo-universitaires montrent que l'intérêt du projet MEDICYC déborde le cadre local pour s'étendre au grand Sud-Est.*

Il serait regrettable que la mise en œuvre du cyclotron soit retardée. Il est hautement souhaitable que les décisions nécessaires soient prises par les Pouvoirs Publics afin d'accélérer la réalisation de ce projet qui revêt un intérêt national »

Les signataires de ce document, qui va se révéler majeur pour l'avenir car il ébranle littéralement les précédentes prises de position évasives ou franchement hostiles du ministère, sont le docteur Yves Cachin, président de la Commission Nationale des Cancers (il avait déjà manifesté, l'an passé, son intérêt personnel et celui de la Commission qu'il présidait), Pierre Lehmann, directeur de l'Institut National de Physique Nucléaire et Physique des Particules (IN2P3-CNRS) et trois professeurs de médecine, les professeurs Coursaget et Schlienger de Paris et le professeur Vrousos de Grenoble.

Ces conclusions dépourvues d'ambiguïté ainsi que l'ensemble des documents présentés et discutés, sont, bien évidemment, immédiatement transmises au Secrétariat d'État à la Santé, au Directeur des hôpitaux et au Directeur général de la Santé tous conjointement en charge de rétablir, enfin, une perspective positive pour le projet niçois.

Et, effectivement, ce Conseil Scientifique va, nous allons le voir, littéralement changer la donne !

Un mois plus tard, une autre réunion importante se déroule, le 24 juin 1985, avec l'ORIS (filiale du Commissariat à l'Energie Atomique) pour confirmer la faisabilité et l'intérêt économique d'une production d'iode 123 (I^{123}) par le cyclotron MEDICYC.

Il faut noter que cet isotope, très utile en médecine nucléaire, est, jusqu'alors acheté à l'étranger (en Suisse, en Belgique ou en Allemagne) alors qu'une fabrication française utile et performante pourrait ainsi être organisée.

Elle se répartirait, principale hypothèse envisagée, de la façon suivante : à Nice, production de la matière première soit 400 à 800 millicuries (mCi) grâce à une irradiation nocturne, puis transport par avion à Saclay pour une préparation sous la forme pharmaceutique ainsi que les expéditions vers les lieux d'utilisation. En année pleine, à raison de trois séances de production par semaine et 50 semaines de production, cela représenterait, pour le Centre Lacassagne, un revenu d'environ 4 millions de francs hors taxes.

Il convient de rappeler qu'à cette époque l'ORIS est, déjà, lié par contrat avec Orléans pour un total limité à 4 heures d'irradiation par mois. Le coût de l'heure de faisceau se situe entre 3000 et 3500 francs hors taxes. L'ORIS, qui avait pris en charge 50 % des frais d'investissement nécessaire pour cette production à Orléans, propose, qu'en cas de concrétisation de la production sur le site de Nice, le pôle d'Orléans soit, par la suite, conservé au seul titre de moyen de dépannage ou lors des arrêts de maintenance du cyclotron MEDICYC. En effet le rendement et la pureté de l'isotope I^{123} produit sont meilleurs par la possibilité de la réaction nucléaire (p,5n) réalisable grâce à la haute énergie de l'accélérateur niçois.

Ces informations sont, bien évidemment, transmises à Monsieur Bernard Basset qui se déclare satisfait de l'intérêt manifesté par l'ORIS et indique qu'il organisera une rencontre prochaine avec le CEA et le professeur Roux, Directeur Général de la Santé.

Elle n'aura jamais lieu.

Durant cet été 1985, d'autres documents ou pièces administratives continuent d'être adressés au Ministère, en particulier le 1er juillet, les coûts actualisés concernant le bâtiment destiné au cyclotron et à la réception des malades ainsi que les possibilités d'extension pour la production de radioéléments.

Le coût global annuel de fonctionnement pour la radiothérapie s'élève (en valeur 1984) ainsi à 9,7 millions de francs et ce montant, réaliste, reste à peu près stable quel que soit le nombre de séances d'irradiation effectuées.

À ce budget prévisionnel de l'activité médicale, il convient de prendre en compte, aussi, divers allégements financiers possibles, liés notamment à la location du cyclotron par des utilisateurs extérieurs mais, aussi, à la production de radio-isotopes, comme nous venons de le mentionner, en accord avec le CEA. Il pourrait également être envisagé la réalisation d'irradiations pour des applications industrielles, dans la mécanique (usure des matériaux) ou pour tester la sensibilité aux neutrons de certains composants électroniques.

Changement de cap et nouveau projet d'installation

La gouvernance change au Centre Lacassagne, avec la nomination du professeur François Demard à la Direction générale, à compter du 1er juillet 1985, en remplacement du professeur Claude Lalanne admis à faire valoir ses droits à la retraite.

Dans le Procès-verbal de son installation rédigé par l'Autorité de tutelle, semble se dessiner une relative marque de confiance *a priori,* puisqu'il est noté que:

«... Le nouveau Directeur aura la tâche de conduire l'importante étude demandée par le Ministère pour lui permettre de se prononcer définitivement sur l'utilisation du cyclotron... Toutefois, la personnalité et les qualités dont il dispose devraient permettre à ce nouveau Directeur de régler, sans trop de difficultés, les dossiers qui lui sont confiés... »

Est-ce l'opportunité nouvelle (on la devine ci-dessus) que pourrait présenter, pour l'administration centrale, ce changement à la tête de l'établissement, ou, beaucoup plus vraisemblablement, le résultat d'une analyse enfin sérieuse et argumentée de l'initiative niçoise (sur la base de l'avis unanime du Conseil Scientifique), dépouillée d'un contexte politico-administratif pesant et ancien, que saisit le Ministère quand, le 9 août 1985, il adresse au Préfet, Président du Conseil d'Administration du Centre, une lettre de quatre pages, cosignée du Directeur Général de la Santé, le professeur Roux et du Directeur des Hôpitaux, Jean de Kervasdoué ?

Ce document important, qui tranche avec toutes les positions antérieures, augure d'une résolution définitive (et, peut-être rapide) de cet épineux dossier, la tutelle administrative (et ce n'est pas un mince revirement) admettant :

«... le futur cyclotron peut effectivement présenter un double intérêt médical et thérapeutique d'un côté, industriel de l'autre »

Il est souhaité qu'une approche nouvelle, tant concernant les intentions que les objectifs poursuivis, soit menée au plan local, aboutissant à des engagements fermes pour toutes les phases de l'installation d'une telle machine innovante, clairement acceptée maintenant *:*

« ...Toutefois, pour nous permettre d'aboutir à des conclusions définitives qui nous permettront de présenter, à nouveau, le dossier au Ministre en vue de :

- décider des conditions de la poursuite du Projet et attribuer, éventuellement, une subvention de l'État à la construction du bâtiment destiné à abriter le cyclotron

- et d'accorder, le moment venu et à l'issue de la procédure réglementaire, une autorisation d'équipement lourd conformément aux dispositions du décret du 5 avril 1984...

Les éléments qui nous sont nécessaires... peuvent être regroupés en trois chapitres :

- *les coûts de construction et d'exploitation*

- *les modes d'utilisation de la machine*
- *le budget de fonctionnement... »*

Ce courrier, qui sollicite des réponses précises aux interrogations énumérées dans ces trois paragraphes, exige, aussi, un engagement personnel du Directeur nouvellement nommé :

« Il *vous appartient, ainsi qu'à la nouvelle équipe de direction du Centre Antoine Lacassagne, de confirmer ou d'infirmer les choix faits jusqu'à présent par les promoteurs du programme Medicyc.*

Nous vous demandons de bien vouloir nous faire part de la position adoptée et de vos réponses aux questions que nous vous posons dans la présente lettre, pour la fin du mois de septembre 1985, impérativement, afin que nous puissions, en toute connaissance de cause, proposer au Ministre les décisions qui s'imposent. »

Habituelle lenteur administrative oblige, ce courrier ministériel, pourtant d'une importance majeure qui déverrouille une situation quasi-inextricable, va stagner presque un mois (certes, le mois d'aout !) dans les casiers de la Préfecture et ne sera transmis, avec une banale lettre d'accompagnement signée du Directeur de la DdASS des Alpes-Maritimes en date du 5 septembre. Elle sera reçue au Centre Lacassagne le lendemain.

Cette négligence aboutit, bien évidemment, à raccourcir un délai déjà très court, maintenant limité à environ trois semaines, pour apporter, au ministère, une réponse circonstanciée. Mais de cela, le fonctionnaire local responsable, écrasé de soleil si ce n'est de travail, n'a cure...

Dès le 25 septembre néanmoins, soit le lendemain du Conseil d'Administration du Centre où il est accueilli en tant que nouveau Directeur, le professeur Demard écrit au Préfet pour lui confirmer, fruit d'une analyse tant scientifique et médicale que stratégique et organisationnelle forgée au fil des diverses étapes de ce projet qu'il suit attentivement depuis 1981, date de la visite de Jacques Barrot (à laquelle il avait assisté), qu'il a décidé de s'engager personnellement et sans ambiguïté dans la réalisation effective de MEDICYC et de la mener à son terme :

«... malgré le court délai fixé au 30 septembre, nous avons cependant, dès réception de cette lettre, tenté d'apporter à chaque interrogation une réponse précise...Ce document a été, comme vous le savez, présenté et discuté lors du Conseil d'Administration du 24 septembre qui s'est tenu sous votre présidence...

J'ajoute que le projet MEDICYC, développé par l'ingénieur Pierre Mandrillon, avec le soutien efficace et permanent de mon prédécesseur à la direction du Centre, le professeur Lalanne, me paraît devoir être mené à bien car les données scientifiques actuelles, les éléments de l'analyse prévisionnelle réalisée et le caractère exemplaire de l'utilisation potentielle de cette machine en font un projet de très haute technicité au bénéfice de la collectivité nationale... »

Dans le volumineux dossier établi en réponse aux questions posées par l'administration centrale, considérons le cas de quelques annexes seulement :

- les coûts de construction et d'exploitation pour le cyclotron (coût et maintenance) sont drastiquement revus.

Ils sont présentés dans leur globalité et ont été établis après avoir consenti, dans le projet de construction, de très sérieuses restrictions. Ainsi pour les structures d'accueil, l'Hôtel et le Service d'hospitalisation sont tous les deux supprimés, pour ne conserver, en seule priorité, qu'un unique bâtiment abritant, à la fois, la machine elle-même, la réception des malades et les services communs. Cet effort de rationalisation correspond, il faut le souligner, à une amputation d'environ des deux tiers des surfaces à construire telles qu'elles avaient été prévues initialement !

- les projets de collaboration, avec Orléans, le GRASE, le groupe Heavy Particle Therapy de l'EORTC (que préside le professeur André Wambersie et qui doit se réunir à Nice les 18 et 19 octobre 1985 pour préparer des protocoles communs), les diverses pathologies qui pourront bénéficier de cette installation ainsi que les modalités de leur prise en charge font, également, l'objet d'une présentation détaillée car ils fondent l'activité médicale future du cyclotron.

- l'hébergement extérieur des malades se trouve reporté dans le secteur hospitalier public et fera l'objet d'une convention à établir avec le Centre Hospitalier Régional de Nice, initiative pour laquelle son Directeur général, Monsieur Guy Vergnes, a déjà fait état de son avis favorable.

- une production industrielle d'Iode 123 avec l'ORIS, selon des modalités techniques et des horaires prévisionnels spécifiques, à la fois pour l'activité en radiothérapie et pour celle liée à la production des radio-isotopes, fait l'objet d'une étude argumentée.

- l'établissement du budget global de fonctionnement autour de ce cyclotron, dont il est rationnel qu'il apparaisse comme une section du budget du Centre Lacassagne, est finalisé.

Le financement de l'assemblage et la mise au point du cyclotron, lui-même, et de ses voies de faisceau continueront à être assurées uniquement par des contributions privées et l'ASCARA reçoit, pour cela, sur la volonté expresse du Conseil d'Administration rappelons-le, un maximum de deux tiers des dons et legs perçus par le Centre Lacassagne.

Quant aux travaux de construction du bâtiment, leur financement comportera une participation de l'État à hauteur de 40 %, l'engagement du Conseil général des Alpes-Maritimes (pour 10 %), de la région PACA (10 %) et de la ville de Nice (10 %) ainsi qu'un emprunt auprès de la Caisse d'Epargne (30 %).

Ce budget fait, aussi, état d'un redéploiement interne de moyens déjà existants et prend en compte tous les coûts de fonctionnement, tant pour l'activité médicale que pour ceux concernant une future production industrielle.

Un courrier de la Compagnie ORIS-Industrie à Saclay, en date du 28 octobre 1985, adressé au Directeur du Centre Lacassagne, vient, d'ailleurs, abonder cette probabilité, l'industriel confirmant son souhait de réaliser, sur place, une activité de production d'isotopes dont il souligne l'intérêt sur le plan national :

«... l'Iode 123, produit par la réaction (p,5n) nécessite une irradiation par des protons de 65MeV, énergie qui n'est pas obtenue dans les machines auxquelles notre Compagnie a accès aujourd'hui... et les caractéristiques théoriques du faisceau de protons accéléré par le cyclotron Médicyc semblent bien adaptées...

Je vous fais part de l'intérêt de principe que porte la Compagnie ORIS Industrie au projet. Nous voyons, dans sa réalisation, une possibilité d'améliorer la qualité du service rendu à la médecine nucléaire et d'assurer une relative indépendance nationale... »

Le groupe « Particules Lourdes » de L'EORTC (**E**uropean **O**rganisation for **R**esearch ant **T**reatment of **C**ancer) se réunit à Nice les 18 et 19 octobre 1985, sous la présidence du radiothérapeute André Wambersie de Louvain-la-Neuve et du physicien David Bewley de Londres.

La première journée, qui se tient dans la salle de conférence du Centre Lacassagne, est consacrée à l'élaboration de programmes communs de travail portant sur la radiobiologie et l'évaluation clinique de la neutronthérapie. Un certain nombre d'expériences originales, dont quelques unes menées en Europe, sont présentées avec les premiers résultats du traitement des mélanomes oculaires par des protons au **P**aul **S**cherrer **I**nstitute (PSI) de Villigen (Suisse). Des membres de l'équipe niçoise iront, quelque temps plus tard, se former, dans ce Centre pionnier et précurseur dans la réalisation de cette irradiation oculaire.

Le lendemain, la réunion se poursuit en banlieue niçoise, au sein des locaux d'assemblage du cyclotron dans la zone industrielle de Carros, où les participants peuvent voir la machine et en particulier comparer ses diverses caractéristiques avec celles d'un autre accélérateur, construit à Liverpool (également un cyclotron accélérant des protons d'une énergie de 62 MeV), qui doit être mis en service très prochainement en janvier 1986.

Tous ces travaux scientifiques, médicaux et technologiques qui confortent les orientations retenues pour la poursuite et l'aboutissement du projet niçois, sont évidemment rapportés au Conseil d'administration du Centre Lacassagne qui se réunit le 31 octobre 1985.

Malgré la satisfaction affichée par tous ses membres devant les données chiffrées et les perspectives présentées, les administrateurs ne peuvent, une fois encore, que prendre acte que, si le climat s'est résolument modifié, la décision du Ministère reste toujours, en l'état, désespérément en suspens.

Dans le cadre du dossier complexe qui continue de se mettre en place pour alimenter la « faim » administrative, d'autres éléments techniques vont être régulièrement adressés à la Direction des Hôpitaux, en particulier, le 20 novembre, une étude économique comparative des coûts de fonctionnement du cyclotron par rapport aux autres appareils classiques de radiothérapie, du type Sagittaire et/ou Thératron 780. Cet intéressant et utile travail montre, sans ambiguïté, que, si l'irradiation par les particules lourdes conserve un coût unitaire (par séance) plus élevé, ce surcoût et donc l'écart, sur le strict plan économique, avec les techniques traditionnelles (électrons et photons) reste acceptable et ne devrait raisonnablement pas entraver le développement de l'hadronthérapie.

Palabres diverses en 1986.

En ce début d'année, devant le silence persistant du ministère, le professeur Demard s'alarme et indique, le 7 janvier 1986, au Ministre de la Santé, Monsieur Edmond Hervé :

«... Compte tenu de l'importance du Projet et de ses multiples répercussions sur le fonctionnement actuel et l'avenir de l'établissement dont vous avez bien voulu me confier la charge, une décision définitive apparaît éminemment souhaitable, en particulier en ce qui concerne l'acceptation du financement du bâtiment destiné à recevoir le cyclotron...

Tout retard retentit maintenant directement sur le programme de réalisation et d'essais de la machine elle-même ainsi, bien sûr, que sur les motivations de toute l'équipe technique et médicale... »

Il écrit également, le 10 février, au Président de la République, Monsieur François Mitterrand :

«... J'ai été très sensible à l'honneur que vous m'avez fait en m'invitant, le 20 février prochain, au Palais de l'Élysée dans le but d'assister à une réunion d'experts cancérologues sous votre haute présidence.

M'est-il possible, à cette occasion qui démontre votre volonté de poursuivre et de développer la lutte contre le cancer au niveau national et européen, de vous rappeler le projet du cyclotron médical niçois qui vous avait été présenté lors de votre visite au CERN à Genève le 13 septembre 1983 ?

Ce projet, maintenant élaboré au double plan technique et administratif, est en instance de décision imminente au Secrétariat d'État à la Santé et au Ministère des Affaires sociales et de la Solidarité nationale. Ayant manifesté votre réel intérêt pour ce projet, il paraît très utile à toute l'équipe d'ingénieurs et de médecins du Centre Lacassagne que l'installation définitive de ce cyclotron soit, par votre haute autorité, décidée sans délai au seul bénéfice des patients atteints de cancer... »

Une réponse arrivera le 26 février, sous la signature de Madame Ségolène Royal, Conseillée aux Affaires sociales, sans beaucoup de consistance :

«... J'ai transmis votre correspondance au Ministère des Affaires sociales et de la Solidarité nationale, porte-parole du gouvernement, et au Secrétariat d'État, chargé de la Santé en les priant de l'examiner avec le plus grand soin et de vous tenir informé sur les suites qui pourront lui être données... »

Pour préserver l'avenir même s'il demeure plus qu'incertain, un nouveau Permis de construire (remplaçant le précédent de 1982 mais identique à ce permis initial) est déposé par le Centre Antoine Lacassagne le 21 février 1986.

Il sera accordé par la Ville de Nice le 5 juin 1986.

Le 18 avril 1986 a lieu au Ministère de la Santé, dans le bureau de Monsieur Bernard Basset, une réunion avec Madame le docteur Jeanson. Cette dernière appartient à la direction qui exerce, au ministère, la tutelle de la Sécurité Sociale. Elle a fait un rapport à inclure dans le dossier qui sera transmis au cabinet du Ministre. Si elle daigne (fort aimablement) donner un avis favorable au projet sur le triple plan médical, scientifique et économique, elle s'oppose à l'implantation du cyclotron à Nice au motif que le site pourrait représenter une gêne au recrutement des malades en augmentant les coûts de transport pour la Sécurité Sociale. Elle propose, donc, une implantation jugée plus « centrale », la ville de Lyon ! Une sage réflexion complémentaire lui fait, quand même, redouter qu'une telle machine, conçue et en cours de réalisation par un établissement hospitalier niçois, avec une équipe scientifique et technologique niçoise largement soutenue par des organismes nationaux et internationaux, financée par des dons issus uniquement de la générosité populaire dans la région niçoise, soit *in fine* difficilement transportable et installée ailleurs…

Le professeur Demard, qui a été convié à cette réunion, apprend, à cette occasion, que le dossier d'autorisation, toujours en instruction, n'a pas encore, en fait, été réclamé par le nouveau Ministre de la Santé, Madame Barsach, dont le cabinet, dans ce nouveau gouvernement de cohabitation, ne se met que très progressivement en place. Pour tenter de le faire avancer auprès de la Ministre, plusieurs démarches personnelles vont être entreprises, notamment par Monsieur Jacques Médecin, maire de Nice, rendez-vous que confirme Monsieur Pascal Augier lors du Conseil d'administration du Centre réuni le 18 juin 1986.

En tant que directeur nouvellement nommé (bientôt un an, quand même) du Centre Antoine Lacassagne, le professeur François Demard est officiellement reçu, lui, au ministère de la Santé, et ce pour la première fois, par Monsieur Bernard Basset, le lundi 9 juin 1986.

Un contact est aussi rétabli avec Monsieur Jacques Barrot, ferme partisan de MEDICYC, qui vient d'accéder à la présidence de la Commission des Affaires sociales et culturelles de l'Assemblée Nationale. Dans plusieurs courriers, le premier en date du 20 mai, ce dernier confirme son implication personnelle et son actif soutien en indiquant au professeur Demard :

«… Soyez assuré, en tout cas, que je fais de mon mieux pour vous aider à réaliser ce projet qui vous tient, à juste titre, à cœur… »

Puis, le 24 juin :

«… Je me demande si le Conseil Régional Provence Alpes Côte d'Azur ne pourrait pas prendre part au financement du bâtiment d'accueil… Il faut essayer de prouver qu'il aura des économies induites par le recours au cyclotron. Si vous décidez de rédiger cette note, je serais heureux que vous puissiez me la faire parvenir pour que j'argumente avec le plus d'efficacité possible auprès de la Direction des hôpitaux… »

Enfin, le 29 aout :

«… Il va de soi que je reste à votre disposition pour seconder l'action que vous menez en faveur de ce programme… »

Au cours d'une réunion à la DdASS de Nice, le 4 juillet 1986, la directrice, Madame Berger, informe le professeur Demard qu'une subvention d'État, au titre du budget 1988, sera bien effectivement attribuée pour la construction du bâtiment, levant, ainsi, l'ambiguïté devant son caractère qualifié d'« éventuel » mentionné dans le courrier ministériel d'aout 1985.

Malheureusement, Yvette Berger indique aussi qu'il a été décidé, en haut lieu (par qui et pourquoi ?) qu'elle ne représentera plus 40 % du montant des travaux, comme habituellement accordé, mais ce taux se verra réduit à 20 % seulement, ce qui limite son montant à 8 millions de francs.

Le montant global des travaux, restant lui, bien entendu, inchangé à 40 millions de francs, il est donc nécessaire et urgent d'établir un nouveau Plan de financement avec un réajustement du montant financé par l'emprunt qui devra passer, alors, de 12 à 20 millions de francs. Ceci sera mis en forme avec diligence par la direction du Centre et transmis à la DdASS dès le 16 juillet.

A la demande de l'administration départementale, sur ordre du ministère, un deuxième dossier d'autorisation d'équipement lourd est constitué pour être soumis à un nouvel avis de la Commission Nationale d'Hospitalisation (pourquoi ?) dont la prochaine réunion est prévue le 19 novembre 1986.

Dans l'instruction de ce dossier, le Centre apprend, incidemment, que l'avis d'une sous-commission dite « équipement » de la Commission des Cancers, au Secrétariat d'État à la Santé, a été sollicité. Elle est composée de six membres, tous cancérologues-radiothérapeutes français, lesquels ont émis, le 2 octobre, un avis défavorable (quatre non, deux oui) à l'autorisation d'installation, à Nice, de MEDICYC ! Cette mesquine manœuvre, qualifiée, lorsqu'il l'apprend, de véritable « traitrise » par le professeur Claude Lalanne, dont les protagonistes sont, il est vrai et depuis longtemps, de proches collègues, n'aura, heureusement, aucun des effets escomptés par ces quelques « confrères et amis » radiothérapeutes… Si l'on peut, légitimement, au regard des connaissances scientifiques du moment qu'ils ne peuvent ignorer, s'interroger sur ce refus surprenant, on doit bien admettre que les réticences et la défiance ne viennent pas toujours de la seule puissance bureaucratique mais aussi de quelques représentants d'un corps médical décidément parfois profondément sclérosé !

Certes, d'autres radiothérapeutes vont vraiment s'offusquer d'une telle attitude, comme le docteur Chassard, de Lyon qui écrit tout de suite au professeur Demard :

«... Je voudrais vous faire part de mon indignation devant cette décision... »

Ou son autre collègue lyonnais, le professeur Gérard :

« ... J'apprends avec consternation que le projet MEDICYC semble encore freiné dans son développement... »

Ou, encore, le professeur Clément, de Marseille :

«... J'ai été très désagréablement surpris d'apprendre que le projet d'installation de MEDICYC auquel je m'intéressais et participais depuis de longues années, a été rejeté par la Commission du Ministère de la santé. Je le regrette vivement... »

Ce deuxième passage devant la CNEH et l'avis émis, inchangé par rapport à celui de mars 1983, n'auront aucune influence ou conséquence pénalisante pour la poursuite du projet.

Nouveau sujet de préoccupation, celui-là local, sur la colline de Fabron, là où se situe le terrain sur lequel doit s'édifier le futur bâtiment devant abriter le cyclotron biomédical MEDICYC.

L'affichage réglementaire du Permis de Construire accordé en date du 5 juin 1986 déclenche, en effet, l'inquiétude des habitants de ce quartier résidentiel de Nice. La psychose liée à l'accident nucléaire très récent de Tchernobyl et les craintes exprimées devant une éventuelle production de radioéléments sur place (l'Iode 123) agitent les esprits et, tout cela aurait déjà des conséquences sur le marché immobilier ! Un agent immobilier (anonyme) assure même dans le quotidien local (Nice-Matin en date du 19 décembre 1986) :

«... depuis l'annonce de l'installation du cyclotron, plusieurs personnes désireuses d'investir à la Lanterne se sont déjà décommandées ...».

Tous les riverains, pourtant, sont loin de se plaindre, à l'instar de Monsieur Goudiguen, Président du comité de quartier Fabron-Supérieur qui affirme :

«... il faut savoir faire parler l'intérêt collectif avant de songer aux intérêts particuliers. Le cyclotron ne présente aucun danger... »

Jacques Medecin, qui vient visiter, le samedi 13 décembre, le site à Carros, où l'équipe assemble et câble le cyclotron MEDICYC estime, lui, que :

« Les pétitions qui circulent montrent à l'évidence que la population est mal informée... »

La défense de la Ville complémentaire à celle du Centre Lacassagne sera assurée par son Service des affaires juridiques et contentieuses, avec le concours, efficace et solide, d'un avocat de grand talent, Maître André Escoffier.

À terme, aucun des arguments d'annulation du Permis développés dans le recours des riverains ne sera retenu par le Tribunal.

L'autorisation ministérielle, enfin

Bien que le Père Noël ait, pourtant, déjà rejoint ses froides contrées, le temps des présents semble se prolonger, pour une équipe MEDICYC qui n'a rien lâché de son enthousiasme et de sa détermination, en ce tout début d'année 1987 !

Sous la signature du Directeur des Hôpitaux, Monsieur François Delafosse, en date du 6 janvier 1987, l'Arrêté ministériel, tant attendu, annulant le précédent totalement négatif de 1983, est publié.

Il confirme dans son article 1ier:

« L'autorisation prévue à l'article 31 de la Loi du 31 décembre 1970 est accordée à Monsieur le professeur Demard, Directeur mandaté par le Conseil d'Administration du Centre Antoine Lacassagne, en vue de l'installation d'un cyclotron biomédical destiné à la neutronthérapie et la protonthérapie des cancers, dans les locaux situés avenue de la Lanterne à Nice...

Il précise, aussi, dans son article trois, que :

« Seul le professeur Demard pourra assumer la responsabilité du fonctionnement de l'installation visée à l'article premier »

Puis, dans son article quatre, que :

« Les travaux d'installation de l'accélérateur devront être réalisés dans un délai de deux ans. Ce délai prendra effet à compter de la réception de la présente décision ».

Cette décision positive, après tant de tergiversations et une si longue attente, est largement reprise et soulignée dans les médias, notamment par la presse locale Nice-Matin qui titre, le 16 janvier 1987 : « *Feu vert pour le cyclotron* » et par une dépêche de l'Agence France Presse qui indique que :

« Le plus puissant cyclotron français, en cours de finition à Nice et destiné à traiter les cancers, vient de recevoir, après onze années de négociations, l'autorisation ministérielle de fonctionnement sous réserve d'être affecté au seul usage médical »

La joie de l'équipe, pourtant, ne demeure que partielle car la production de radio-isotopes, notamment celle d'Iode 123, ne fait plus partie de l'autorisation accordée.

Les conséquences, au double plan scientifique et économique, d'un tel refus non explicité sont sérieuses pour la viabilité même du projet d'installation, mais cette décision, pour certains, n'aurait qu'un objectif local. Comme l'indique Nice-Matin en date du 27 février 1987, il se serait agi, dans cette annulation, d'atténuer les « *nuisances et d'apaiser les craintes des riverains* » afin de « *réaliser ainsi un consensus entre les impératifs de la médecine et les souhaits de la population* ».

Nonobstant cette singulière dérobade du ministère, plusieurs personnalités locales se pressent pour manifester leur satisfaction avec, à leur tête, le Maire de Nice, Jacques Médecin, qui s'est engagé dès le début de cette initiative dans un ferme et constant soutien. Il écrit au Directeur du Centre Lacassagne, le 19 janvier :

«… *Je tiens à vous dire combien je me réjouis de cette décision favorable…* »

Et, cet enthousiasme ne se limite pas aux seuls élus comme le montre, aussi, le soutien exprimé le 29 janvier par Monsieur Bernard Boucault, le Secrétaire général de la Préfecture des Alpes-Maritimes, beaucoup plus tard Préfet de Police de Paris :

«… *La décision qui a été prise est d'abord et avant tout votre succès et je me réjouis tout particulièrement pour le département des Alpes-Maritimes que la grande ténacité dont vous avez fait preuve soit ainsi récompensée…* »

Devant le Conseil d'Administration, réuni le 30 mars 1987, le Directeur présente un point complet sur l'état d'avancement du projet de construction, car la durée de validité de l'autorisation ministérielle, strictement limitée à deux ans, impose que les travaux soient réalisés dans les meilleurs délais.

- Concernant le terrain, la Ville de Nice propose, comme elle s'y était engagée par convention avec le Centre Antoine Lacassagne, de signer le bail emphytéotique de 50 ans, mettant, ainsi, ce terrain à la disposition permanente de ce dernier.

- Concernant le Permis de Construire et en concordance avec l'acceptation ministérielle, pour pouvoir débuter les travaux avant la fin de l'année 1987, le dossier de demande d'obtention d'un nouveau Permis, conforme au projet modifié, c'est-à-dire ne comportant qu'un seul bâtiment regroupant le hall cyclotron et la réception des malades, a été déposé le 24 février 1987. Avec la contribution majeure d'Alain Faraut et de son bureau d'étude, l'ensemble de la construction a, en effet, totalement été repensé par rapport au précédent Avant-Projet Sommaire.

L'objectif de ce remodelage technique est de répondre à l'exigence nouvelle de la gouvernance du Centre Antoine Lacassagne qui souhaite commencer le programme médical par la protonthérapie, suivie ensuite de la neutronthérapie, et réserver de larges possibilités d'adaptation du bâtiment pour répondre aux développements à venir, en lien avec les progrès attendus des accélérateurs de particules dans le domaine biomédical.

Ce hall unique, abritant le cyclotron et les salles de traitement, permet, aussi, d'intégrer les laboratoires de radiobiologie et de physique médicale ainsi que les locaux de l'équipe technique.

Il comporte, à l'image de la plupart des installations de la Physique, deux niveaux de structure : une peau extérieure, qu'il faut construire d'emblée, pour les raisons ci-dessus évoquées, à la longueur maximale possible en fonction des disponibilités offertes par le terrain, et une charpente métallique capable de supporter un pont roulant opérationnel sur toute la longueur du bâtiment. A l'intérieur, le maillage opérationnel est constitué de plusieurs zones, délimitées par des blocs de béton standardisés, correspondant respectivement au local cyclotron, aux voies de faisceau et aux salles de traitement. Des zones « libres » délimitées, l'une entre le cyclotron et les salles de traitement et l'autre, au-delà de ces salles, pourront, ainsi, permettre à l'intérieur du hall existant, sans ouvrir de chantier apparent, de répondre aux besoins ultérieurs, à plus ou moins long terme. Ces choix prospectifs, sources, pour une bureaucratie à courte vue, de critiques injustifiées, se révèleront pourtant déterminants permettant l'installation, quelques vingt-cinq ans plus tard, du nouveau synchrocyclotron S2C2 dans le bâtiment.

- Concernant les coûts et le plan de financement

Le montant des travaux s'élève, toujours, à 40 millions de francs TTC, tel qu'établi à partir de l'Avant-projet Sommaire de décembre 1982, mais modifié pour tenir compte de la suppression de l'hôtel pour malades, de l'unité d'hospitalisation et de l'organisation au sein d'un hall technique unique. Ce montant devra, également, être actualisé en fonction de l'index bâtiment tout corps d'état (BT 01).

Deux subventions ont déjà été votées par le département des Alpes-Maritimes pour 4 millions de francs, la ville de Nice pour 2,225 millions de francs avec une sollicitation supplémentaire de 1,750 millions de francs. Deux autres sont à l'étude, celle de la région PACA pour 4 millions de francs et celle de l'État pour un montant initial de 16 ramené à 8 millions de francs. Cette dernière, qui était subordonnée à l'obtention préalable d'une autorisation d'installation réglementaire, ne sera transmise au ministère, sous couvert du Préfet, que le 5 mars 1987.

Dès cette période, la Directrice de la DdASS, Yvette Berger, exprime la crainte, devant le Conseil d'Administration, que, compte tenu du souci de désengagement de l'État, l'obtention de l'attribution de cette subvention ne soit, en réalité, que très aléatoire. Pour elle, aussi curieux que cela paraisse pour une installation médicale à vocation nationale régulièrement autorisée par arrêté du ministre de la Santé, il va falloir s'orienter vers la perspective d'un dossier ne bénéficiant d'aucun subside de l'État… Elle propose donc d'établir un nouveau plan de financement faisant appel soit à de nouveaux prêts, soit à la recherche, auprès d'investisseurs privés, de formules de crédit-bail. Elle suggère, même, de dégager une partie des fonds propres du Centre Lacassagne, qui pourtant assurent le financement de l'ensemble des équipements physiques et médicaux, afin de les affecter à la construction du bâtiment ! Cette proposition est fermement refusée par le directeur du Centre pour deux raisons principales : la première est l'engagement renouvelé du Centre Antoine Lacassagne de poursuivre le financement seul et en totalité, de la machine, des voies de faisceau et de l'équipement des salles de traitement. La seconde est que l'établissement consent déjà à autofinancer la construction de ce bâtiment à concurrence de 3 millions de francs.

La maîtrise d'œuvre du chantier est renouvelée aux deux précédents architectes, Monsieur Christian Ivaldi, premier grand prix de Rome, et Monsieur Charles Marra, accompagnés d'un nouveau bureau d'études particulièrement compétent, la société OTB d'Alain Faraut.

La maîtrise d'ouvrage est assumée par le Centre Antoine Lacassagne et pour l'indispensable assistance d'ouvrage déléguée, ce sont les propositions conjointes de la SCIC (**S**ociété **C**entrale **I**mmobilière de la **C**aisse des dépôts) pour le suivi technique et de la SEMAM (**S**ociété d'**E**conomie **M**ixte des **A**lpes-**M**aritimes) pour l'assistance financière, qui sont retenues.

Dans ce contexte particulièrement contraint, toutes les solutions visant à minimiser les coûts de construction vont être recherchées. C'est ainsi que divers murs de soutènement seront, soit supprimés, soit remplacés, sur la suggestion d'Alain Faraut et de Jan Tuyn, spécialiste de radioprotection du CERN, par des couvertures en sandwich béton-terre beaucoup moins onéreuses. De même les portes blindées destinées aux salles de traitement seront remplacées par de simples chicanes d'accès. Egalement dans le but de réaliser une substantielle économie, il est décidé de superposer les salles de traitement de neutron et de protonthérapie.

Il est, enfin, procédé à un complet remodelage des surfaces à l'intérieur du bâtiment d'accueil, notamment en ce qui concerne les salles de préparation au traitement, la radiobiologie et les locaux destinés aux services techniques.

Les calculs de radioprotection, établis avec l'aide particulièrement compétente et bénévole de Jan Tuyn, montrent que l'ensemble de l'installation se tiendra, en tous points, à des niveaux de doses inférieurs à ceux admis par la réglementation en vigueur.

Le Conseiller pour la Science et la Technologie à l'Ambassade de France de Washington, Monsieur Jean-Claude Derian, adresse, le 7 juillet, au directeur du Centre le cinquième numéro de « *French Advances in Science and Technology* » (FAST), bulletin d'information, réalisé en anglais par la Mission Scientifique aux Etats-Unis, dont l'objectif est de diffuser largement aux Etats-Unis les progrès récents de la science et de la technologie françaises ainsi que de favoriser la coopération franco-américaine. Outre l'utilité d'une large circulation de l'information dans un domaine pointu, il souhaite que l'article consacré au cyclotron médical de Nice puisse contribuer au développement de nos contacts médicaux et technologiques avec les Etats-Unis. Dans sa réponse, le professeur Demard le remercie pour cette initiative qui permet de faire mieux connaître le projet en cours de réalisation à Nice et conforte, effectivement, nos liens déjà étroits dans ce domaine, notamment avec l' « Ernest Lawrence National Laboratory » à Berkeley (Californie).

Le Permis de Construire modifié, concernant le bâtiment abritant le cyclotron, les salles de traitement et la réception des malades est accordé le 31 juillet 1987.

La maîtrise d'œuvre, en charge de l'Avant-Projet Définitif et des plans d'exécution, s'astreint, dès lors, à établir les dossiers d'appel d'offres avec l'objectif de conclure le marché au plus tard au début du mois de décembre, ce qui permettrait de procéder au nettoyage du terrain et à l'enlèvement des serres restantes ainsi qu'au début des travaux de terrassement, dès le mois de janvier 1988.

Cette année 1987, qui avait commencé dans une certaine euphorie du fait de la décision ministérielle favorable, restera marquée, pour l'équipe de direction du Centre, par d'incessants déplacements à la Préfecture des Alpes-Maritimes, dans les locaux de la DdASS, et au Ministère de la Santé à Paris pour finaliser les conditions du futur fonctionnement de cette installation originale (nombre de patients, hébergement, transport) tout en répondant, sans relâche, à des interrogations variées et, sans cesse, renaissantes…

Elle va se terminer, malheureusement, par la confirmation, transmise à la tutelle locale, que la subvention de l'État, qui s'élevait, dans le plan de financement, pourtant déjà remanié, à un montant réduit à 8 millions de francs, ne sera, tout simplement, pas allouée ! Se trouve ainsi, maintenant et à titre définitif, réduit à zéro la participation de l'Etat dans une opération pourtant reconnue d'envergure nationale, si ce n'est, en réalité et au vu du très petit nombre d'installations en opération dans le monde, internationale…

Cela impose, pour l'équipe dirigeante, de rechercher d'autres mesures pour, encore et encore, contenir l'incidence financière de cette opération.

Il faudra ainsi abandonner les neuf lits d'hospitalisation qui étaient prévus par convention avec le Centre Hospitalier Régional de Nice et donc envisager une prévision accrue de malades ambulatoires. Il est nécessaire de procéder à un nouveau recours à l'emprunt accompagné d'une contribution plus large du Centre sur ses réserves d'autofinancement. Complexité supplémentaire, les demandes de prise en charge de la neutronthérapie ne pourront se faire dans le cadre général des soins mais sous la forme d'un forfait, hors dotation globale, au titre des opérations expérimentales prévues au Code de la Sécurité sociale (article L 162- 31).

Avant d'être transmis et proposé au ministère, l'ensemble de ces nouveaux efforts fait l'objet d'une large discussion puis d'une approbation unanime de tous les membres du Conseil d'Administration du Centre réunis le 29 octobre 1987.

Un nouveau Conseil, celui-ci sous la présidence effective du Préfet Pensa, délibère, le 18 décembre 1987, sur la phase finale de l'opération MEDICYC.

Le coût d'objectif TTC du bâtiment, actualisé en 1987, s'élève maintenant à 46 millions de francs, montant déjà approuvé lors du Conseil précédent.

Le recours à l'emprunt concerne désormais 28 millions de francs, au lieu des 20 millions de francs initialement prévus, afin de pallier l'absence de toute subvention par l'État. Les caractéristiques principales de cet appel d'offres bancaire concernent la durée de 15 ans, un taux fixe, un mode de remboursement par capital constant avec un différé jusqu'à l'ouverture du bâtiment et la mise en service du cyclotron. La garantie de cet emprunt sera assurée par le Conseil général des Alpes-Maritimes.

17 organismes bancaires ont été sollicités et ce sont les offres conjointes, présentées par la Caisse d'Epargne et la Caisse des Dépôts et Consignations, qui seront retenues, 20 millions de francs au taux fixe de 9,50 % et 8 millions de francs au taux fixe de 9,90 %, avec un différé de remboursement du capital de deux ans.

Le Conseil d'Administration, sans aucune réponse en provenance de la région PACA à la subvention sollicitée, décide également de déposer une demande de subvention complémentaire, d'un montant de 3 millions de francs, auprès du Conseil général des Alpes-Maritimes.

Lors de cet important Conseil est, aussi, décidé le recrutement définitif de Pierre Mandrillon en qualité d'ingénieur. Initiateur, concepteur et principal maître d'œuvre du projet MEDICYC, il quitte son statut de mis à disposition, pour devenir Ingénieur titulaire au sein du Centre Antoine Lacassagne à compter du 1er Juin 1988 et cela, en parfait accord avec le CNRS, son corps d'origine, lequel accepte même, après négociation directe entre le professeur Lehman, directeur de l'IN2P3 et le professeur Demard, directeur du CAL, de couvrir, pour cette année 1988, une partie de son salaire …

Enfin, il est, une fois encore, souligné, combien, l'autorisation ministérielle n'étant accordée que pour deux années, il est impératif d'éviter le moindre retard sur le calendrier établi des travaux.

La construction du bâtiment du cyclotron

Elle va se dérouler selon une procédure adaptée au statut de droit privé des Etablissements de lutte contre le Cancer.

La consultation, concernant le lot 1 (travaux de terrassement) a été lancée en novembre 1987 et le marché retenu signé le 15 janvier 1988. Pour les autres 18 lots, la consultation a été lancée en décembre, les décisions d'attribution ont été prises en mars 1988 et le début du délai contractuel fixé au 15 avril 1988.

Du fait des difficultés rencontrées dans l'élaboration du plan de financement, les marchés ont été décomposés en 2 tranches : l'une, ferme, couverte par le plan retenu le 29 octobre 1987 et l'autre, conditionnelle, qui nécessite un complément de financement, celui-ci devant intervenir avant la fin de l'année 1988.

La réalisation de cette première tranche ferme permettra de mettre hors d'eau les bâtiments autorisant, ainsi, le transfert du cyclotron depuis la zone industrielle de Carros sur son site définitif.

La tranche conditionnelle regroupe tous les travaux pouvant être reportés dans une deuxième phase. Seule la réalisation effective et complète des deux tranches rendra opérationnelle l'utilisation du bâtiment.

Les deux derniers lots à être attribués, qui concernent la plomberie et la climatisation, ne le seront qu'en juin 1989 car la tour de refroidissement, initialement prévue dans la consultation, bénéficie heureusement d'un remplacement par des groupes frigorifiques à condensation par air, mieux compatibles, au double plan esthétique et sonore, avec l'environnement résidentiel en limite de propriété.

Les relations du Centre Antoine Lacassagne avec sa tutelle montrent des rigidités de plus en plus pesantes car l'organigramme de l'administration locale vient de se modifier.

Ainsi à deux reprises, par courrier du 23 février puis du 9 mars 1988, la nouvelle Directrice de la DdASS, Madame de Blainville suggère fortement au Directeur du Centre, non seulement de différer la réalisation de l'emprunt nécessaire à cette construction mais également d'attendre, avant le début de tous travaux, l'« accord formel » du ministère de la Santé.

Cette injonction, qui vise à interdire le démarrage de la construction, ne repose que sur une seule constatation : il n'y a pas encore de décision de l'administration centrale concernant le chiffrage exact du surcoût quand le cyclotron sera en fonctionnement !

Ce climat d'opposition torpide va persister même après la réception d'un courrier, en date du 26 avril 1988, adressé au Préfet des Alpes-Maritimes qui, sous la double signature de Monsieur Michel Lagrave, Directeur de la Sécurité Sociale, et de Monsieur François Delafosse, Directeur des Hôpitaux, établit pourtant un engagement maintenant clair de l'administration :

«... Je puis vous confirmer que le surcoût lié à l'installation (autorisé par arrêté du 6 janvier 1987) et au fonctionnement du cyclotron biomédical MEDICYC, sera effectivement pris en charge...

Les modalités de répartition de cette prise en charge et son montant... restent à préciser... »

Mais pour la tutelle locale, comme ce n'est pas encore précisé, il faudrait donc encore attendre...

Le ministère a, par ailleurs, également demandé que soit localement confié à une mission de Contrôle médical le soin d'évaluer pour chacun des traitements autorisés, protonthérapie et neutronthérapie, la part qui pourrait être attribuée à la seule activité de recherche et, en ce qui concerne les équipements, l'existence d'éventuelles redondances à supprimer.

Le Centre Lacassagne, malgré ces tergiversations qui perdurent, a obtenu le déblocage auprès de la Caisse d'Epargne de l'emprunt nécessaire pour lancer le chantier de construction dès le mois d'avril 1988.

Une fois entrepris, les travaux sur le terrain de la Lanterne, vont se dérouler à un rythme normal et, lors du Conseil d'administration du Centre du 20 septembre 1988, le Directeur informe les membres que le planning est respecté, sans retard notable.

Le Rapport général, technique et financier, établi par la Maîtrise d'ouvrage déléguée en juillet, prévoit, pour l'ensemble de cette construction, un coût final d'investissement estimé à 54,242 MFrancs. Il est transmis à tous les administrateurs.

Le désengagement de l'Etat et ce montant prévisionnel global des dépenses conduisent à devoir, une fois encore, modifier le plan de financement.

Le montant de l'autofinancement du Centre Lacassagne passe ainsi de 3 à 3,2 millions de francs.

Le total de l'emprunt augmente ainsi de 28 à 36 millions de francs : pour couvrir ces 8 millions de francs supplémentaires, un taux révisable de 9,30 % est proposé par la Caisse d'Epargne qui demande également la garantie d'une collectivité territoriale. Cet emprunt supplémentaire permet aussi la couverture de frais annexes, inévitables et réglementaires dans toute construction de cette envergure, à savoir les bureaux de contrôle, les assurances, les provisions pour aléas et autres honoraires divers qui viennent alourdir le coût d'objectif.

Madame de Blainville, Directrice de la DdASS nouvellement en charge, estime qu'il ne serait pas anormal, dans la mesure où le coût augmente par suite de ces frais inévitables, que les collectivités territoriales (Conseil général des Alpes Maritimes, Ville de Nice et Conseil régional Provence Alpes Côte d'Azur) qui ont manifesté leur intérêt pour l'opération MEDICYC, augmentent leurs subventions de façon proportionnelle à leur précédente participation.

Dans la logique de leur soutien constant, les collectivités locales vont effectivement, à nouveau, répondre positivement : la subvention du Conseil Général passe de 7 à 8,2 millions de francs, et celle de la Ville de Nice de 4 à 4,7 millions de francs. Celle du Conseil régional reste inchangée à 4 millions de francs ; elle est toujours d'une attribution aussi incertaine, désintérêt que l'avenir confirmera.

Ainsi le montant total de l'emprunt baisse de 36 à 34,1 millions de francs et il va bénéficier en totalité de la garantie du Conseil général.

Le 25 novembre 1988, afin de souscrire auprès de la Caisse d'Epargne le dernier emprunt de 6,1 million de francs pour financer la tranche conditionnelle des travaux (la date limite de réalisation est fixée au 31 décembre), une délibération du Conseil d'Administration, conforme au document-modèle fourni par l'organisme souscripteur, est adressée pour approbation à la DdASS. Malgré des demandes répétées, ce document indispensable pour l'obtention du prêt restera sans la moindre suite ni le plus élémentaire retour… sa trace va s'évanouir dans les locaux préfectoraux !

Bref mais dense intermède médiatique, le 13 décembre 1988, à Paris : Jacques Chancel reçoit, dans son émission de France Inter « Radioscopie», le professeur François Demard. Quelques 6 à 7 millions d'auditeurs peuvent, ainsi, être sensibilisés aux progrès du traitement des cancers, aux accélérateurs de particules, et, tout particulièrement, au rôle des cyclotrons…

Revenons à ce document indispensable pour l'obtention des 6,1 millions de francs. Appels répétés, courriers de relance, le 10 janvier puis le 12 avril 1989 notamment, n'y font rien et ce formulaire, jamais retourné au Centre Lacassagne, empêche la prise en charge de la tranche conditionnelle des travaux et, par voie de conséquence, bloque l'achèvement de la construction !

Or, la réception reste toujours prévue pour le mois de juin 1989. La finition des travaux s'avère d'autant plus indispensable que, le 2 mars, le cyclotron MEDICYC, en provenance de la zone industrielle de Carros, a rejoint, après un périple dans les collines niçoises racontée précédemment, la zone dédiée à son installation définitive.

En l'absence de réalisation de cet emprunt, le Centre Antoine Lacassagne se trouve dès le mois de mars 1989, dans l'impossibilité de faire face à ses obligations financières, notamment aux demandes d'acomptes formulés par la SEMAM, maître d'ouvrage délégué ; cette dernière procédera, opportunément, à l'avance provisoire des fonds autorisant le paiement des entreprises.

En outre, cette période est celle où vient s'ajouter la charge des premiers remboursements d'intérêts d'emprunts. Ils ne sont pas, eux également, financés par la tutelle qui ne peut les inclure au mieux que dans le courant du mois de mai. Les difficultés de trésorerie du Centre deviennent alors vite particulièrement sérieuses…

Pour ces 6,1 million de francs à souscrire et au vu des conséquences de son « évanouissement » administratif, la Caisse d'Epargne, consciente de la gravité de la situation veut bien ne plus attendre un formulaire qui a, semble-t-il, définitivement disparu ; elle se contente pour attribuer cet emprunt de la seule délibération initiale du Conseil d'administration du Centre du 20 septembre 1988 ainsi que de la garantie du Conseil général des Alpes Maritimes décidée lors de la réunion de son Bureau le 2 février 1989. Disponible au début du mois de juillet, soit quelques jours après la fin des travaux et la réception du bâtiment, le 29 juin 1989, ce prêt permettra de régler cette situation financière difficile.

La veille, le 28 juin, le Conseil d'administration s'est réuni sous la présidence de Madame de Blainville qui remplace le Préfet. En prenant acte des difficultés de trésorerie dans lesquelles le Centre est plongé depuis plusieurs mois, elle tente de justifier sa position :

« Le fond du problème est lié à la prise en charge du surcoût de l'installation et au fonctionnement du cyclotron. Le Ministère, considérant que le surcoût est en constante évolution, n'a pas précisé actuellement ce qu'il prenait en charge... »

Elle ajoute :

« La double situation de la DdASS, en sa qualité de tutelle et de Présidente du Conseil d'administration, est inconfortable. Il s'agit d'une opération coûteuse, dans une période de rigueur, et elle ignore à quelle hauteur le Ministère prendra en charge le surcoût ; même si le principe de la prise en charge du surcoût a été retenu, la somme n'a jamais été fixée et l'attention du Centre a été attirée sur ce problème... »

Sans faire de commentaire sur cette stratégie de « mise en garde » et de blocage choisie par la tutelle locale, le professeur Demard informe les administrateurs qu'il a participé à Paris, la veille le 27 juin 1989, à une longue séance de travail au ministère de la Santé, à la demande de Monsieur Basset et en présence de représentants des directions régionale et départementale des Affaires Sociales ainsi que de la Direction Générale de la Santé et de la Direction de la Sécurité Sociale, représentées respectivement par le docteur Blanquier et Monsieur Postel-Vinay. Cette réunion visait à éclairer la position de l'administration centrale sur le financement de l'exploitation et, surtout, son évaluation médicale.

Monsieur Jacques Médecin, Président du Conseil général des Alpes-Maritimes et Maire de Nice, est informé de la situation délicate dès le début du mois de juillet par un courrier du Directeur du Centre. Il demande, par écrit, le 19 juillet, des informations au nouveau Préfet des Alpes-Maritimes, Monsieur Yvon Ollivier, qui lui répond le 28 juillet 1989 :

«… *Vous attirez mon attention sur les difficultés du Centre Antoine Lacassagne pour le règlement des entreprises qui construisent le bâtiment destiné à abriter le cyclotron biomédical MEDICYC... Les moyens de financement de ce cyclotron ne sont pas déterminés à ce jour...*

C'est pourquoi je n'ai pas autorisé la réalisation du dernier emprunt de 6,1 millions de francs, envisagés à l'automne 1988 et destiné à l'achèvement des travaux...Il reste le problème du remboursement des emprunts contractés pour la construction du bâtiment... aucun financement n'est dégagé pour ce remboursement... »

Le document ne s'était pas évanoui tout seul et c'est bien la décision du Préfet lui-même qui obère gravement la fin de l'édification régulièrement autorisée de ce nouveau bâtiment du Centre dont il est pourtant le Président (certes, pour le moment, toujours absent) du Conseil d'Administration !

Le nouveau Préfet ajoute dans ce courrier:

Je vous signale que je viens de saisir le Ministre de la Solidarité, de la Santé et de la Protection sociale du problème en lui demandant de fixer rapidement le surcoût du projet MEDICYC...Par ailleurs j'ai demandé qu'une Inspection Générale soit mise en place sur les conditions de réalisation du programme MEDICYC... »

En date du 26 juillet, soit deux jours avant cette lettre, il a effectivement demandé au ministère de diligenter une Inspection Générale du Centre Lacassagne. Sa note, fort opportunément, n'est pas restée confidentielle :

«... Compte tenu de l'opacité que comporte pour les Services de tutelle l'ensemble de cette opération, je vous serais obligé d'ordonner, dès que possible, une enquête de l'Inspection Générale des Affaires Sociales qui pourrait bénéficier au plan local du concours de la Direction Départementale des affaires Sanitaires et sociales et de la Direction Départementale de l'Equipement »

De même, n'est pas restée confidentielle non plus la note interne de l'administration centrale qui fait suite à cette demande. Celle-ci en date du 8 août, destinée au Directeur de cabinet du Ministre de la Santé éclaire la défiance ressentie au ministère :

«... Sur le projet MEDICYC, tout en regrettant la carence des Services locaux de Tutelle, carence d'autant plus dommageable que le Préfet est, de droit, Président du Conseil d'administration du Centre, je partage l'opinion de Monsieur Yvon Ollivier et je vous propose de diligenter d'urgence une mission de l'IGAS, appuyée éventuellement sur l'IGF, si Monsieur Lucas le juge nécessaire... »

Peut-on s'étonner qu'après l'approbation et la signature du Ministre en charge, on continue à Paris de s'opposer à une innovation technologique qui est pourtant autorisée mais que, décidément, personne n'a l'intention de soutenir ?

A Nice, au delà de la simple méconnaissance d'un domaine médical certes complexe, l'hostilité du Préfet et de sa Directrice de la DdASS vient, probablement, du fait que tous deux jugent (sur quelle légitimité ?) ce projet totalement disproportionné pour les compétences qu'ils estiment limitées de la région azuréenne : ce n'est rien moins qu'une « *usine à gaz* » dira même un jour le préfet Ollivier au professeur Demard...

Une enquête de l'IGAS, l'Inspection Générale des Affaires Sociales, est donc lancée, à charge pour elle d'analyser de façon sereine les faits et les actes de chacun des protagonistes avant de suggérer au Ministre lui-même et, en principe, à lui seul, des solutions pour sortir de l'impasse.

Des soutiens appréciés

Heureusement, dans le climat difficile d'incertitude que traverse une équipe niçoise malmenée, il y a aussi des raisons d'espérer en une phase à venir de meilleure fortune.

Il y a, en effet, des soutiens qui s'expriment et, parmi les actions promotionnelles menées en faveur de cette installation du cyclotron MEDICYC, quelques-unes ont, sans aucun doute, maintenu le moral de l'équipe. Citons ainsi :

- celle du Comité départemental de la Ligue nationale française contre le Cancer, présidé par Jacques Médecin, qui lance une opération appelée « *Un pari du comité départemental des Alpes-Maritimes : 20 millions de francs pour le cyclotron* «, initiative qui reçoit d'emblée le soutien de l'ensemble des six Comités départementaux de la Région Provence-Alpes-Côte d'Azur. Bien qu'un premier chèque de 2 MF ait été remis au Centre Antoine Lacassagne dès le mois de janvier 1990 par le Président, cette opération n'atteindra certes pas un objectif si ambitieux mais elle marquera, une confiance partagée et un soutien financier qui furent, au total, essentiels dans l'achèvement de l'installation.

- celle d'un ancien patient du Centre Lacassagne, Serge Mendjisky, artiste peintre renommé, qui lance sous l'intitulé « *Cyclotron = Accélérateur d'espoir* » une action d'envergure centrée sur une importante vente aux enchères d'œuvres d'artistes vivants ou décédés, offertes soit par les artistes eux-mêmes soit par les galeries d'art.

- celle de la Principauté de Monaco, fruit d'une coopération confiante de longue date entre l'hôpital Princesse-Grace et le Centre Antoine Lacassagne ; elle est marquante et exemplaire car, une fois cette subvention exceptionnelle décidée par les autorités monégasques, son attribution effective engendrera quelques péripéties pour le moins surprenantes.

Un premier courrier est adressé au Préfet des Alpes-Maritimes le 23 juin 1989 par le Ministre d'Etat, Monsieur Jean Ausseil :

«... J'ai l'honneur de vous confirmer que la Principauté de Monaco a souhaité participer au financement du cyclotron du Centre Lacassagne de Nice... Le gouvernement princier a décidé d'allouer à cet effet une somme de 2 millions de francs à cet Etablissement... »

Le professeur Demard, à titre personnel informé le 6 juillet par le Ministère d'Etat, remercie et estime, à juste titre, que :

«... Cette contribution de 2 millions de francs, décidée par le Gouvernement Princier pour participer au financement de l'installation du cyclotron MEDICYC honore notre Etablissement... »

Le 9 octobre, la procédure monégasque d'attribution est terminée et le Ministre d'État, Jean Ausseil, précise:

«... Cette somme a, d'ores et déjà, été inscrite au budget rectificatif de l'État pour 1989 qui sera soumis au vote du Conseil National à la fin de ce mois. Mes Services s'appliqueront à en assurer le mandatement dans les meilleurs délais... »

Elle sera, fin octobre, approuvée, il convient de le préciser, à l'unanimité, par le Conseil National, placé sous la présidence attentive et bienveillante de Maitre Jean-Charles Rey.

Mais il faudra, en raison d'une permanente surdité sélective côté français, attendre plusieurs mois et, même, l'année suivante pour que son attribution devienne effective. Ce n'est, en effet, que le 5 avril 1990, que Monsieur le Conseiller Michel Eon, lassé par plusieurs contacts sans suite avec l'autorité préfectorale à Nice, remet directement au professeur Demard, au cours d'une discrète et cordiale entrevue au Ministère d'État, cette importante subvention particulièrement bienvenue pour la finalisation du projet.

Autre constant et majeur soutien du projet MEDICYC, le Bureau du Conseil général des Alpes maritimes mené par son Président, Monsieur Charles Ginesy, visite le nouveau bâtiment de la Lanterne, dont la construction est à peine terminée, le jeudi 20 juillet 1989. Ses membres se déclarent impressionnés par l'ensemble des aménagements en cours autour de l'accélérateur et tous souhaitent une mise en service la plus proche possible pour commencer le traitement des patients.

Quelques jours après, le jeudi 27 juillet précisément, une autre présence fort conviviale fut celles des artistes et plasticiens venus sur ce site magnifique, au sommet de la colline de Fabron pour contempler la belle sculpture de 15 m de hauteur, appelée « Cyclotron » par son créateur, Serge Mendjisky. Offerte au Centre Lacassagne par l'artiste, elle vient d'être implantée au droit ouest de la façade et nombre de ses amis de l'Ecole de Nice, tel Arman ou Sacha Sosno, sont présents autour du Directeur, le professeur François Demard pour associer leur immense talent à ce grand projet qui approche de sa concrétisation.

Des responsables politiques viendront aussi, à plusieurs reprises, sur le site du cyclotron pour établir ou conforter leur opinion sur ce qui se met, au fil des jours, en place. Certains, tel Christian Estrosi, encore à l'orée de sa carrière au service de la population de Nice et de sa région, gardera de ses visites vespérales autour de la machine et de ses annexes techniques complexes, avec François Demard et Pierre Mandrillon comme guides, un souvenir si précis qu'il le cite souvent dans ses interventions publiques. Depuis cette période, maintenant ancienne mais qui demeure, il le dit lui-même, exaltante, il n'a cessé d'être un fervent soutien de toutes les initiatives qui ont suivi la première réalisation de MEDICYC. Il en apportera une preuve supplémentaire lors de l'installation bien des années après, du second accélérateur médical de Nice, le S2C2.

Le conflit se tend et l'Inspection Générale enquête.

Lors du Conseil d'administration, qui se réunit le 30 octobre 1989, Préfet toujours absent et donc sous la présidence de la Directrice de la DdASS, la tension est particulièrement vive et de sévères critiques d'ordre général, sont portées par la Présidente. Elles ne s'adressent plus, maintenant, au seul projet MEDICYC mais concernent l'ensemble de la gestion du Centre Antoine Lacassagne et même la politique de santé du département:

«... *La plupart des Etablissements de santé sont amenés à faire des choix dans leurs engagements de dépenses ; certains établissements y parviennent, contrairement au Centre Antoine Lacassagne qui continue de dépenser sans faire de choix...*

Notre département se trouve malheureusement à contre-courant et les travaux nécessaires de modernisation, n'ayant pas été effectués dans les années 1970 où il y avait des crédits, doivent maintenant être réalisés, d'où l'obligation de consacrer la presque totalité de la marge de manœuvre à la rénovation des bâtiments... ».

Hormis ces dernières considérations qui n'engagent que les seules responsabilités du pouvoir administratif local, le Directeur du Centre Antoine Lacassagne juge, lui, totalement infondée la critique qui laisserait croire à une gestion défaillante en rappelant, fermement, que toutes les dépenses engagées le sont en totale conformité avec les missions de l'établissement et que celui-ci a bien mis en place des systèmes adaptés pour contrôler et maîtriser les coûts.

Monsieur Roger Mai, Président du Conseil d'administration de la Caisse primaire d'Assurance-maladie des Alpes-Maritimes, ajoute, dans ce cadre de la gestion générale, que les services de son organisme lui ont communiqué un document faisant ressortir, à la fois l'activité médicale et la situation budgétaire de chacun des Centres régionaux de lutte contre le cancer, établis dans le pays. Contrairement aux allégations malveillantes de la DdASS, ces données confortent les affirmations du professeur Demard. Il ressort, en effet, de ce travail pertinent que le Centre Antoine Lacassagne de Nice, en matière de contrôle budgétaire, est particulièrement bien classé, juste après le Centre de Villejuif, en deuxième ou en troisième position des 20 Centres de lutte contre le Cancer de France ! Cette analyse comparative avec des hôpitaux de même nature confirme, pour cet administrateur du Centre, à l'opposé donc de l'appréciation négative exposée par la tutelle, sa propre conviction quant à l'excellente gestion de l'établissement.

Monsieur Paul Augier, Conseiller général, ajoute, lui, que la tutelle « *devrait agir avec un peu plus de discernement et se pencher avec un peu plus de compréhension sur les difficultés...* »

Dans ce contexte « électrique », la Présidente du Conseil informe, de façon officielle, les administrateurs que l'Inspection Générale de l'Etablissement demandée par le Préfet débute en janvier 1990.

En dépit du blocage qu'oppose toujours l'administration locale, le budget prévisionnel présenté par le Centre pour l'année 1990, qui intègre bien les annuités de remboursement des emprunts, est approuvé par les administrateurs (sept voix pour et deux abstentions). Le principe du recours, si besoin, à un emprunt de trésorerie dont ni le montant, ni les modalités ne sont déterminés, est également retenu.

L'hostilité de la tutelle conduit à deux conséquences à court terme :

- l'annuité 1989 des emprunts, n'est toujours pas intégrée dans le budget de l'établissement, et pose un grave problème de trésorerie. Le Conseil d'administration, dans sa séance suivante, le 20 décembre, se voit donc contraint d'exercer un recours gracieux auprès du Ministère de la Santé contre la fixation de la dotation globale 1989 ; ce dernier doit parvenir au secrétariat du Conseil Supérieur de l'Aide Sociale avant le lendemain ...il le sera !

- Concernant l'emprunt souscrit de 8 millions de francs, dont l'annuité 1990 vient à échéance dès le 25 janvier, le Directeur se rapproche du Conseil général et sollicite son Président pour qu'en sa qualité de garant il se substitue à l'établissement pour son paiement :

«... Je vous demande, dans l'attente de la décision qui sera prise par le Conseil Supérieur de l'Aide Sociale, la possibilité pour le Conseil général d'avancer ces fonds... »

L'année 1990, pour l'essentiel, va être marquée par le déroulement de cette mission d'enquête de l'IGAS. D'une grande ampleur, elle sera menée par quatre Inspecteurs Généraux, dont deux médecins, sous la direction de Monsieur Stéphane Paul.

La tâche qui leur est assignée est double :

- éclairer le passé, en donnant une estimation précise du coût de l'opération, en évaluant les montants engagés aussi bien pour la réalisation de l'appareil que pour la construction du bâtiment qui l'abrite.

- préparer l'avenir ce qui nécessite d'une part, de définir le compte d'exploitation prévisionnel du cyclotron et d'autre part, d'étudier les modalités d'une prise en charge de ce coût, entre ce qui peut être redéployé et ce qui représente une dépense nouvelle nette pour l'Assurance-Maladie, cette dernière devant éventuellement être, elle-même, répartie entre les niveaux national, régional et local.

La mission, reçue le jour de son arrivée dans le bureau du Directeur, s'est rendue à Nice à deux reprises, du 10 au 12 janvier d'abord, puis du 12 au 22 février, ce qui représente, dans le sabir bureaucratique, une activité de 23 «jours-hommes». Cette enquête, très approfondie, a permis à la fois de recueillir des informations et avis auprès de nombreux interlocuteurs (la liste nominative des 82 personnes interrogées en France ou à l'étranger est communiquée !) et de procéder, bien évidemment, à divers contrôles.

Elle aboutit, quelques mois après, à l'élaboration d'un « *Rapport sur les conditions de la mise en service du cyclotron Médicyc au Centre de lutte* contre *le cancer Antoine Lacassagne de Nice »,* un document de 219 pages, accompagné d'un tome supplémentaire d'annexe d'une taille trois fois plus imposante.

L'habituelle procédure, appelée contradictoire, comporte, en premier lieu, la présentation de ce Rapport à l'établissement en avril 1990, puis les observations de ce dernier, dite « deuxième colonne », qui seront remises à l'Inspection le 12 septembre 1990, et, enfin, celles en retour de l'IGAS, qui qualifie, alors, le Rapport de « définitif ». Ce dernier sera remis officiellement au Centre Lacassagne le 29 octobre 1990 pour être présenté lors du Conseil d'administration du Centre Lacassagne réuni, à cet effet, le 31 octobre 1990.

Les conclusions de ce rapport présentent une excellente synthèse de ce sérieux travail d'enquête.

Conclusions de l'IGAS 1990

« Le projet MEDICYC a consisté en la réalisation d'un cyclotron conçu pour un usage exclusivement médical : traiter par la neutronthérapie ou la protonthérapie certains types de tumeurs malignes. Il ressort des développements qui précèdent que l'idée de doter d'un tel appareil le Centre Antoine Lacassagne remonte maintenant à plus de 18 ans, sans que l'appareil soit aujourd'hui achevé... la longueur anormale du délai écoulé vient de ce que plusieurs facteurs techniques, économiques et administratifs ont simultanément entravé le développement de l'opération.

Les concepteurs du projet ont, notamment, pris le parti de la difficulté en voulant à la fois créer par eux-mêmes, avec une équipe réduite, une machine dont ils auraient sans doute pu trouver un modèle comparable auprès des fournisseurs industriels et intégrer diverses innovations au fur et à mesure de la construction, ce qui témoigne, certes, du souci de suivre le progrès technique mais donne à MEDICYC un caractère expérimental avec tous les risques que ceci suppose.

Par ailleurs, la direction du Centre a, pendant très longtemps, conduit le dossier de manière à en dissimuler l'ampleur et les implications, notamment financières, auprès des pouvoirs publics et, en certaines circonstances, elle a totalement méconnu les recommandations ou injonctions émises par ces derniers ; de leur côté, ni l'Administration centrale, ni les Services extérieurs du Ministère n'ont voulu ou pu prendre la mesure du dossier, et l'historique des procédures a permis de constater, en plusieurs occasions, des erreurs graves et, à de nombreuses reprises, des décisions peu cohérentes qui ont, elles aussi, leur part dans les retards accumulés.

Or, pendant tout ce temps, les coûts n'ont pas été maitrisés et le Centre n'a pu supporter le poids de l'opération qu'en affectant la quasi-totalité du produit des dons et legs dont il a bénéficié à la construction du cyclotron et en souscrivant pour le financement du bâtiment des emprunts qui obèrent gravement ses possibilités futures d'investissement.

Si aucune irrégularité grave n'a été enregistrée par les membres de la mission, force est de constater que les responsables du Projet ont accordé peu de place au suivi financier ; aujourd'hui, on prévoit, en hypothèse basse, plus de 120 millions de francs pour la réalisation de l'appareil et du bâtiment qui l'abrite, sans que l'on puisse définir l'hypothèse haute si la construction du cyclotron n'était pas achevée dans les délais prévus, soit vers la fin de la présente année...

Les responsables du Projet considèrent que l'achèvement de la construction du cyclotron interviendra au cours de l'automne 1990, la réalisation des essais pendant l'hiver et l'accueil des malades à partir du premier trimestre 1991. Les concepteurs de l'opération, ayant eux même arrêté ce phasage, les auteurs du présent Rapport proposent de faire du 30 juin 1991 une date charnière. Dans l'hypothèse où ne serait pas démontrée, à cette date, l'aptitude de MEDICYC à traiter des malades par protonthérapie et neutronthérapie, il conviendrait, non pas seulement de refuser qu'interviennent de nouveaux délais et de nouvelles dépenses, mais, en fait, de tirer toutes les conséquences du constat en procédant au retrait définitif de l'autorisation et à la cession, en l'état, à tout organisme public ou privé intéressé de l'appareil et du bâtiment...

Compte tenu de l'énergie dont dispose le cyclotron, l'indication quasi exclusive de MEDICYC en protonthérapie concerne les mélanomes de la choroïde, ce qui devrait représenter environ 80 cas par an... Pour ce qui concerne la neutronthérapie, trois indications principales ressortent des données de la littérature... la fréquence de ces tumeurs est difficile à préciser...

Il ressort de l'analyse présentée plus haut dans le Rapport qu'il est en fait prudent de ne guère compter sur plus de 120 cas par an au cours des premières années...

Si le constat fait en juin 1991 démontre que des patients sont effectivement traités par MEDICYC, il y aura lieu d'attribuer au Centre les crédits nécessaires au fonctionnement du cyclotron qui, en année pleine, s'élèveraient, selon les estimations faites par les membres de la mission, à 19,6 millions de francs (valeur 1990) ; les auteurs du présent Rapport ayant indiqué que, selon eux, l'appareil doit être considéré comme ayant une vocation nationale, l'essentiel (15 469 000 F) devrait être prélevé sur la marge de manœuvre nationale, le solde (soit 4 213OOO F) correspondant d'une part, à des redéploiements internes au Centre et d'autre part, à la « régularisation » de neuf postes, à mettre à la charge de la marge de manœuvre des Alpes-Maritimes.

De même que l'activité du cyclotron devra donner lieu à un suivi attentif et à la production régulière de statistiques fines, de même y aura-t-il nécessité de prévoir une individualisation des coûts engendrés par MEDICYC par une comptabilité analytique ou la création d'un budget annexe. Pour ce qui concerne les prochains mois et jusqu'en juin 1991, date à laquelle devra avoir lieu l'évaluation des potentialités du cyclotron, il suffit qu'interviennent deux mesures : la « régularisation » sus-visée de neuf postes dont la prise en charge a été prevue par la DdASS des Alpes-Maritimes, et le versement au Centre, par prélèvement sur la marge nationale, d'une somme correspondant au montant des intérêts à verser au titre de 1990 des emprunts souscrits pour la construction du bâtiment. »

Anne BOLOT-GITTLER Dr Henri BONAN Stéphane PAUL Dr Lilianne REYROLE

Cette mission de l'IGAS doit être considérée comme un apport, au total, exceptionnellement positif pour ce projet niçois si controversé.

On peut en juger en listant les principaux éléments de l'analyse des inspecteurs et leurs propositions:

- s'il est relevé et reproché une soi-disant tendance des auteurs du projet à la dissimulation d'une réalité technique (particulièrement complexe, il faut en convenir) ou une réticence à obtempérer aux injonctions venant de l'Administration, cela pourrait *a contrario* apparaître comme une prudence utile car, dans ce dossier, les erreurs graves et les décisions peu cohérentes sont reconnues, dans l'enquête, comme le seul fait de l'administration centrale ou décentralisée.

- aucune anomalie comptable dans le déroulement de l'opération n'est mentionnée, cette attestation d'une rigueur gestionnaire, pourtant si controversée, venant faire taire les autorités administratives locales. La levée d'un doute, suspicieux et sans le moindre fondement, sera sans doute l'unique raison de la présence effective du Préfet des Alpes-Maritimes au Conseil d'administration du Centre le 31 octobre 1990 alors que, rappelons-le, il n'y avait jamais participé, en personne, depuis son arrivée à Nice deux ans auparavant.

- le caractère expérimental et la vocation nationale de la machine sont reconnus avec, comme conséquence, la prise en charge de l'essentiel des coûts de fonctionnement par la marge nationale ; c'est une reconnaissance fondamentale.

- la date « butoir » fixée pour le début du fonctionnement effectif du cyclotron, est retenue sans arbitraire et en cohérence avec les prévisions établies par l'équipe technique elle-même ; ce sera un planning serré mais possible !

- le coût global, machine et bâtiment, définitif de l'opération est approché, de façon juste et impartiale, ainsi que le futur budget prévisionnel en année pleine, estimé à 19,6 millions de francs. Cette estimation sérieuse sera capitale au moment où le cyclotron entrera en fonction et lorsqu'il faudra le plaider à la Direction des Hôpitaux.

- enfin, le montant des emprunts au titre de 1990, précédemment bloqué de façon totalement arbitraire, doit et sera pris en charge par l'Etat en prélèvant sur la marge nationale.

L'Inspection Générale des Affaires Sociales a donc terminé son travail et ses quatre Inspecteurs, tous de haute qualité, ont su retenir l'excellence et la complexité technologique de ce projet innovant ainsi que son intérêt majeur pour le progrès thérapeutique. Ils ont, avec rigueur, fait la part des responsabilités propres à chacun des protagonistes dans les retards imposés à l'achèvement de l'installation, proposé une date réaliste pour un début de fonctionnement et fixé un budget prévisionnel en accord avec les contraintes de ce type de traitement.

Plus tard, d'autres inspections, liées encore, en partie, à ce projet MEDICYC, seront diligentées au Centre Antoine Lacassagne ; elles n'auront pas, malheureusement, le même souci de justice ni le même niveau de compétence...

Après le véritable psychodrame que génère toujours une inspection générale, en vérité une rugueuse épreuve par son caractère inquisitoire, l'équipe technique MEDICYC, avec une vigueur renouvelée, s'attelle aux essais et au réglage de la machine ainsi qu'à la mise au point des équipements qui seront nécessaires pour que puisse, effectivement, débuter l'activité de protonthérapie et cela, en tout état de cause, avant cette date fatidique fixée au 30 juin 1991.

Le docteur Jean-Pierre Caujolle, jeune ophtalmologiste au Centre hospitalier universitaire de Nice, passionné par cette pathologie très particulière et prêt à travailler en coordination avec son collègue radiothérapeute, le docteur Pierre Chauvel, continue de parfaire ses connaissances en cancérologie oculaire en effectuant plusieurs stages de formation en Suisse (à Lausanne et à Villigen, près de Zurich) et aux USA (à Boston) grâce au soutien financier du Comité départemental de la Ligue nationale contre le Cancer.

Le nécessaire hébergement des futurs patients qui vont être pris en charge pour le traitement de leurs mélanomes oculaires est un problème difficile à résoudre. Il faut rappeler, en effet, que toutes les propositions antérieures (construction sur site d'un Hôtel pour malades, transfert de lits à partir du Centre Antoine Lacassagne) ont fait l'objet, de la part de la tutelle administrative, d'un refus constant. Cela pousse, donc, la gouvernance du Centre à mener une réflexion pouvant conduire à une possibilité d'hébergement qui ne soit pas de type hospitalier.

Grâce à l'entremise du docteur Belleudy, médecin-conseil régional de la Caisse nationale d'Assurance-maladie à Nice, un contact a pu, dans ce but, s'établir avec la Congrégation des Sœurs Augustines du Saint Cœur de Marie qui possède, sur la colline de Fabron, à proximité du site du cyclotron, une structure d'accueil joliment appelée « La Consolata ».

Au sein de cet établissement, une dizaine de chambres, qui répondent à de courtes villégiatures, pourrait servir ainsi à recevoir dans un environnement sanitaire favorable les patients pour la durée de leur traitement car les Sœurs sont presque toutes infirmières.

Cette éventualité reçoit un écho immédiatement favorable au niveau de la Maison-mère, qui se trouve rue de la Santé à Paris, où, déjà, il y avait eu, en 1983, un projet similaire : il s'agissait, alors, d'héberger des patients atteints de cancers et en cours de traitement à l'Institut Curie et à l'Institut Gustave-Roussy (Villejuif). L'Archevêché de Paris, à cette époque, ayant retenu, pour les Sœurs, une autre orientation, ce projet, initié par le docteur Claude Gubler, IGAS et médecin personnel du Président de la République, n'avait, de ce fait, pas abouti.

La requête niçoise, apparaissant quelques années après ce qui avait été, tout de même, vécu comme une frustration, va se trouver examinée, d'emblée, avec beaucoup d'intérêt, la Mère-supérieure, Sœur Saint Augustin, accompagnée de son conseil, Maître Jean-Pierre Boivin, professeur de droit public et avocat au barreau de Paris, se rendant même à Nice pour étudier les conditions d'une telle collaboration avec la direction du Centre.

Rapidement ensuite, une Convention comprenant un forfait journalier, est établie entre les deux parties en précisant les modalités selon lesquelles les prestations fournies (repas, hébergement, transports) seraient effectuées pour le compte du Centre Lacassagne et réglées aux Sœurs. Et effectivement, dès le premier trimestre 1991, avec l'assentiment de la direction des Hôpitaux, sont dégagés par le ministère de la Santé, initiative exceptionnelle, les fonds nécessaires à cette prise en charge pour qu'ils viennent doter l'enveloppe budgétaire du Centre. Dès lors, cette Convention entre en vigueur et va permettre l'accueil des tout premiers patients bénéficiant d'une protonthérapie.

Cette fructueuse et originale collaboration durera plus de vingt ans, les Sœurs Augustines niçoises accompagnant, avec chaleur et dévouement, plusieurs milliers de patients et leur famille dans leur propriété sobre et fonctionnelle, entourée d'un jardin magnifique dominant la vallée du Var. En 2014, toutes les Sœurs ayant plus que dépassé l'âge d'une juste et méritée retraite, le Centre Lacassagne fera, sur fonds propres, l'acquisition de ces locaux pour poursuivre cette mission d'accueil et d'hébergement qui a tant bénéficié aux patients traités par le cyclotron MEDICYC et qui, prochainement, fera de même pour ceux du S2C2, le nouveau synchrocyclotron de haute énergie en cours d'installation.

Le 10 juin 1990 a lieu la visite de réception finale des travaux de construction : elle concerne à la fois le hall technique du cyclotron MEDICYC et l'ensemble des locaux aménagés pour l'accueil et les soins des futurs patients. Ils sont prêts et fonctionnels pour la réception de ces derniers à l'exception de quelques aménagements complémentaires notamment pour l'équipement de la salle de protonthérapie oculaire.

L'accélérateur est, lui, dans la dernière phase des essais et le premier faisceau devrait pouvoir être extrait avant la fin de l'année 1990.

Rappelons qu'avant la fin du premier semestre 1991, il faut impérativement, la mission IGAS l'impose, avoir traité le premier patient !

L'EPAC 90 et les suites de l'Inspection Générale

Pierre Mandrillon, qui dirige le Comité local d'organisation de cette importante Société scientifique européenne, reçoit à Nice, du 12 au 16 juin 1990, le Congrès de l'« *European Particle Accélérator*

Conférence », l'EPAC 90, sa deuxième édition après le premier meeting de Rome en 1988.

Plus de 750 participants, 40 présentations orales et 475 affichage-posters, la présence effective d'une cinquantaine de compagnies industrielles exposantes attestent de l'attrait et de la réussite de cette manifestation. Une visite des installations du cyclotron MEDICYC, fût organisée, reconnaissance des compétences du Centre Antoine Lacassagne dans le domaine des accélérateurs à visée médicale.

Quelques jours après la fin de ce congrès international, le 18 juin 1990, se réunit le Conseil d'administration, toujours sous la présidence de la Directrice de la DdASS. Cette dernière indique que le Préfet, suite à la mission d'enquête de l'IGAS dont le Rapport définitif ne sera disponible qu'à la fin du mois d'octobre, demeure maintenant dans l'attente des décisions du ministère…

Le directeur informe les administrateurs que l'action directe menée par tous les membres du Groupe de Radiothérapie du Sud-Est (GRASE) sous la forme d'une lettre-pétition, signée par une cinquantaine de radiothérapeutes et physiciens, adressée le 1ier mars 1990 à Monsieur Claude Evin, Ministre de la Solidarité, de la Santé et de la Protection Sociale, n'a donné aucun résultat (ni, même, une réponse !). Cette initiative, menée dans le cadre de cette collaboration multi-régionale réunissant neuf établissements participant au service public hospitalier, n'avait pour seul but que de rappeler au Ministre l'existence d'un Groupe de spécialistes qui se réunit, depuis plusieurs années déjà (la première réunion remonte au 25 mars 1985), pour élaborer les protocoles de dosimétrie et de traitement, tant pour la protonthérapie que la neutronthérapie. Il ne s'agissait pourtant, simplement, que de lui demander :

« … de reconnaître officiellement à cette installation un caractère national et de lui donner les moyens humains et financiers indispensables à assurer un fonctionnement de qualité, tant pour l'installation en cours que pour l'exploitation ultérieure, ce d'autant que la nécessité de maintenir en France une recherche en radiothérapie nous semble indispensable … »

C'était probablement trop et cette démarche collective se conclut donc par un échec complet !

Si l'installation en cours autour du cyclotron MEDICYC se poursuit, les conditions budgétaires, dans cette période d'attentisme post-IGAS, demeurent, malheureusement, inchangées ; c'est le cas, en particulier, de la prise en charge des emprunts souscrits pour la construction, toujours non pris en compte par l'autorité de Tutelle.

Devant ce blocage persistant, le Conseil d'administration, à l'exception de la Présidente qui s'abstient, n'a d'autre choix que celui d'un nouveau recours contentieux contre l'arrêté du Préfet, en date du 18 mai 1990, fixant la dotation globale 1990.

Et pourtant il y a d'autres lieux et d'autres comportements !

Durant ce Conseil, le Directeur rapporte en effet aux administrateurs qu'à Paris, un arrangement a été trouvé pour que l'imposant (il pèse environ mille tonnes !) synchrocyclotron de l'Institut de Physique Nucléaire d'Orsay (IN2P3/CNRS), situé sur le campus d'Orsay, âgé d'une quarantaine d'année et ne présentant plus un intérêt suffisant pour les travaux de recherche de cet Institut au regard de son coût d'exploitation, soit orienté vers le domaine médical. Grâce à cet accord, il sera rétrocédé, pour le franc symbolique, à une nouvelle entité dédiée qui va se dénommer « **C**entre de **P**rotonthérapie d'**O**rsay » (CPO). Elle prend la forme juridique d'un Syndicat inter-hospitalier, créé pour la circonstance et qui réunit, comme partenaires, l'Institut Curie, l'Institut Gustave Roussy, l'Assistance Publique hôpitaux de Paris et le Centre René Huguenin de Saint-Cloud. Il s'inscrit au sein de l'Université Paris-Sud à Orsay.

L'engagement ferme de plusieurs centres médicaux parisiens de grande renommée, regroupés dans l'unique objectif d'installer, grâce à l'acquisition (sans frais !) de cet imposant accélérateur, une activité de soins en tous points identique à celle prévue de longue date à Nice ne peut, pour le Directeur, qu'apporter, une nouvelle fois, une justification pleine et entière de l'initiative menée, depuis plus d'une décennie, par le Centre Antoine Lacassagne dans cet innovant domaine.

Le Conseil suivant, en date du 31 octobre 1990, est présidé par le Préfet Ollivier lui-même, et ce pour la première fois depuis qu'il est préfet des Alpes-Maritimes.

Dans son exposé introductif, il juge utile d'expliquer que « *son absence aux séances précédentes est liée principalement à d'authentiques problèmes d'emploi du temps mais aussi à la conviction que sa double fonction conférée par les statuts des Centres de lutte contre le cancer, Préfet du département et Président du Conseil d'administration du Centre Lacassagne, lui imposait d'être parfaitement informé sur le fonctionnement du Centre et sur l'opération cyclotron avant de présider une réunion du Conseil. Il a eu connaissance du rapport de l'IGAS et estime y voir suffisamment clair aujourd'hui pour présider le Conseil d'administration, être un auditeur attentif et intervenir si nécessaire…*»

Le professeur François Demard, directeur, tient, lui, à rappeler que la présence du Préfet dans sa fonction de Président du Conseil d'administration est l'élément constitutif central qui témoigne de la place originale et du rôle éminent qu'occupe l'Etat et son administration dans la gestion de tous les Centres anti-cancéreux et du Centre Antoine Lacassagne en particulier. C'est le Préfet qui assume, ainsi, de par les statuts fondés sur l'Ordonnance de 1945, une responsabilité majeure dans la conduite stratégique de l'établissement, la définition et l'approbation de ses grandes orientations ainsi que dans la réalisation de ses objectifs médicaux et scientifiques.

Le Directeur procède ensuite, devant les administrateurs, à une première analyse succincte du Rapport définitif de l'IGAS parvenu deux jours auparavant. Il souligne d'emblée deux mesures préconisées pour régler le litigieux budget 1990 :

- l'intégration de neuf postes (pourtant régulièrement autorisés) réclamée par le Centre depuis trois ans

- le versement, par prélèvement sur la marge nationale, d'une somme correspondant au montant des intérêts au titre de 1990 des emprunts souscrits pour la construction du bâtiment

Le Préfet retient, lui, que ce Rapport est particulièrement positif sur deux aspects :

- il met fin à certaines rumeurs en établissant clairement qu'aucun reproche de nature comptable n'est fait à la conduite de cette opération.

- il s'agit bien d'une machine de nature expérimentale ayant une vocation nationale.

Il observe, cependant, que :

- l'intérêt thérapeutique du cyclotron lui paraît être considéré avec une certaine prudence, si ce n'est même avec scepticisme, par l'IGAS. Il subsisterait, en effet, dans sa lecture un certain nombre d'interrogations statistiques (!) au sujet de ce qui est fait ailleurs dans le monde et du nombre réel de malades concernés. Mais cela, à l'évidence pour lui, n'interdit pas et conforte même la thèse qu'il y a lieu de financer le cyclotron sur le budget national

- la maîtrise des coûts de construction de la machine, telle qu'analysée dans le Rapport, n'apparaît pas avoir été suffisamment assurée et différentes responsabilités, y compris administratives, sont avancées.

Après ses considérations particulièrement bienveillantes qui marquent, de sa part, un revirement total, le Préfet tient, même, à conseiller vivement la direction du Centre de motiver l'équipe du cyclotron pour un effort particulier dans l'assemblage final de l'installation afin de respecter le calendrier prévisionnel, imposé par l'IGAS qui prévoit l'ouverture de l'activité médicale avant la fin du deuxième trimestre de 1991.

En réponse, le Directeur indique que tous, dans l'équipe de Pierre Mandrillon, sont bien conscients que nous sommes, aujourd'hui, dans un véritable défi et challenge technologique : un faisceau accéléré d'une énergie de 10 MeV vient d'être produit dans la machine mais il faut atteindre le niveau de 65 MeV pour engager des conditions optimales de la protonthérapie des mélanomes oculaires. Il n'y a pas non plus, comme il l'a déjà rapporté lors du précédent Conseil, de preuves plus concrètes de la qualité des options de l'équipe niçoise que de constater l'intérêt commun des Centres de lutte contre le cancer parisiens et de l'Assistance publique-hôpitaux de Paris pour la reprise du synchrocyclotron d'Orsay afin de poursuivre les mêmes objectifs médicaux.

A la suite de ces échanges, ce Préfet quitte le Conseil avant même la clôture de l'ordre du jour et il n'y reviendra jamais !

Dans le futur, les indispensables et réguliers contacts entre le Directeur du Centre et le Préfet, Président de son Conseil d'Administration, se dérouleront dans le bureau de ce dernier, voire, à l'occasion, par souci de considération probablement, dans le garage au sous-sol du bâtiment préfectoral…

En décembre 1990, alors que, comme on peut l'imaginer, l'ensemble de l'équipe, avec fébrilité, s'affaire autour de l'assemblage des divers composants, du calibrage et de la dosimétrie du faisceau extrait, est publié, dans le magazine Science et Vie, un article sous la double signature de Marguerite Tiberti et de Jean-Michel Bader avec un titre suggestif « *La malheureuse histoire d'une merveille médicale* ».

Dans un fatras peu cohérent, sont présentés le rôle et les avantages de l'hadronthérapie, puis analysés et jugés le comportement des promoteurs de ce projet qualifiés de « *francs-tireurs isolés, sans lien externe avec des technologues ou des scientifiques* » (!) Et pourtant, curieusement, les deux journalistes ne cessent de louer « *l'exploit, car c'en est un, qui force l'admiration, mais il est risqué...* » Pour eux, la lettre ministérielle d'août 1985 est, même, qualifiée de « *coup de théâtre digne de Courteline* » et ils n'hésitent pas à qualifier certaines conclusions des inspecteurs de l'IGAS de « *péripéties déplorables* ».

Dans leur enquête on peut découvrir, aussi, l'existence d'opposants internes, dont un chirurgien du Centre Lacassagne, lequel n'hésiterait pas à évoquer « *mais, c'est sans doute dans un mouvement d'humeur, l'affaire des avions renifleurs ...* » !

L'article se termine par une probabilité fortement imagée : « *Reste à observer que cet appareil expérimental n'a pas encore craché un seul proton ou neutron, ni brûlé une seule cellule cancéreuse. Sur le papier, c'est une merveille... mais sa mise au point s'annonce longue et délicate* ». S'agissant d'un prototype, on peut comprendre qu'elle le soit, même si *in fine* admettre que la performance attendue sera obtenue et atteinte, sans complication ni retard.

Durant les premiers mois de 1991, se concrétisent, comme prévu, l'alignement de la voie de faisceau, le montage de la chaise de traitement, la dosimétrie sur « fantôme » et bien évidemment tout l'ensemble informatique autorisant les « Commandes et Contrôles » du cyclotron. Une mention particulière doit être réservée, ici, au fameux logiciel EYEPLAN, gracieusement fourni, à notre demande, par nos collègues américains de Boston. Ce logiciel, seul et unique, va permettre à l'équipe niçoise, en pratique clinique, de gérer le faisceau de protons pour détruire les cellules tumorales mélaniques dans l'œil. La contrepartie de cette exceptionnelle gratuité fut le souhait, par l'équipe du Massachussets General Hospital, de bénéficier d'éventuelles améliorations ou optimisations qui pourraient être apportées à ce logiciel au long de son exploitation future à Nice. Cette condition, nul n'en doute, sera par la suite scrupuleusement respectée !

N'en déplaise aux deux journalistes de « Science et Vie » qui émettaient de sérieux doutes sur les capacités de MEDICYC de produire des protons et qui, dans leur article paru moins de six mois auparavant, pariaient sur une mise au point « *longue et délicate* », le 17 juin 1991 sera le jour du premier traitement d'une patiente atteinte d'un mélanome oculaire ; nous avons relaté le déroulement de ce grand jour dans le chapitre précédent.

C'était, donc, la toute première fois qu'en France des protons étaient utilisés pour détruire une tumeur maligne mais, pour une administration de tutelle indifférente à la concrétisation de tant d'années d'un travail acharné de l'équipe MEDICYC, ce jour d'espérance et de confiance dans les progrès que l'on peut attendre des connaissances scientifiques, resta un jour de torpeur comme les autres…

Par contre, les autorités locales ne manquèrent pas de saluer cette réussite.

Le 10 juillet, le Sénateur-Maire de Nice, Monsieur Honoré Bailet écrit au professeur François Demard :

« *…Tout comme vous, dans l'intérêt des malades, je me réjouis du succès remporté par cette nouvelle thérapeutique… A cette occasion, je tiens à vous adresser toutes mes félicitations à partager avec vos collaborateurs…* »

Et, le 31 juillet, le Sénateur Charles Ginesy, Président du Conseil Général des Alpes-Maritimes exprime, par un courrier au même directeur du Centre Lacassagne, sa satisfaction et, à travers lui, celle de tous les élus :

« *En m'annonçant le 1ier juillet que le Cyclotron Biomédical MEDICYC avait commencé depuis quelques jours à traiter les premiers malades venus jusqu'à vous, vous avez bien voulu me remercier et remercier l'ensemble des membres de notre Assemblée Départementale pour l'aide qui vous a été apportée. Je voudrais également vous adresser mes félicitations pour ce que vous et l'équipe que vous animez avez réussi dans des conditions, je le sais, très difficiles…* »

L'établissement laborieux d'un budget de fonctionnement

Sur le plan médical, l'activité du cyclotron s'avère, d'emblée, très satisfaisante, tant sur le plan de la qualité du faisceau accéléré lui-même qui répond, de façon parfaite aux critères de précision et de fiabilité fixés par l'équipe MEDICYC, qu'en ce qui concerne le recrutement, à savoir le nombre de patients traités.

Il n'en est, malheureusement, pas de même des difficultés budgétaires et administratives rencontrées par le Centre Lacassagne, qui, elles, nonobstant ce début réussi de la protonthérapie, vont sans relâche continuer à s'aggraver.

Tentons brièvement d'en examiner les principales causes :

- Non seulement dans le Compte Administratif 1989, mais aussi dans celui de l'année 1990, l'autorité de tutelle s'obstine toujours à considérer la charge des intérêts des emprunts souscrits pour la construction du bâtiment comme des dépenses injustifiées.

Or, en dehors des subventions locales sollicitées puis obtenues (à l'exception de la région PACA) et en l'absence, maintenant définitive, d'attribution de toute subvention d'État, c'est bien la seule réalisation d'emprunts qui a permis le financement des travaux de construction du bâtiment. Ces derniers ont débuté dans le délai imparti strictement limité à deux ans, par l'administration elle-même, à partir de la date de l'autorisation ministérielle. Une fois engagée, la construction a été menée en 18 mois avec des coûts strictement maitrisés puisqu'ils se tiennent après la levée des dernières réserves, au niveau du montant de l'estimation initiale établie avant le début des travaux, soit 54,2 millions de francs.

Lors du Conseil d'administration du 6 mai 1991, le Directeur précise que, les dates d'échéance du remboursement de ces emprunts, fixées au mois de janvier, et le caractère tardif des modalités d'attribution des budgets par la tutelle administrative, tant pour 1989 que pour 1990, font que la garantie départementale sollicitée n'a pas pu être accordée.

Si l'on excepte l'abstention du Directeur départemental adjoint de la DdASS des Alpes-Maritimes qui préside ce Conseil (l'échelle des responsabilités se décline, maintenant, vers le bas avec un Préfet absent et une Directrice absente également !), les administrateurs autorisent, en toute logique, le Directeur du Centre Antoine Lacassagne à exercer un recours contre l'arrêté préfectoral du 1er avril 1991 auprès du Secrétariat de la Commission Interrégionale de la Tarification Sanitaire et Sociale (CITSS). Son but est de pouvoir, à l'encontre de la position préfectorale, réintégrer l'annuité 1989 des intérêts des emprunts (à savoir la somme de 2,1 millions de francs) dans les dépenses régulièrement autorisées de cet exercice puis, de reprendre, ensuite, cette somme dans les budgets suivants.

Il faudra, c'est malheureusement les délais habituels, attendre pas loin de deux années pour voir ce recours (numéro 91061014) aboutir favorablement puisque, en date du 3 février 1993, le CITSS de Lyon estimera que la dotation globale de l'exercice 1989 du Centre Antoine Lacassagne doit être majorée de la somme de 2,1 millions de francs, montant qui, enfin, sera donc effectivement intégré au budget prévisionnel 1993 de l'établissement…

- Concernant l'attribution budgétaire pour le fonctionnement médical du cyclotron, la situation devient maintenant périlleuse pour la pérennité de cette activité, voire incompatible, à bref terme, avec la survie de l'installation de la Lanterne. En effet, par arrêté en date du 4 mars 1991, le Préfet des Alpes-Maritimes a décidé, en année pleine, du montant du budget de fonctionnement autorisé pour l'activité de MEDICYC. Ce budget tronqué est arbitrairement fixé à un montant total de 16 millions de francs et assuré seulement à hauteur de 12 millions de francs par une dotation sur les marges de manœuvre nationale (3 millions de francs), régionale (6 millions de francs) et départementale (3 millions de francs). Quant aux 4 millions de francs manquants, ils doivent être financés à l'aide de contrats de recherche pour lesquels il appartient à l'établissement de trouver les partenaires intéressés !

Les effets pervers, voire mortifères, de cette décision préfectorale, qui ignore superbement les préconisations chiffrées de l'Inspection Générale, sont nombreux :

- Considéré comme expérimental, le cyclotron n'est pas amorti.

Pourtant, c'est une évidence, il a perdu son caractère expérimental dès le moment où des malades sont pris en charge et traités dans le cadre de protocoles thérapeutiques parfaitement définis sur le plan médical. Maintenir un tel caractère expérimental amène aussi à penser que les malades sont considérés comme sujets d'une expérience médicale, ce qui est en totale contradiction avec la législation sociale qui, bien évidemment, rembourse les frais de protonthérapie lorsque les ressortissants français bénéficient de ce traitement à l'étranger… à Boston aux États-Unis, à Villigen en Suisse ainsi qu'à Clatterbridge au Royaume-Uni.

Ne pas amortir le cyclotron revient, également, à diminuer la capacité d'autofinancement de l'établissement et donc, à hypothéquer gravement ses investissements futurs et par là-même son avenir. De plus, sujet à caution dans le cadre d'un courrier préfectoral qui ne peut ignorer la législation, ce refus de financer l'amortissement s'avère contraire aux règles comptables fixées par l'instruction M 21 en vigueur dans les établissements hospitaliers et reprises dans l'instruction comptable 87/67 du 16 mars 1987, applicable aux établissements à but non lucratif. Décision absurde et, de plus, non-conforme sur le plan réglementaire !

- Le financement, ainsi abaissé par le Préfet à 16 millions de francs (dont seulement 12 millions sont couverts par les diverses enveloppes) prive à l'évidence cette opération, une première médicale en France pourtant, de sa dimension nationale reconnue par la mission IGAS.

- Ne financer sur la marge départementale que la différence entre les 3 millions de francs accordés et les redéploiements internes de personnel à réaliser, revient donc à accorder un financement encore bien inférieur au budget d'exploitation retenu. Et pourtant des crédits, en vue de la mise en service du cyclotron, avaient bien été réservés sur la marge départementale pour les exercices 1989 et 1990 mais, particulière sévérité, ils ont été *in fine* affectés à d'autres établissements, probablement plus performants…

- Quant aux 4 millions qui restent à financer sur des crédits de recherche, ils ne peuvent être sollicités auprès des Caisses d'Assurance maladie qu'au titre de leurs opérations expérimentales, définies à l'article 162 31 du Code de la Sécurité sociale ; si même ils sont trouvés (ce qui apparaît comme très aléatoire), ce sera toujours, en tout état de cause, l'Assurance-maladie qui financera l'exploitation du cyclotron, mais, jonglerie curieuse, par une autre section budgétaire !

• L'attribution d'un tel budget tronqué ne prendra enfin effet qu'à la date où le premier malade est traité, ce qui ne correspond pas, bien évidemment, à la réalité médicale. En effet, le temps nécessaire à la dosimétrie physique et clinique, qui a débuté dès le 2 janvier 1991, doit être financé par le budget d'exploitation au même titre que les traitements dont elle fait partie intégrante. Prenons l'exemple significatif de Paris pour se convaincre qu'à Nice, une fois encore, il y a volonté de nuire : le Centre de protonthérapie d'Orsay, qui n'a pas non plus encore traité de malade dispose bien, et ce depuis début 1990, d'un budget d'exploitation pour la mise au point du faisceau !

Devant une telle conjugaison de décisions délétères, lors de ce Conseil d'Administration du 6 mai 1991, le Directeur du Centre Antoine Lacassagne, sollicite et obtient le soutien unanime des administrateurs pour réfuter cette dotation de fonctionnement, arbitrairement amputée et donc totalement incompatible avec la mise en service imminente du cyclotron. Son argumentaire pour justifier un tel refus catégorique repose sur l'analyse rigoureuse et sans complaisance des inspecteurs de l'IGAS qui ont proposé un budget annuel dont le montant n'est pas de 16 millions mais de 19,6 millions de francs : comment expliquer, et cela interpelle tous les administrateurs, qu'aucune des recommandations constructives de l'Inspection, qui a travaillé le temps nécessaire pour une juste évaluation de ce dossier, n'ait été retenue par la tutelle locale ? S'agirait-il de sa part d'un véritable acharnement ?

Confronté à cette situation périlleuse, le Directeur informe le Conseil d'administration qu'il a, dès le 21 février 1991, par courrier remis en main propre à Monsieur Bruno Durieux, Ministre de la Santé, pris l'initiative de requérir, pour la fixation du budget du cyclotron, que les dispositions retenues dans le Rapport de l'IGAS soient prises en considération, le Centre Lacassagne s'engageant, à l'avance et en tous points, à les respecter en l'état…

Cette séance (si importante) du Conseil d'administration du 6 mai 1991, où se débat tout l'avenir du cyclotron, n'ayant été présidée que par l'adjointe de la Directrice départementale de la DdASS, un entretien personnel avec le Préfet des Alpes-Maritimes est sollicité par le professeur Demard pour l'informer de la ferme et résolue opposition des administrateurs du Centre Antoine Lacassagne. Ce rendez-vous ne lui sera cependant accordé que le 11 septembre 1991, trois mois d'attente seulement !

Il aura lieu à la Préfecture, le Directeur du Centre confirmant, devant les contraintes inacceptables qui sont imposées au fonctionnement de MEDICYC, sa volonté d'exercer, contre l'arrêté préfectoral, un recours devant le Tribunal administratif de Nice. Celui-ci sera effectif à compter du 14 septembre. Le professeur Demard informe aussi le Préfet des efforts personnels qu'il mène, dans le même temps, pour organiser une séance de travail consacrée à ce budget de fonctionnement auprès de la Direction des Hôpitaux à Paris.

Enfin obtenu grâce à l'entremise de Maître Jean-Pierre Boivin, qui avait déjà concrétisé la collaboration avec les Sœurs Augustines, ce rendez-vous est fixé au 13 septembre 1991, à 11h30, au Ministère de la Santé.

Durant cet entretien initialement prévu pour durer 30 minutes, les échanges, souvent serrés, dureront cinq fois plus de temps avec le Directeur des hôpitaux, lui-même, Monsieur Gérard Vincent et ses collaborateurs : ils aboutiront à la fixation définitive du budget de fonctionnement pour MEDICYC, en année pleine, d'un montant de 19,6 millions de francs, très exactement celui proposé par la mission diligentée à Nice. De plus, le professeur Demard obtient que l'amortissement du cyclotron soit bien pris en charge conformément à la réglementation comptable en vigueur, et ce sur une période de 30 ans (24 ans avaient été retenus par les inspecteurs).

Sont également régularisés, dans la foulée, les intérêts des emprunts souscrits au titre de la marge nationale ainsi que les neuf postes créés antérieurement, dont la réintégration était demandée depuis 1987, celle-ci par prélèvement sur la marge départementale.

Enfin, la date de prise d'effet du budget d'exploitation est bien fixée au 1er janvier 1991 pour tenir compte de la mise au point du faisceau.

Quant au financement de 4 millions de francs par des crédits spécifiques au titre de la Recherche, auprès d'organismes tels que le CNRS ou l'INSERM, voire directement auprès des Caisses d'Assurance-maladie au titre de leurs actions expérimentales, les participants à cette réunion de travail, reconnaissent, à l'unisson, qu'ils s'avèreront impossibles à trouver… Comment, en effet, financer par des crédits spécifiques de recherche un traitement qui est, lui, pris en charge par le budget de l'Assurance-maladie s'il est effectué à l'étranger ? Ce dernier doit purement et simplement intégrer la dotation globale du Centre Lacassagne, comme d'ailleurs le souhaite l'IGAS, afin de respecter l'engagement contenu dans le courrier ministériel du 26 avril 1988.

L'ensemble de ces dispositions négociées directement par le directeur du Centre Antoine Lacassagne au ministère de la Santé, sera suivi, par un courrier de la direction des Hôpitaux en date du 29 octobre, d'une recommendation détaillée à l'attention de ses services locaux décentralisés.

Ceci permet le lendemain, 30 octobre 1991, lors d'un Conseil d'administration sous la présidence, cette fois-ci de Madame de Blainville, au Directeur de solliciter des administrateurs l'approbation finale de ce nouveau cadre budgétaire après avoir insisté sur l'urgence, trois ans et demi après l'établissement du premier budget prévisionnel de MEDICYC, dix mois après l'aboutissement des travaux de construction de la machine, de ses annexes et du bâtiment qui l'abrite, quatre mois et demi après le traitement effectif du premier malade, qu'il y a, enfin, à doter cette installation médicale, régulièrement autorisée, régulièrement installée, d'un budget de fonctionnement comme pour toute autre structure hospitalière.

Ces dispositions budgétaires sont approuvées à l'unanimité des membres du Conseil d'Administration, à l'exception de la Présidente, probablement mécontente des décisions de sa hiérarchie et qui, en dépit de la lettre explicative qu'elle vient de recevoir du ministère, s'abstient une fois encore !

Le nouvel arrêté préfectoral, dûment corrigé, parvient au Centre le 5 février 1992 et intègre bien dans la dotation globale 1991 de l'établissement ce budget de fonctionnement du cyclotron maintenant approuvé. Il détermine aussi à compter du 1er juillet 1991 la tarification retenue pour les séances de protonthérapie.

Le 17 février 1992, tout à fait logiquement, le Centre Lacassagne, par l'intermédiaire de son Conseil juridique, se désiste de l'action entreprise devant le Tribunal administratif de Nice contre l'arrêté préfectoral du 4 mars 1991.

Fin, malheureusement provisoire, d'un rude combat…

Un épais Rapport du Comité National d'Evaluation des Universités rassemble, en mars 1992, suite à une mission sur place, les appréciations de cette commission indépendante sur l'Université de Nice.

Dans les 12 pages spécifiquement consacrées à la Faculté de Médecine, il est fait état de l'initiative MEDICYC :

« *…Une mention spéciale doit être faite d'une réalisation du Centre anticancéreux Antoine Lacassagne qui fait l'honneur de la médecine niçoise. Un cyclotron a été construit grâce à l'aide du CNRS (IN2P3) dont a été détaché un ingénieur de haut niveau, à l'aide aussi du CERN et également du financement par des fonds privés. Ce cyclotron est utilisé pour la thérapie par les protons et a le projet d'employer des faisceaux de neutrons…Le service reçoit des patients de la France entière, d'Italie et d'Espagne…* »

Le réconfort engendré par ce soutien indépendant reste tempéré par la certitude, partagée par tous, que les conclusions d'un tel Rapport, issu d'une enquête sollicitée par le ministère de l'Education Nationale et de l'Enseignement Supérieur, réalisé par d'éminents scientifiques, n'ont aucune chance de parvenir à la connaissance des fonctionnaires en charge du dossier MEDICYC et donc de les amener à réviser la franche hostilité qui se poursuit.

Ainsi malgré les dispositions budgétaires, maintenant réglementaires, concernant le fonctionnement de MEDICYC, la tutelle locale ne cesse de considérer, sans relâche et contre toute logique, que le Centre s'est lancé, sans autorisation, dans la construction du bâtiment. Elle refuse donc toujours d'intégrer les intérêts des emprunts souscrits dans les dépenses d'exploitation autorisées au titre de l'exercice 1990.

Pas d'autre alternative alors, durant le Conseil d'administration du 28 avril 1992, pour les administrateurs, là également à l'unanimité correction faite de la Présidente, Madame de Blainville, qui comme toujours s'abstient, que d'autoriser le Directeur a se pourvoir, une nouvelle fois, devant la Commission Interrégionale de Tarification Sanitaire (CITSS)...

Cette juridiction contentieuse a des règles de fonctionnement très strictes distinguant la forme puis le fond, ce qui aboutit, parfois, à des décisions suprenantes. Ainsi, si le premier recours (numéro 91061014) concernant l'annuité 1989 de remboursement des emprunts conduit favorablement à la réintégration au budget prévisionnel 1993 du montant des intérêts dans la dotation globale du Centre, ce nouvel appel (numéro 920651) concernant, pourtant, les mêmes intérêts des mêmes emprunts, mais au titre de l'exercice 1990, se verra, pour la forme, rejeté. En effet, le CITSS, considérant que cette dépense prévisible au moment de l'établissement du budget prévisionnel 1990 mais non retenue par le Préfet dans son arrêté fixant la dotation globale, n'a pas fait, dans les temps, l'objet d'une contestation par le Centre ; l'arrêté est, alors, devenu définitif et le Centre, donc, n'est pas fondé à en réclamer la prise en compte !

Autre problème (sans solution au cours de l'entrevue avec le Directeur des Hôpitaux en 1991), obtenir 4 millions de francs au titre des actions de recherches de la Sécurité Sociale, s'avère une difficulté majeure.

Malgré, en effet, des demandes multiples auprès des Caisses d'Assurance-maladie et en dépit d'une visite sur place, de Monsieur

Jean-Claude Mallet, Président de la Caisse nationale d'assurance-maladie, le Centre n'a reçu aucune réponse positive pour ce financement pourtant toujours considéré, par la tutelle, comme une recette subsidiaire. L'amputation corollaire d'un montant équivalent d'autorisation de dépenses, lesquelles considérées comme gagées par la non réalisation de cette recette, a, on l'imagine aisément, des conséquences graves sur le fonctionnement de l'activité médicale puisque, de fait, le budget alloué se voit réduit à 14,9 millions de francs alors que les dépenses autorisées s'élèvent, en valeur 1993, à 19,2 millions de francs. Une telle contrainte, si elle persiste, impose à bref terme un arrêt de l'exploitation et des traitements en cours. Dans une telle circonstance, si le début de la mise en service de la neutronthérapie pouvait éventuellement être différé, il paraît neanmoins inconcevable de stopper l'activité de protonthérapie des mélanomes oculaires alors que, dès la première année d'existence, les prévisions de recrutement de malades sont dépassées, ce qui confirme bien le besoin d'une telle machine au plan national.

À la seule et sempertinelle abstention de la Présidente, le Directeur obtient l'accord du Conseil d'administration, réuni le 27 janvier 1993, pour exercer à nouveau un recours contentieux auprès de la CITSS de Lyon, dès la notification de l'arrêté préfectoral, prévu pour le 1ier mars 1993, qui fixe la dotation globale pour l'exercice 1993 et entérine cette amputation budgétaire.

Ce recours (numéro 93 0638) enregistré le 13 avril 1993 n'ira finalement pas à son terme puisque le Centre, ayant enfin obtenu satisfaction, se désistera, quelques mois plus tard, de sa plainte. Le 7 décembre 1993, en effet, l'enveloppe ministérielle allouée au département des Alpes-Maritimes dans le cadre d'un abondement, sur le plan national, du budget des Etablissements privés participant au service public hospitalier, réglera ce problème qui semblait pourtant insoluble : le Centre Antoine Lacassagne se voit attribué un rebasement budgétaire, malheureusement partiel (nous y reviendrons), d'un montant de 11,4 millions de francs, incluant enfin les 4 millions de francs, objet de ce litige quelque peu surréaliste.

Un an après le traitement du premier malade, le Directeur adresse, le 25 juin 1992, une note au préfet des Alpes-Maritimes sollicitant une aide technique pour organiser, dans les meilleures conditions, une inauguration officielle de MEDICYC et du bâtiment qui l'abrite. Ce cyclotron, d'une conception innovante, occupe dans le parc français des accélérateurs, un des tout premiers rangs en gamme d'énergie, et il est le plus récent construit en France. Organiser une inauguration officielle à Nice est d'autant plus légitime que le Centre de Protonthérapie d'Orsay, l'a été le 6 janvier 1992, quelques semaines après avoir traité ses premiers malades. Cette inauguration s'est faite en présence des deux ministres de tutelle, celui de la Santé et celui de la Recherche ; elle n'a pourtant concerné que les aménagements réalisés pour répondre aux spécificités médicales permettant à cet imposant synchrocyclotron, voulu par Fréderic et Irène Joliot-Curie pour la Recherche fondamentale en Physique Nucléaire et installé en 1956, d'entamer une nouvelle vie…

Pour l'installation de Nice, cette aide sollicitée auprès du Préfet pour son inauguration officielle, va rester lettre morte, comme cela était prévisible.

Quand le Centre Antoine Lacassagne, décidé d'agir seul pour cette organisation, s'adressera en novembre 1992 par courrier directement auprès des cabinets ministériels, ceux de Monsieur Jean-Louis Bianco, Ministre des Affaires sociales et de l'Intégration et de Monsieur Hubert Curien, Ministre de la Recherche et de l'Espace, tous les deux répondront tardivement et négativement. Au début de l'année 1993, il y aura bien une dernière tentative auprès de Monsieur Georges Charpak, prix Nobel, qui accepte la charge de présider de sa haute autorité scientifique cette inauguration en juin, soit deux années après le début des traitements. Cette initiative va se heurter au désintérêt des services administratifs amenant la gouvernance du Centre à renoncer définitivement à toute inauguration officielle…

Le début de la neutronthérapie et la poursuite de l'impasse budgétaire

Alors que l'activité de protonthérapie progresse régulièrement, toute l'énergie de l'équipe technique, durant cette année 1993, va se consacrer aux mesures et aux vérifications nécessaires au démarrage prochain de l'emploi des neutrons en médecine, la deuxième mission qui lui a été confiée.

Parmi les difficultés rencontrées, les modifications complexes du très volumineux collimateur à lames variables construit par les Belges seront les plus prégnantes car il fallut redresser chacune des lames de fer quasiment pur. Celles apportées au cône égalisateur, absolument nécessaires pour autoriser une bonne homogénéité du faisceau, vont contraindre les physiciens médicaux à refaire l'ensemble de la dosimétrie avant de procéder aux inter-comparaisons usuelles avant le démarrage de toute installation. Ces dernières se révéleront, fort heureusement, tout à fait comparables avec les données du faisceau traversant le collimateur, en tous points identique, déjà utilisé depuis plusieurs mois à Louvain-la-Neuve, en Belgique.

Le premier malade, à Nice, est traité le 8 novembre 1993 en neutronthérapie, dans la salle spécialement dédiée à cette activité, équipée d'un « puits à neutrons » destiné à piéger la retrodiffusion des neutrons.

Durant cette même période, l'impasse budgétaire du Centre, loin de se réduire, s'aggrave encore, atteignant un déficit global considérable chiffré à 13 millions de francs.

Pour la Direction ce déficit relève d'un unique mécanisme : depuis plusieurs années le Centre Lacassagne n'a jamais bénéficié, lors de la reconduction de ses budgets par la tutelle administrative, que d'un seul taux de base, en contradiction flagrante avec son rôle et ses missions d'établissement de référence en cancérologie. Faut-il voir là aussi un lien avec la détermination montrée par l'établissement pour mener à bien le projet MEDICYC ?

Certes, comme pour tous les Centres anticancéreux français, il y a bien eu, le 7 décembre 1993, un « rebasement » budgétaire, obtenu dans le cadre d'une enveloppe ministérielle, allouée au département des Alpes-Maritimes. Mais son montant, par comparaison avec celui accordé aux autres établissements français identiques, a été fixé, par la tutelle, à un niveau bien trop insuffisant.

Ce rebasement, s'il a permis de résoudre l'impasse des 4 MF au titre du complément de financement du cyclotron par l'Assurance-Maladie et donc de régler définitivement le montant du budget d'exploitation de MEDICYC, n'a pas rétabli l'équilibre du budget global de l'établissement. Ce caractère partiel du rebasement spécifiquement réservé à Nice, est totalement incapable de réajuster la base des dotations budgétaires et de soulager la situation financière particulièrement dégradée au fil des années.

Par contre le budget du cyclotron est maintenant tout à fait réglementairement intégré dans la dotation du Centre Lacassagne et s'élève à 20 millions de francs pour l'exercice 1992, 21 millions de francs pour 1993, ce qui ne représente, il n'est pas inutile de le souligner, que moins de 10% de l'ensemble des dépenses de fonctionnement de l'établissement.

Dans l'excessive et permanente sévérité manifestée par l'autorité de tutelle, faudrait-il voir une volonté cachée de « représailles », conséquence du long conflit autour de MEDICYC ? Les difficultés financières affectent maintenant l'ensemble de l'établissement. Devant l'absolue nécessité d'assurer la pérennité même de l'Institution, le Directeur, lors du Conseil d'administration du 13 décembre 1993, se voit contraint, pour rétablir l'équilibre des comptes, de demander aux administrateurs d'envisager, pour la première fois dans l'histoire du Centre Antoine Lacassagne, la possibilité d'un Plan social assorti de suppressions d'activités et de personnels.

Le Directeur expose l'origine de ces difficultés financières, dans un courrier adressé à Monsieur Maurice Joubert, qui est le nouveau Préfet des Alpes-Maritimes :

« ...Je vous prie de bien vouloir trouver ci-joint l'étude sur l'analyse de l'évolution des dépenses de personnel pour les exercices 1990-91 et 92 qui imposent, en 1993, un réajustement indispensable de notre budget.

Comme vous pourrez le constater, l'évolution sur les contrats à durée indéterminée, si elle est importante, est totalement expliquée et justifiée.

Je joins le calcul théorique mesurant l'incidence, depuis 1989, des marges régionales auxquelles le Centre aurait pu prétendre si sa mission statutaire de Centre Régional de lutte contre le cancer avait simplement été prise en considération... »

Il précise à nouveau, durant le Conseil d'administration suivant en date du 19 janvier 1994, que, si tous les Centres français ont été correctement rebasés dans le cadre de la procédure nationale, le Centre Antoine Lacassagne à Nice est particulièrement pénalisé avec seulement un tiers de sa demande budgétaire prise en considération.

Devant la situation, les administrateurs, hormis la Présidente, la directrice de la DdASS, qui, à son habitude, s'abstient, autorisent à l'unanimité le Directeur à déposer, une nouvelle fois, un recours contentieux auprès de la CITSS de Lyon. Ce recours (n° 94 065) est enregistré le 24 janvier 1994 : il concerne le réajustement budgétaire de l'ensemble du Centre Antoine Lacassagne, justifié à hauteur de 21,5 millions de francs, mais accordé pour un montant limité à 7,4 millions de francs soit un écart négatif de plus de 14 millions de francs.

Quatorze millions de francs, montant réel de l'impasse, une somme vraiment considérable qu'il faut recouvrer pour retrouver l'équilibre financier et budgétaire !

Mais voilà, ce recours marque un changement d'importance : c'est maintenant une décision judiciaire qui devra trancher ce litige sérieux entre l'établissement qui s'estime lésé depuis plusieurs années et sa tutelle administrative qui crie, elle, à la mauvaise gestion, durant la même période, de l'équipe dirigeante du Centre Antoine Lacassagne…

Attardons-nous sur cette procédure contentieuse en cours qui va avoir une influence majeure sur la situation générale du Centre.

Dans le mémoire présenté par la direction de l'établissement auprès du CITSS sont mis en exergue les éléments indiscutables constitutifs du litige. Il est, ainsi, parfaitement démontré dans ce document que l'évolution des rémunérations du personnel n'est pas le fait d'une gestion laxiste mais qu'elle n'est liée qu'à la stricte application d'avenants agréés par le Ministère. Quant aux lourdes dépenses pharmaceutiques, elles concernent les molécules anti-cancéreuses innovantes qu'obstinément l'autorité de tutelle refuse de prendre en charge, alors que l'exige, en toute évidence, le traitement des patients.

Il est apporté la preuve que le Centre s'est vu appliqué par l'autorité de tutelle avec une sévérité qui lui est propre, un budget tronqué et insuffisant. Des données chiffrées précises sont fournies : ainsi, pour les exercices successifs de 1990 à 1994, le taux annuel moyen de reconduction accordé au Centre de Nice se limite à 8,66 %, alors que, dans la même période, il est de 11,87 % pour tous les autres Centres de lutte contre le Cancer…Il en résulte que le taux moyen d'évolution sur quatre ans se situe autour de 24 % pour tous les autres Centres français de lutte contre le Cancer mais qu'il est limité à 14 % pour le seul Centre Antoine Lacassagne de Nice !

Ces faits tenteront, évidemment, d'être réfutés dans le mémoire en réplique présenté par l'administration locale devant le CITSS. Elle avance que la situation préoccupante de Nice ne serait liée qu'à l'incapacité du Centre à pratiquer une gestion serrée des budgets attribués et à une activité médicale qu'elle juge trop faible même si cela se révèle en totale contradiction avec les statistiques fournies, année après année: outre une gestion laxiste, il y aurait donc une sous-activité qui serait aussi à l'origine de la situation budgétaire…

Pour tenter d'étayer cette analyse et apporter la démonstration que le Centre, contrairement à ce qu'il avance, n'a pas été pénalisé, la tutelle va produire une « étude » qui consiste en une inter-comparaison d'activité avec cinq autres Centres de lutte contre le Cancer. Dans ces établissements, choisis par elle, trois exercices sont analysés (1990-91-92) sur la seule base du taux d'occupation des lits. Il s'avère rapidement que les chiffres présentés pour chacun de ces cinq établissements sont tous faux (après enquête ce serait une banale « erreur de plume » !) sauf bien entendu ceux concernant Nice.

Après correction, le vrai taux moyen d'occupation dans les cinq Centres choisis pour référence, se situe à 61,85 %, et non à 68,37 % comme cela était initialement avancé. A Nice pour la période identique il est de 62,60%.

Fi donc d'une quelconque sous-activité du Centre Lacassagne !

La démonstration est claire mais c'est le tribunal du contentieux tarifaire qui jugera en son temps ! Or, tous les protagonistes le savent, ce temps est long, rarement inférieur à deux années…

Le nouveau Préfet, Monsieur Joubert, préside, en personne, le Conseil d'administration réuni le 27 avril 1994, c'est la première présence d'un Préfet depuis bientôt quatre ans.

Comme il s'y était engagé devant l'ampleur du déficit auquel le Centre est confronté, le Directeur présente, élaborée avec l'aide de consultants extérieurs en management, une proposition de mise en place éventuelle d'un « Plan social de restructuration ». Ce dernier associerait des mesures portant sur des retraites progressives pour le personnel qui le souhaite et sur un transfert de certaines activités, connexes à la mission de soins, vers des sous-traitants spécialisés. Il n'est, malheureusement pas possible, dans ce plan, d'écarter des mesures concernant l'emploi (plusieurs dizaines de départ dont quelques-uns, seulement, volontaires), ce qui, immédiatement, entraîne, bien évidemment, une légitime inquiétude de la part des syndicats dont les représentants envahissent le Conseil d'administration sans y avoir été conviés…

Devant cette situation sociale très tendue, le Préfet demande que ces solutions de restructuration soient différées. Son intention, pour l'éclairer sur la conduite à adopter, est de demander un audit qui sera remplacé, à la suite de diverses tractations qui se déroulent au ministère, par l'application d'une lourde peine, un nouveau recours à l'IGAS.

Il est légitime, ici, de s'interroger sur les motivations qui poussent l'administration centrale à lancer une nouvelle inspection du Centre Lacassagne en 1994. Ce n'est, certes, pas la méconnaissance d'une situation financière déséquilibrée depuis plusieurs années. Ne serait-ce pas plutôt, cela en pure hypothèse, le bras armé d'une action de sauvegarde, mûrement réfléchie, visant ce litige important de 14 millions de francs ? Il s'agirait alors pour l'administration de tenter de contrer la stratégie contentieuse conduite par l'équipe dirigeante du Centre Antoine Lacassagne avec le soutien permanent de son Conseil d'Administration.

Dans cette période troublée, et par l'entremise d'un jeune oncologue médical en formation au Centre Lacassagne, dont le père fait partie de l'équipe locale du Maire de Lourdes, le professeur Demard obtient, au début du mois de mai 1994, un entretien personnel avec son collègue, le professeur Philippe Douste-Blazy, Ministre de la Santé, comme le souhaitait le directeur du Centre, en dehors des locaux du ministère à Paris.

Il est reçu fort cordialement, par le Ministre dans son bureau de sa jolie mairie des Hautes-Pyrénées et, pendant plus d'une heure, la situation financière du Centre Lacassagne mais aussi les conditions du développement de la protonthérapie et de la neutronthérapie à Nice seront largement débattues. Très attentif à l'argumentaire présenté, le Ministre convient, à la fin de l'audience, qu'il a parfaitement saisi l'origine de tous les problèmes auxquels le Centre est confronté, et que ceux-ci, il l'affirme, seront résolus sous quinzaine. Il souhaite vivement ensuite, dès les semaines qui viennent, venir à Nice pour inaugurer le cyclotron MEDICYC …

Malheureusement le proche collaborateur du Cabinet joint au téléphone par le professeur François Demard 48 heures après, selon les instructions mêmes du Ministre, ne montrera, aucune trace de l'empathie manifestée à Lourdes, et, d'emblée, indiquera sans nuance qu'il est totalement réticent à tout soutien salutaire du Centre niçois…Il ne parle pas encore de l'IGAS mais il est perceptible, dans ses propos, que la décision d'y recourir est déjà prise au sein de l'administration centrale.

Il n'est, répétons-le, pas interdit de penser que c'est bien le dépôt d'un nouveau recours devant le CITSS de Lyon, procédure loin d'être gagnée par l'administration au vu de l'ensemble des arguments chiffrés dont dispose l'établissement, qui a joué un rôle majeur dans le déclenchement de cette nouvelle inspection.

On comprend mieux, alors, une stratégie de déstabilisation locale visant à discréditer une gouvernance considérée, pour le moins, comme particulièrement indocile. Pourquoi ne pas, dans cet objectif, diligenter et imposer, 4 ans après la première enquête qui visait la conduite de la réalisation du cyclotron MEDICYC, 2 ans après la seconde évaluant le projet européen EULIMA (que nous détaillerons plus loin), le dur climat psycho-social d'une nouvelle inspection générale de l'établissement par l'IGAS ?

Trois inspections générales en 4 ans, un record bien difficile à battre pour un établissement de santé dans notre pays…

Et, pour preuve d'une administration à la fois solidaire et agressive, il faut bien reconnaître que le Ministre de la Santé n'est, effectivement, pas venu inaugurer le cyclotron de Nice !

Un Permis modificatif est déposé en février 1994 avec le seul but de préserver les droits à bâtir de l'établissement, notamment l'implantation éventuelle d'une Unité de recherche institutionnelle, INSERM ou CNRS, susceptible de renforcer sensiblement le potentiel de recherche du Centre Antoine Lacassagne et de concourir, ainsi, à son rayonnement futur.

Accordé en date du 13 juillet 1994, le courrier du même jour adressé au Directeur par le Préfet, exprime des relations tendues :

«... Je vous serais obligé de bien vouloir m'apporter toute précision sur ce dossier qui aurait dû être soumis au Conseil d'administration pour accord... Je vous enjoins, dans l'hypothèse où le Permis de construire vous serait accordé, de ne pas commencer les travaux sans m'en avoir référé... »

« Je vous précise, qu'en ma qualité de Président du Conseil d'administration, je vous rendrai personnellement responsable de cette affaire si le projet était mis en œuvre sans autorisation »

Ambiance pour le moins délétère !

Durant la deuxième partie de l'année 1994 se poursuivent les traitements par neutrons. C'est un début volontairement prudent, puisqu'il ne concerne qu'un total de 21 malades dont plus de la moitié viennent des Alpes-Maritimes.

Le GRASE se réunit, à nouveau, à Nice le 21 avril 1995. Lors de leurs travaux communs dans les locaux de la Lanterne, les membres de ce Groupe coopérateur apprécient la grande précision recherchée et obtenue par l'équipe médicale dirigée par le docteur Pierre Chauvel, dans le déroulé de ces traitements. A titre d'exemple, citons la prise répétée de clichés de contrôle du positionnement, pour chaque faisceau, lors de chaque séance. La haute qualité de cette irradiation par neutrons justifie la limitation à six du nombre de patients traités chaque jour. Avec l'approbation et la participation de tous, le traitement d'environ une centaine de patients, chaque année, est programmé.

Une justification particulièrement bienvenue de tous ces efforts qui se mettent en place, à Nice, pour développer cette neutronthérapie va, à point nommé et fort opportunément, venir d'un travail approfondi fourni, à cette même période, par une Agence sanitaire de l'Etat.

Le caractère radio-résistant de toutes les tumeurs déjà traitées et les diverses localisations retenues par les experts du GRASE dans cette phase initiale de démarrage se trouvent, en effet, en parfaite adéquation avec les préconisations retenues dans le Rapport que vient de publier, en février 1995, l'ANDEM (l'**A**gence **N**ationale pour le **D**éveloppement de l'**E**valuation **M**édicale).

Sous le titre « *Usage thérapeutique des cyclotrons en cancérologie : évaluation clinique et économique* », ce travail collectif, réalisé à la demande de la Direction des hôpitaux au Ministère des Affaires sociales, de la Santé et de la Ville, commence par présenter l'état de l'hadronthérapie en France, au 31 décembre 1993. Environ 700 patients ont bénéficié, depuis 1991, d'une protonthérapie à Nice et à Orsay et d'une neutronthérapie à basse énergie pour plus de 1400 patients, depuis 1981 à Orléans, la seule expérience clinique avec le cyclotron de 38 MeV du CNRS.

Il est procédé, ensuite, à l'analyse de toute la littérature scientifique disponible et un certain nombre d'avis d'experts sont sollicités. Ce Rapport recense ainsi, avec une grande précision, les indications validées pour la protonthérapie (le mélanome uvéal et les tumeurs de la base du crâne, à type de chondrome et de chondrosarcome) et celles pour la neutronthérapie (les tumeurs des glandes salivaires, les sarcomes des tissus mous et certains stades de cancer de la prostate). En ce qui concerne les autres tumeurs, qui relèvent alors du seul domaine de la recherche, pour lesquelles l'intérêt de la protonthérapie ou de la neutronthérapie a été suggéré, les auteurs insistent sur la nécessité de mener des essais cliniques qui valideront (ou non) les avantages potentiels supposés de ces nouvelles modalités de traitement.

L'ANDEM recommande que ces essais thérapeutiques soient initiés en respectant trois impératifs : le nombre de Centres où ils seront menés doit être strictement limité, le choix des tumeurs retenues devra se faire selon les connaissances les plus récentes en matière d'efficacité, et, parallèlement à l'investigation clinique, s'accompagnera d'une analyse économique par type de tumeur étudiée. En effet, tout bénéfice clinique devra être rapporté aux coûts réels de la mise en œuvre des différentes stratégies thérapeutiques comparées.

Ce Rapport se termine sur le fait que « *seul le suivi des différents éléments de cette recommandation pourrait permettre que la place des cyclotrons ne reste encore, pendant des années, mal définie en cancérologie en termes de « coût d'opportunité » pour la collectivité mais aussi au détriment parfois des patients eux-mêmes* »

A la suite d'un texte aussi précis et argumenté sur le plan médical et scientifique, tout laisse entrevoir que la France va sans tarder, se doter des instruments de haute technologie nécessaires à un développement harmonieux, de la radiothérapie utilisant des particules lourdes, proton et neutronthérapie où les chercheurs et médecins niçois ont ouvert la voie avec MEDICYC.

Quelles qu'en soient leurs qualités, la plupart des rapports destinés à l'éclairage objectif des pouvoirs publics décisionnaires connaissent pourtant en France, un habituel classement vertical ; celui-là n'échappera pas à ce constat…

La suite va démontrer qu'aucune suite concrète n'est à espérer et qu'au contraire, notre pays va rester à la traine en Europe dans la prise en charge de ces tumeurs radiorésistantes. Après avoir renoncé à l'emploi des neutrons dans les années 90, il en sera de même de nos jours avec celui des ions Carbone dont les résultats sont encore plus prometteurs dans ce type particulier de tumeurs radiorésistantes. Nous y reviendrons.

Très peu de temps après sa publication ce Rapport sérieux, argumenté et prospectif, n'aura pas la capacité d'empécher la condamnation sans appel des inspecteurs de l'IGAS, et l'arrêt définitif de l'installation niçoise de neutronthérapie.

L'Inspection Générale, *bis repetita.*

Cette nouvelle inspection de l'IGAS tarde à se mettre en place et les deux inspecteurs généraux, Monsieur Yves Carcenac et Madame le docteur Thérèse Roquel, qui sont en charge de mener cette mission, ne commenceront effectivement leur enquête au Centre Antoine Lacassagne que le 10 novembre 1994.

Elle est clairement ciblée sur l'évaluation des capacités gestionnaires de la gouvernance du Centre, sévèrement critiquées par la tutelle administrative.

Ses objectifs sont, d'ailleurs, rappelés par la directrice de la DdASS, Madame de Blainville, lors du Conseil d'administration du 5 décembre 1994, qu'elle préside : s'ils sont bien d'analyser au fond le litige budgétaire, il s'agit aussi d'évaluer les débuts, sur le plan économique et clinique, de l'utilisation du cyclotron MEDICYC. Cette Inspection est là pour juger l'ensemble du fonctionnement du Centre car, selon elle, il ne fait pas de doute que *«...Le dérapage constaté est un problème de gestion globale de l'Etablissement... »*

En réponse à cette allégation le Directeur produit les conclusions d'une nouvelle étude basée sur le Compte Administratif de chaque Centre anticancéreux français, enquête menée de concert par l'IGAS pour les années 1986-1991, et par la Fédération Nationale des Centres de lutte contre le Cancer pour les années 1990-94. Ce travail soigné s'intéresse à l'évolution de l'ensemble des dépenses d'exploitation de chacun des vingt établissements de la Fédération sur les huit derniers exercices annuels.

En parfaite opposition avec l'argumentaire défendu en permanence par l'administration, les chiffres objectivent alors, et cela en toute rigueur comptable, que le Centre de Nice est loin d'être à la traîne gestionnaire qu'on lui reproche. Il est même durant cette longue période de temps celui de tous les Centres anticancéreux français qui a le mieux maitrisé et géré la progression de ces dépenses de fonctionnement !

Le sérieux déficit budgétaire aujourd'hui constaté ne peut, donc, avoir été engendré que par une contrainte inusitée, sans réel fondement, ciblée sur l'institution, coupable il est vrai, d'avoir osé mener, avec le projet MEDICYC, une opération d'envergure nationale non souhaitée, non acceptée et non financée par la puissance publique. Le professeur Demard ne peut que réaffirmer que la situation difficile dans laquelle est engluée son établissement trouve, bien, son origine dans la constatation d'évidence qu'il répète à l'envie :

« Le Centre Lacassagne ne reçoit pas le budget auquel il a droit... »

Pendant que l'enquête IGAS se poursuit, les propositions budgétaires présentées, à nouveau, par la DdASS vont se voir logiquement refusées par le Conseil d'Administration réuni du 5 décembre 1994.

Les administrateurs réitèreront ce refus, lors du Conseil suivant en date du 29 janvier 1995 à l'exception de la Présidente qui, à son habitude, s'abstient.

L'atmosphère pénible et pesante durant l'enquête persiste pendant les tous premiers mois de 1995 et le Rapport préliminaire (première colonne) n'est soumis à la procédure contradictoire qu'en mai. Après les réponses de la direction du Centre (deuxième colonne), suivies par les observations en retour de l'IGAS, le Rapport définitif sera transmis à l'établissement, ainsi qu'à chacun des administrateurs, dans le courant du mois de septembre 1995.

Dans ce document de 147 pages (hors annexes), l'accent est, d'abord, mis, et ce n'est pas surprenant, sur la détérioration des relations entre le Centre Lacassagne et son organisme de tutelle, les deux en désaccord à la fois sur les besoins budgétaires et les conditions de la gestion de l'établissement.

Pour les deux inspecteurs, il existe bien de multiples dysfonctionnements qui expliquent, dans une large mesure, les difficultés rencontrées, et ils dénoncent, il fallait s'y attendre :

«… une propension permanente du Centre Antoine Lacassagne à se lancer dans des opérations de prestige, telles que le cyclotron biomédical MEDICYC et le projet européen EULIMA, conçus, décidés et gérés dans des conditions critiquables… »

Les inspecteurs font ainsi une large part au cyclotron dans leur enquête et, pour l'essentiel de leur travail de synthèse, ils en fixent le coût global TTC à un montant global de 130 millions de francs, ce qui est, sans surprise, très proche des estimations qui figurent dans le rapport IGAS de 1990.

Par son ampleur, il n'y a pas de doute *a posteriori* pour les inspecteurs que l'engagement d'un tel investissement doit être vigoureusement condamné au motif qu'il *«excédait de très loin les capacités de financement courante d'un établissement de la taille du Centre Antoine Lacassagne de Nice. »*

Par contre, nulle mention ou commentaire flatteur concernant la maitrise totale des coûts de construction du bâtiment, demeurés sans dépassement de l'enveloppe initialement prévue. Ce doit être habituel dans toutes les réalisations hospitalières…

Concernant la gestion administrative globale, les inspecteurs conviennent « *qu'elle respecte dans l'ensemble les procédures règlementaires, notamment en matière de dons et legs, mais apparaît trop souvent passive au regard d'une évolution spontanée des dépenses exigeant la recherche de gains de productivité, et, parfois, exagérément laxiste ... »* (sic)

Et pour eux toujours dans le même style :

« *une situation budgétaire et comptable déséquilibrée, résultant, pour partie, d'une insuffisance structurelle de crédits, compensée, pour l'essentiel, par le rebasement de 11,39 millions accordé en 1993, et pour le solde, par l'incidence des dépassements sur le budget cyclotron et par l'absence de mesures de réduction des effectifs, parallèles à la forte baisse des activités du CAL, qui auraient dû limiter les effets des mesures catégorielles générales intéressant les personnels intervenues au cours des dernières années* » (sic)

Et avec cet habituel volapük administratif vont être également stigmatisés des « *circuits financiers peu transparents* » transitant par « des *associations relais* » voire même « *un compte bancaire (CAL Recherches) géré hors de la vue du conseil d'administration, du commissaire aux comptes et des autorités de tutelle* » et, bien entendu, des « *états de frais de mission/réception dispendieux* ».

Des fuites, qui semblent soigneusement organisées, enflamment une partie du personnel du Centre et le syndicat majoritaire CGT multiplie les tracts virulents, bloque l'avenue Valombrose qui mène à l'établissement.

Dans ce climat particulièrement troublé et agité, le Conseil d'administration se réunit le jeudi 12 octobre 1995, sous la présidence effective du nouveau Préfet des Alpes-Maritimes, Monsieur Philippe Marland.

Pour sa première présence, il a été bruyamment accueilli à son arrivée par des manifestants, membres du personnel et pour l'essentiel des syndiqués à la CGT, qui manifestent pour la *« sauvegarde de l'emploi »* mais aussi pour une « *meilleure gestion* » au Centre Lacassagne.

Avant même que soit envisagée la moindre des mesures proposées par la mission pour résoudre et clore le désaccord budgétaire maintenant reconnu à 13,73 millions de francs, l'essentiel de la discussion, durant ce Conseil, ne porte que sur la proposition centrale de l'Inspection Générale : pour dépasser l'actuelle situation de blocage il est suggéré aux administrateurs d'avancer vers la validation suivie de l'acceptation d'un Contrat d'objectif avec l'Etat.

Ses clauses ont été établies par la Mission d'enquête avec une seule contrepartie (mais elle est de taille): elle impose à l'établissement l'engagement formel de retirer immédiatement son recours devant la Commission Interrégionale de la Tarification Sanitaire et Sociale de Lyon, ce qui donc ne laisse plus à la justice le soin de trancher le débat sur l'origine réelle du déficit budgétaire.

Voilà mise en éclairage, la stratégie précédemment retenue par l'adminsitration : il faut utiliser à son avantage le délai obligatoirement long de l'action judiciaire pour mener, non pas un simple audit, comme initialement demandé par le précédent Préfet, mais une véritable enquête administrative à charge, dont on sait qu'elle provoque, quasi-toujours, comme le montre l'expérience au sein de tout établissement hospitalier en proie à ce contrôle sévère, des remous, voire un véritable psychodrame social qui conduit à l'affaiblissement des gestionnaires visés. Il suffit alors, opportunément, de faire suivre cette déstabilisation par une proposition de compromis en apparence d'équité, et on sort de l'ornière sans que soit traité sur le fond, l'origine du contentieux budgétaire en question; aucune décision n'étant plus à craindre venant des juges du contentieux tarifaire et le tour est joué...

Il reste, la mission y pourvoit, à indiquer un canevas comptable comprenant quelques mesures génératrices d'économies dont la plupart ont déjà été entreprises par la direction du Centre pour accompagner le redressement financier qui s'impose.

Au seul respect conditionnel de ce retrait judiciaire, l'adminsitration accepte même d'accorder aux nécessaires efforts de rigueur un financement complémentaire : il est, ainsi, proposé d'attribuer au Centre Antoine Lacassagne, sur l'enveloppe nationale de crédit du secteur sanitaire, une somme de 2 millions de francs qui serait intégrée dans la base budgétaire de l'exercice 1993 !

Cette réflexion au sein du Conseil de tous les protagonistes de cette péripétie, n'empêche pas le bruit médiatique de demeurer conséquent et un certain nombre de radios, notamment celles d'information permanente, mais aussi la presse régionale et nationale relatent largement la situation difficile que connait le Centre Lacassagne, l'opposition de son personnel à tout plan social accompagné de licenciements et quelques morceaux choisis du Rapport de l'Inspection Générale.

Dans les éditions en date du 13 et du 14 octobre de Nice Matin sont reprises ces critiques et l'on peut même lire, sous l'élégante signature de Pierre Hillion l'évocation presque poétique, empreinte d'émotion, de l'initiative MEDICYC :

«... *Reste une longue histoire et un douloureux passé, mais aussi un rêve englouti, celui du cyclotron de Nice, un jouet merveilleux de deux hommes qui, à tout prix, souhaitaient faire de Nice la capitale européenne de la médecine nucléaire. Le Professeur agrégé Demard...et Pierre Mandrillon, Ingénieur principal de physique nucléaire à l'institut national de physique nucléaire, attaché scientifique au CERN de Genève sont les hommes du cyclotron ; un projet ambitieux au coût vertigineux...* ».

Le lendemain, 17 octobre, dans le quotidien Le Monde, le journaliste Guy Porte revient sur l'objet de toute l'agitation et sur MEDICYC :

« *En dépit de son coût vertigineux et malgré plus de dix ans d'études, le cyclotron s'est révélé inadapté aux besoins pour les applications de neutronthérapie* ». Il est laissé au lecteur le soin d'apprécier ce jugement lapidaire incongru...

Tout se calme en quelques jours mais ce bruyant psychodrame marquera la mémoire de nombreux niçois.

Un Conseil d'Administration capital

Le Conseil d'administration se réunit, à nouveau, sous la présidence, maintenant ferme et efficace, du nouveau Préfet, le 12 décembre 1995. Le fracas médiatique apaisé, mandat est donné au Directeur, à l'unanimité des membres présents, pour mettre en œuvre le Contrat d'objectif proposé par l'IGAS et accepté par le Conseil.

Comme il n'y a pas lieu de redresser de graves défauts ou d'anomalies sérieuses dans la gestion quotidienne de l'établissement, tels, du moins, qu'ils puissent induire ou générer un déficit de la taille de celui constaté au Centre Antoine Lacassagne, un certain nombre de mesures, dans le cadre du « scénario de compromis » préconisé par la mission d'Inspection, vont devoir être étudiées et discutées.

Elles concernent, en premier lieu, la réorganisation de l'équipe d'hadronthérapie (toujours le cyclotron !) mais s'adressent, également, à d'autres pistes préconisées par l'Inspection, telle que le transfert du Service de Médecine nucléaire, depuis son origine installé au Centre Antoine Lacassagne, au sein du CHU de Nice, et le développement de la complémentarité entre les deux établissements.

La situation la plus sensible tourne autour de la neutronthérapie, ce qui n'est pas vraiment surprenant, car il est pointé dans l'enquête, sans que soient avancées de données statistiques précises ou convaincantes, de «*faibles perspectives de progression*». Les inspecteurs considèrent, abusivement, que MEDICYC se révèle «*inadapté*» à sa mission, celle de produire un faisceau de neutrons rapides pour le traitement des malades. Le choix percutant mais singulièrement pervers du terme « *inadapté* » procède d'une méconnaissance du niveau des performances physique et technologique du cyclotron. En effet, ce dernier est tout à fait apte à sa mission, l'« inaptitude » avancée ne procédant que du report de la tête isocentrique initialement prévue et étudiée. Ce choix retenu par l'équipe elle même s'est vu imposé par la seule contrainte financière. Il n'a été ainsi construit qu'une voie fixe, verticale qui effectivement réduit la performance car il n'est pas possible d'irradier sous diverses incidences. Avec un coût estimé à 12 millions de francs supplémentaires, réaliser la tête isocentrique n'est plus raisonnablement envisageable dans la situation actuelle. Mais en tirer prétexte pour justifier que ce cyclotron est inadapté à sa mission est significatif des buts que les inspecteurs poursuivent dans leur enquête à charge.

Ce faisant, ils omettent bien sûr d'indiquer que les équipes d'Orléans autour du cyclotron du CNRS, l'autre installation française, n'ont disposé que d'un seul faisceau fixe pour le millier de patients qu'ils ont déjà traités pendant plus de 10 ans. Ajoutons aussi qu'il n'y a pas, comme à Nice, de collimateur automatisé à 44 lames variables, dispositif qui permet de réaliser une bonne conformation du faisceau de neutrons au volume tumoral et qui remplace très avantageusement les inserts manuels utilisés, procédure imprécise et source d'irradiation pour le personnel …

De surcroit l'accélérateur d'Orléans n'était parvenu à atteindre qu'une énergie maximale de 38 MeV : voilà une contrainte physique majeure totalement « inadaptée » à la neutronthérapie. Pour l'ensemble des équipes qui utilisent encore des neutrons (aux USA ou en Afrique du Sud, notamment), il est admis, en effet, que l'énergie optimale du faisceau de protons incidents doit se situer autour de 65 MeV ce qui autorisera la production, par la cible de béryllium, d'un faisceau de neutrons d'une énergie moyenne de l'ordre de 20 MeV, la mieux adaptée pour le rendement en profondeur de l'irradiation. Ce sont les exactes performances du cyclotron niçois !

Deux poids, deux mesures mais, puisqu'on vous le dit, c'est « *inadapté* » et, donc, cela doit cesser!

Pour recueillir le sentiment des médecins du Centre Antoine Lacassagne, la Commission Médicale de l'Etablissement, la CME, s'est réunie, quelques jours avant ce Conseil d'Administration. Son président, le professeur Namer, a organisé un vote sur l'avenir de la neutronthérapie dans l'établissement : son résultat va, longtemps, résonner lugubrement comme le signe d'un renoncement face à une contrainte subie beaucoup trop forte. Y compris avec les voix des radiothérapeutes, la Commission Médicale a cédé, en effet, à la peur et elle va approuver à une assez large majorité, la recommandation de l'IGAS visant à l'arrêt de son fonctionnement. Le Préfet qualifiera cette décision de « courageuse »… Certes, la mesure est pudiquement appelée ici « gel », à compter du 31 décembre 1995, et elle se veut limitée dans le temps, 5 ans !

Alors que plus d'une centaine de patients en ont pourtant déjà bénéficié, et sans référence à la moindre base tangible ni scientifique, ni technologique, ni même économique (il s'agit, pour l'essentiel, de l'imputation des dépenses liées à trois agents !), cet arrêt de fonctionnement doit être bien évidemment considéré par tous comme définitif. Sans possibilité de recours, le Centre Antoine Lacassagne qui s'était engagé sous l'impulsion du professeur Claude Lalanne quelques vingt années auparavant pour promouvoir et développer la neutronthérapie des tumeurs, se voit privé de devenir l'unique centre hospitalier disposant, en France, pour les soins et la recherche en cancérologie, à la fois de protons et de neutrons. Cet arbitraire sonne le glas de la neutronthérapie des tumeurs radiorésistantes, l'arrêt niçois ne faisant que précéder, à plus ou moins bref terme, celui déjà programmé de l'activité d'Orléans.

Pour le directeur du Centre, sauf à considérer comme nul et non avenu le rapport fort circonstancié de l'ANDEM maintenant publié, l'abandon brutal de la neutronthérapie à Nice ne s'imposait nullement. Outre les conséquences médicales immédiates de ce dictat, qu'il juge inqualifiable, il souligne la menace encore plus grave sur la pérennité de l'ensemble de l'installation niçoise d'hadronthérapie. En effet, l'autorisation ministérielle, qu'il a obtenue en 1987 (et dont il est, rappelons-le, le dépositaire à titre personnel) et l'équilibre du budget fonctionnement accordé se fondent sur une double activité, la protonthérapie et la neutronthérapie. Après le gel définitif de cette dernière la survie même du cyclotron, devient, par cette décision contraire à toute raison, particulièrement précaire…

Au cours de ce Conseil vraiment déterminant du 12 décembre 1995, d'autres dispositions, dans le but de réduire l'impasse budgétaire, vont être envisagées, dont on peut, pour certaines, garantir l'efficacité tel que, à titre d'exemple, la « *mise en place, dans tous les domaines, de modes de gestion transparents et rigoureux* »…

Réaffirmé par le Préfet, le principe retenu est que toutes les mesures d'économie envisagées se feront en dehors de tout licenciement de personnel. Les économies recherchées s'élèvent à 6,9 millions de francs, soit 2,8 % du budget de l'Etablissement dont le montant global atteint 250 millions de francs.

Couvrant d'un regard lucide l'ensemble du différend budgétaire qui a motivé cette nouvelle enquête de l'IGAS, le tohu-bohu médiatique qui l'a accompagné ainsi que ses lourdes conséquences au sein de l'Etablissement, le professeur Jacques Toubol, administrateur, chirurgien au CHU, exprime, en plein Conseil, et sous forme lapidaire, une opinion qui semble, pourtant, autour de la table largement partagée :

« ... *La mission (l'IGAS) reconnaît et valide les chiffres qui démontrent que la progression en volume, sur huit ans, des dépenses du Centre Antoine Lacassagne a été l'une des mieux maîtrisées de tous les Centres de lutte contre le Cancer. Dans le même temps, l'Etablissement a profondément creusé son déficit. La concomitance de ces deux faits ne peut s'expliquer que d'une façon : il a été insuffisamment doté, à moins que l'on prétende qu'ayant été le meilleur, il aurait pu faire encore mieux...* »

Le Préfet informe les administrateurs, en fin de cette longue et tempétueuse session, que le professeur François Demard a, également, demandé, par écrit, au Secrétaire d'État chargé de la Santé à être déchargé de ses fonctions à la tête du Centre Lacassagne. Il a été nommé Directeur bien avant 1989, l'année du décret qui limite la durée des fonctions de directeur de Centre de lutte contre le cancer à cinq années renouvelables. Son choix était de mettre un terme volontaire à sa charge administrative, mais non à ses fonctions médicales au sein du Centre, dès le 1er juillet 1995, date du dixième anniversaire de ses responsabilités et de management du Centre. C'était la période où il dût affronter les critiques exprimées par l'IGAS, ce qui l'amena à repousser, quelque peu, la fin de son mandat et ce, par la seule voie réglementaire disponible pour lui, celle de la lettre de démission.

Apres l'annonce, par le Préfet-Président, de cette décision, prise « *avec panache* » selon Monsieur Sauveur Sorrentino, administrateur représentant la CPAM, le professeur Demard tient à souligner que, s'il reconnaît, après les évènements récents, un certain degré de lassitude, il ne s'agit nullement d'un départ et qu'il restera bien, et ce, dès le lendemain de la fin effective de son mandat, au service de l'établissement en tant que chirurgien, ce qu'il était avant d'être nommé et qu'il n'a cessé d'être durant cette longue, lourde mais enthousiasmante période à la Direction générale du Centre. Dans le communiqué à la presse, rédigé par le Préfet en fin de séance, il est précisé aussi que « *le Conseil d'administration a émis le souhait qu'il puisse rester en fonctions jusqu'au 1er février 1996 et que le Ministre n'accepte sa démission qu'à compter de cette date* ».

Nice-Matin, dans son édition du 14 décembre 1995, titre : « *le professeur Demard sort de sa réserve. Le directeur démissionnaire du Centre Lacassagne défend ses 10 années de gestion et le cyclotron...* ». Dans cet entretien avec la journaliste Nicole Laffont, il précise, qu'à ce jour, déjà « *700 patients ont bénéficié de la protonthérapie des tumeurs de l'œil qui échappent à toute autre technique. Le cyclotron de Nice a ainsi accueilli des malades venant de toute l'Europe. C'est une extraordinaire réussite technologique ... une performance scientifique saluée par la Commission d'évaluation des Universités qui a clairement dit que le cyclotron est l'honneur de la médecine niçoise* ». Il condamne, aussi, l'interprétation fallacieuse des inspecteurs IGAS concernant l'existence de prétendus comptes occultes alors qu'il s'agit « *en fait d'un compte, géré par la comptabilité du Centre, alimenté par les industries pharmaceutiques et dont les fonds, qui ne sont donc pas de l'argent public, sont redistribués aux médecins qui poursuivent des travaux de recherche, afin de financer leurs déplacements et leurs investissements* ». Quant aux dépenses ridiculement qualifiées de somptuaires, il « *rectifie le tir, chiffres en mains* ». En annonçant la reprise de sa mission médicale et universitaire au Centre Antoine Lacassagne, il « *continue à souhaiter pour notre pays une politique d'innovation ambitieuse dans le domaine de la santé* ».

Ces fonctions de Directeur par intérim, souhaitées par le Conseil d'Administration il va les remplir sans barguigner et elles seront renouvelées, durant plusieurs mois, jusqu'à la désignation de son successeur.

Son « retour aux sources » » ainsi annoncé et immédiatement effectif, à temps complet, au bloc opératoire du Centre, est à mettre en perspective avec, exactement dans la même période, la mutation de la directrice de la DdASS des Alpes-Maritimes, Madame de Blainville. Celle-ci va, maintenant, occuper des fonctions identiques à ses précédentes responsabilités mais dans le département de la Marne, et son remplacement, à Nice, sera assuré par Monsieur Serge Davin. Cela jouera, à l'évidence, un rôle certain dans l'apaisement rapide suivi d'une amélioration constante, dans les années qui vont suivre, des relations entre le Centre Antoine Lacassagne et sa tutelle locale.

Le Conseil d'administration du Centre propose, le 6 mars 1996, à Monsieur le Secrétaire d'État chargé de la Santé, conformément au statut des Centres de lutte contre le Cancer, la candidature du professeur Jean-Noël Bruneton, radiologue, professeur des universités au CHU de Nice. Ce dernier sera effectivement nommé le 26 mars et il prendra ses fonctions le 13 mai 1996.

L'approche concertée de l'impasse budgétaire du Centre Antoine Lacassagne et l'obtention, maintenant effective, d'une rémunération spécifique liée au fonctionnement du cyclotron sont, certes, des éléments très positifs ; néanmoins, l'avenir budgétaire et financier de ce dernier, conséquence de cet arrêt programmé de l'activité de neutronthérapie reste, il faut le répéter, chargé de menaces à court terme.

Les médias locaux, si prompts à relayer, durant cette crise, des appréciations sévères sur la conduite des dirigeants, médicaux ou administratifs, et les malaises (réels ou supposés) que traversent les personnels de l'établissement vont faire, assez vite, amende honorable. Drapés dans un comportement vertueux, ils apporteront, de façon inhabituelle, une totale contradiction à l'ensemble des accusations infondées et des insinuations sournoises dont ils s'étaient fait pourtant précédemment les principaux relais pendant l'actualité incendiaire initiale.

C'est le cas de Nice-Matin, le quotidien local qui, dans son édition du mardi 16 avril 1996, titre fièrement : « *Centre Antoine Lacassagne :*

Dossier classé ». Le journaliste, Jean-Paul Fronzes, qui indique qu'il n'y a eu aucune poursuite judiciaire après le Rapport d'inspection de l'IGAS, écrit (sans rire) que « *Le Rapport de 3 volumes et de 250 pages de l'IGAS... n'aura pas été tout à fait inutile...C'est ainsi que les consentements des malades à un essai thérapeutique, autrefois éparpillés sont désormais stockés en un lieu unique : la pharmacie...* »

Comment écrire autrement que ce remue-ménage ne fut, en fait, que beaucoup de bruit pour rien ?

Pierre Hillion, auteur des articles fracassants des 13 et 14 octobre 1995, prédit, avec sa coutumière perspicacité, dans l'édition de Nice-Matin du mardi 2 juillet 1996 et sous le titre « *le futur du cyclotron* » que « *l'avenir du Centre anti-cancéreux Antoine Lacassagne se fera, sans doute, sans son fameux cyclotron implanté dans le quartier de la Lanterne » !*

Ce même observateur de la vie locale, va plus d'un an après, dans un autre article de Nice-Matin en date du mercredi 17 septembre 1997, se faire chroniqueur scientifique pour rapporter, avec une curieuse complaisance, des résultats qui doivent, pourtant, heurter sa mémoire :

« *Sans faire de bruit* (sic !!!), *sur la colline de la Lanterne à Nice, le cyclotron a traité à ce jour, avec 95% de bons résultats, 940 tumeurs de l'œil, un cancer très rare qui touche en France 400 personnes par an...*

Activité marginale pour un coût gigantesque disaient, voilà quelques années, les sceptiques (il se sent probablement bien placé pour les représenter !)... *Mais aujourd'hui, le cyclotron a démontré, malgré son prix, 120 MF, qu'il n'était pas invention farfelue sortie de l'esprit d'un savant fou...* »

Dont acte, il a tout oublié y compris le montant exact de l'opération MEDICYC qu'il minimise un peu, peut-être dans une volonté de rachat d'un comportement inutilement agressif...

Un avenir fragile et aléatoire pour le cyclotron

Dans le contexte financier du Centre Antoine Lacassagne qui demeure, en dépit de la nette amélioration des relations avec la tutelle locale, singulièrement difficile, le nouveau Directeur, le professeur Bruneton, prend une initiative pour se forger, à propos du cyclotron MEDICYC, une opinion à court et long terme. Pour orienter définitivement sa stratégie dans ce dossier complexe de l'hadronthérapie des tumeurs, il va, ainsi, demander une mission d'audit interne au professeur Jean-Louis Habrand, le médecin-radiothérapeute de l'Institut Gustave-Roussy qui assume la responsabilité de la seule autre structure nationale du domaine, le Centre de Protonthérapie, situé à Orsay.

Cet audit aura lieu le 28 octobre 1996, sous la forme d'une journée d'audition de l'équipe du cyclotron, de la gouvernance du Centre Antoine Lacassagne et de représentants de l'Université de Nice, notamment du doyen de la Faculté de Médecine, le professeur Patrick Rampal.

Il ressort de ces entretiens un Rapport qui sera fourni au Conseil Scientifique et d'Orientation du Centre Lacassagne, texte rédigé en collaboration par l'ensemble des membres de cette commission, à savoir, outre son Président, les Professeurs Goïtein (Boston) et Scalliet (Louvain la Neuve), le Docteur Breteau (Orléans) et Monsieur Lafortune (Orsay).

Il est établi, en premier, dans ce document que l'appareil doit être jugé techniquement « *extrêmement performant* » et que « *les programmes thérapeutiques et de recherche qui y sont conduits sont, dans l'ensemble, de grande qualité* ».

Concernant les indications médicales et les orientations retenues par l'équipe médicotechnique niçoise, elles sortent totalement confortées par les experts :

- Concernant la protonthérapie, aucun problème :

«… La commission estime que le programme de protonthérapie qui a été conduit jusqu'à présent, répond à un besoin national et, dans une certaine mesure, international. Il doit donc être poursuivi sous peine de remettre en cause une thérapeutique éprouvée dans les tumeurs oculaires.

- Pour un déblocage du gel de la neutronthérapie ils soulignent :

«… Le programme de neutronthérapie ne se conçoit que dans le cadre d'une activité de recherche clinique (et radio-biologique) telle qu'elle a été définie dans un récent rapport de l'Agence Nationale pour le Développement et l'Evaluation Médicale (ANDEM). Celle-ci se justifie par les performances attendues de la machine, supérieures, notamment, à celle de l'autre centre français de neutronthérapie, à Orléans… ».

On est bien loin ici des « oublis » de l'IGAS de l'étude approfondie menée par l'ANDEM…La qualité technologique de l'installation est, également, rappelée à plusieurs reprises et il est même souligné qu' *« il est douteux que de nouvelles indications ne soient pas mises en évidence sur des sites disposant d'un faisceau de qualité et d'une collimation multi-lames »*

Et, utile de le souligner à nouveau, il est répété que *« Nice fait partie de ces centres »* !

L'efficacité de la neutronthérapie est, maintenant, démontrée « *sur de petites séries, dans les tumeurs des glandes salivaires (inopérables ou en résection incomplète) et dans les carcinomes évolués de la prostate. L'une et l'autre de ces localisations pourraient servir de point de départ à une reprise des programmes à Nice* ».

Persiste le souci, concernant le niveau du nombre d'agents, techniques et médicaux, nécessaire et suffisant, pour opérer le cyclotron. L'IGAS, dans son Rapport et sa proposition de contrat d'objectif, prévoit de ramener l'effectif de l'équipe technique de 18,5 à 13,5 agents. Pour la mission d'audit, cette décision est logique et vise « *la pérennisation d'une équipe technique, initialement mise en place pour les besoins de la construction de la machine et, ensuite, maintenue à un niveau excessif pour de simples opérations de fonctionnement et maintenance* ». Elle propose, alors de « *diminuer le personnel technique directement imputable au budget du cyclotron, approximativement à 40% de sa valeur actuelle* ».

Dans la conclusion de cet audit, il est *in fine* reconnu que « *le programme de radiothérapie par particules lourdes du Centre Antoine Lacassagne a constitué un pôle d'excellence technologique depuis une vingtaine d'années et clinique depuis 5 ans* » et qu'il « *parait regrettable qu'un certain nombre d'erreurs commises dans la gestion de cette unité, remette en cause, définitivement, le bien-fondé de ce programme original... La commission souhaite vivement que les efforts nécessaires soient consentis en vue d'une restructuration viable de cette installation* ».

Le Conseil d'administration du 20 décembre 1996, sur cette polémique centrée sur les charges de personnel, n'aboutit pas à dégager une position claire. Le professeur Toubol tient, en séance et une fois encore, à rappeler l'intérêt médical majeur du cyclotron, dont le coût de fonctionnement s'élève car il ne repose plus que sur la seule protonthérapie.

Très inquiet par la tournure des évènements qui, malgré les conclusions positives de l'audit, n'exclut plus, à bref terme, un arrêt définitif de MEDICYC, le professeur François Demard prend l'initiative d'un courrier personnel, adressé à son successeur, le professeur Jean-Noël Bruneton, le 12 février 1997. Ce courrier est à sa seule intention et « *s'inscrit dans une concertation confiante et discrète, de mise entre ancien et actuel responsable de l'établissement* ».

Il reprend, tout d'abord, les faits scientifiques dont « *la réalité est à nouveau affirmée sans ambiguïté par la mission* ». Ainsi, « *la protonthérapie des mélanomes oculaires répond à un besoin indiscutable, quasi assuré à Nice pour les cinq ans à venir par un recrutement national ou international que l'autre installation française à Orsay ne pourrait absorber en cas de défaillance de notre part...on pourrait aussi ajouter, même si cela est pudiquement passé sous silence dans le rapport que, toujours sur un strict plan technique, les qualités du faisceau de protons issu de MEDICYC, notamment en matière de pénombre (laquelle conditionne la précision des volumes irradiés et donc la qualité du traitement) situent, par rapport aux autres accélérateurs actuellement en fonctionnement, notre installation en tête du peloton mondial comme en fait la démonstration claire une étude britannique non encore publiée...* »

Il ne faut pas occulter le fait que « *la neutronthérapie de certaines tumeurs ne recueille, certes pas, le même consensus* » mais « *comme cela est explicitement reconnu dans cet audit, Nice fait partie des installations performantes...et elle est la seule en France dans ce cas...* »

« Il serait bien difficile d'expliquer de façon rationnelle qu'on arrête le fonctionnement d'une installation qui répond au cahier des charges techniques indispensable à l'efficacité et à la fiabilité des traitements par neutrons et que se poursuivent, ailleurs, des irradiations dont les résultats ne peuvent être optimaux, en dépit de la compétence de leurs responsables, qu'ils soient médecins ou physiciens. C'est pourtant ce que nous subissons avec le gel inexplicable (et d'ailleurs inexpliqué puisqu'imposé sans aucune motivation d'ordre médical ou technique) de la neutronthérapie, décidé sur proposition de l'IGAS, alors même qu'elle avait démarré, en 1993, avec un profil de montée en puissance qui ressemble fort aux prévisions raisonnables dont fait état l'audit »

S'il soutient, en outre, qu'il est « *le premier à regretter les estimations initiales excessives du nombre de patients pouvant bénéficier, par an, de cette thérapeutique* », il rappelle qu' « *elles ne figurent que dans le dossier négocié, il y a plus de dix ans maintenant au Ministère, avec le concours et le soutien de la DdASS des Alpes-Maritimes de l'époque et qu'elles ont été, depuis, revues à un niveau correct, sur la base des conclusions, parfaitement valides encore à ce jour, de la première enquête de l'IGAS en 1989* ».

Il déplore, aussi, qu'il faut « *un contexte bien particulier pour que personne ne s'étonne que l'arrêt d'activité qui nous est aujourd'hui opposé se révèle en complète contradiction avec les recommandations d'une étude tout à fait officielle, réalisée à la demande du même donneur d'ordres, à savoir le Ministère de la Santé, parue, de plus, durant la période même de l'enquête menée par l'IGAS, et pourtant totalement occultée* ». Il s'agit, bien sûr, du rapport de l'ANDEM que « *les auditeurs, eux, avec juste raison, n'ont pas ignoré* ».

Le professeur François Demard suggère donc à son collègue d'engager, sans réserve, tous les efforts afin d'obtenir la levée définitive de cette mesure d'interdiction, qui n'a « *pour conséquence que de priver des malades de chances supplémentaires en matière de guérison, voire même, pour certains, de leur seul espoir thérapeutique. Il s'agit bien d'une exigence médicale et, en l'absence d'alternative, la reprise des traitements est éthiquement indispensable* ».

Il reconnaît, dans ce courrier, un « *seul mais sérieux problème de communication interne* » dès le début du projet et il fait le constat que « *le caractère innovant et ambitieux de MEDICYC s'est toujours confronté à l'incrédulité sur les chances de réussite (construire la machine, l'installer et la faire fonctionner pour les seules applications médicales) et à l'opportunité d'investir des ressources financières importantes, certes recueillies grâce à la générosité des patients ou de leur famille, mais qui auraient pu connaître d'autres destinations, probablement tout aussi légitimes que la construction d'un cyclotron biomédical ».*

François Demard reconnaît, en matière de communication, une responsabilité majeure dans l'insuffisance des moyens alloués pour une plus large, plus permanente information de l'ensemble des personnels *« cela est vrai, en particulier, de certains membres du corps médical du Centre que, ni leur niveau de formation, ni le sens qu'ils prêtent à leur mission, ne prédisposaient à comprendre ou soutenir une opération hors norme, de plus investie par l'opiniâtreté de la direction de l'Etablissement... Sans stratégie de communication et de pédagogie efficace, MEDICYC a, durant ces années difficiles, été perçu par la communauté du Centre dans sa majorité, comme un projet à finalité incertaine, même en ce qui concerne ses objectifs médicaux pourtant limpides...encore aggravée par l'éloignement du terrain qui nous avait été concédé pour édifier les facilités de traitement.* »

Quant aux problèmes purement financiers, ils ne semblent pas avoir été par des auditeurs pressés par le temps *« complètement appréhendés par cette mission composée presque exclusivement d'experts médicaux ».*

Un suivi budgétaire individualisé a, pourtant, été *« mis en place au niveau de la comptabilité depuis la fixation du budget du Cyclotron par le Ministère en 1992* » et les charges, notamment en personnel « *doivent intégrer les contraintes économiques actuelles, le haut niveau technologique et la spécialisation de ces personnels »* ce qui *« soulignent encore la difficulté...rencontrée à comprimer les effectifs, une fois MEDICYC mis en place* ».

L'amortissement des dépenses liées au lourd investissement de la machine pèse, à l'évidence, sur le budget d'exploitation et « *on peut certes regretter de n'avoir pu bénéficier, comme le Centre de Protonthérapie d'Orsay, pour le franc symbolique, d'un synchrocyclotron, initialement construit par le CNRS pour un montant (qui a pesé sur la collectivité) d'environ un milliard de francs. Il n'est probablement pas licite de mettre en parallèle ces coûts d'investissement à ceux de MEDICYC mais ce seul point éclaire la difficulté qu'il y a à comparer, en matière de charges de fonctionnement, des installations aussi différentes que celle de Nice et d'Orsay* ».

Quant à la solution, évoquée également par la tutelle, de louer ou de céder des surfaces inoccupées au bénéfice de la recherche, il se déclare très favorable à une production de radio-isotopes qui représente « *une vraie opportunité, aisément réalisable, à un coût modeste* ».

Il termine son courrier en évoquant, au regard des contraintes actuelles, ce qu'aurait pu être la situation du Centre :

« *... si des problèmes techniques infranchissables avaient été rencontrés si, par exemple, l'énergie nominale n'avait pu être atteinte (bien des cyclotrons sont dans ce cas) ou si, au lieu des quelques 800 malades déjà traités, nous n'avions pas démontré nos capacités à nous inscrire parmi les meilleurs dans le monde... la réorganisation sur les bases de cet audit parait tout-à-fait possible, il faut la réaliser maintenant car, autrement, dans le climat actuel, le Centre Antoine Lacassagne ne se relèvera pas d'un arrêt des activités d'hadronthérapie qui font l'originalité et l'excellence de notre équipement radiothérapique...* ».

Presque vingt ans plus tard, son auteur ne voit pas la moindre modification à apporter à ce courrier, confiant et sincère, qui ne reçut aucune réponse !

Aucun des protagonistes médicaux et administratifs, de près comme de loin impliqués dans cette problématique de l'hadronthérapie, n'ignore ou ne pressent qu'effectivement une décision capitale de la gouvernance du Centre Antoine Lacassagne concernant l'avenir de l'installation de la Lanterne se prépare pour les prochains jours.

Un débat essentiel, portant sur tous les sujets impactant le futur du cyclotron MEDICYC et n'écartant aucune hypothèse, y compris celle d'un arrêt définitif de toute activité, est en effet programmé lors d'un Conseil d'Administration, le 5 mars 1997. Des rumeurs négatives, de plus en plus insistantes, ne cessent de se répandre au sein de tout le personnel du Centre où il serait question, pour le cyclotron, d'un très proche « enterrement de première classe »...

Après avoir rappelé qu'un renouvellement de l'autorisation du cyclotron doit être déposé règlementairement avant le 31 décembre de l'année en cours, le Directeur, ce jour-là, indique aux administrateurs, qu'au vu d'une situation budgétaire et financière qu'il a longuement analysée, trois hypothèses, seulement, sont à retenir concernant le devenir de cette activité médicale spécifique :

- hypothèse 1 : maintien de la protonthérapie
- hypothèse 2 : fermeture définitive de l'installation
- hypothèse 3 : maintien de la protonthérapie et réouverture de la neutronthérapie

Et, pour le professeur Bruneton, l'hypothèse 1 n'est possible que si, au traitement des mélanomes uvéaux, on peut ajouter, de façon rapide, celui des dégénérescences maculaires liées à l'âge, comme cela vient d'être proposé, sur le plan médical, par une publication nord-américaine. Comme cette probabilité est particulièrement aléatoire et que l'hypothèse 3 est, à ses yeux totalement inenvisageable, sa conviction profonde est qu'il ne reste, malheureusement, que l'hypothèse 2 et donc retient le choix d'une fermeture complète et inéluctable de l'installation.

Devant une telle position assumée et argumentée par le nouveau Directeur, force est d'admettre que, s'ils étaient encore hésitants, tous les administrateurs, y compris ceux qui représentent le personnel de l'établissement, paraissent converger vers ce choix d'un arrêt définitif à bref terme de l'activité de MEDICYC.

Mais, sur la base d'un argumentaire, précis et méthodique, reproduit volontairement ici quasi *in extenso* , le professeur Jacques Toubol, encore lui, va s'acharner, avec un indiscutable talent, à convaincre ses collègues administrateurs que c'est, au contraire, le plus mauvais des choix. Et, de fait, il va littéralement retourner leur opinion par la démonstration, calme et pondérée, qu'une telle décision ne serait, selon sa conviction, qu'une accumulation à la fois d'erreurs et de fautes :

- *« Erreur sur le plan technique, parce que, belle réalisation en matière d'accélérateur de particules, des deux machines susceptibles de délivrer des faisceaux de protons existant en France, celle de Nice est de loin la plus performante et que l'on fermerait la seule des deux qui a été conçue pour l'usage médical et qui délivre des traitements d'une meilleure qualité. Ce serait aussi la destruction d'un savoir-faire internationalement reconnu.*

- *Erreur sur le plan scientifique parce que la mission d'audit (qui ne peut être soupçonnée de complaisance pour MEDICYC) reconnaît qu'il existe un potentiel important de nouvelles études biologiques et cliniques, loin d'être menées à leur terme et que les programmes thérapeutiques et de recherche, déjà conduits avec MEDICYC, sont dans l'ensemble de très grande qualité.*

- *Erreur sur le plan économique car il n'y a aucune justification (si l'on excepte, éventuellement, une sur-dotation de quatre à cinq postes de personnel technique) à cette interruption de la neutronthérapie, véritable condamnation à mort de MEDICYC par l'élévation des coûts de la protonthérapie qui en découle. Erreur aussi, car il est licite et sage d'explorer les voies de contrats extérieurs et de production de radioéléments (concernant ce dernier point, vient d'être inauguré à Paris, et en grande pompe, par plusieurs ministres, un cyclotron pour produire des isotopes qui pourrait témoigner d'un savoir-faire français en matière de haute technicité mais qui a cependant été acheté, clés en main, à l'étranger !). Erreur enfin car il ne faut pas oublier qu'une dotation annuelle spécifique de 19,6 millions de francs a été accordée par le Ministère pour financer le fonctionnement de l'appareil et qu'elle disparaîtra en cas de fermeture. Même sur le plan économique, le plus sensible, la fermeture du cyclotron serait une absurdité.*

- *Erreur aussi sur le plan éthique parce qu'il est inacceptable de priver les patients du meilleur traitement qui existe, à l'heure actuelle, en matière de tumeur oculaire mortelle et parce qu'il est impossible que le seul autre appareil existant en France puisse matériellement les prendre en charge (comme l'indique, d'ailleurs, le rapport d'audit). On se trouverait, également, dans l'impossibilité de proposer à un grand nombre de malades (atteints de tumeurs de la base du crâne, des glandes salivaires ou de la prostate) une neutronthérapie, certes encore expérimentale quoique d'indications reconnues (voir le Rapport de l'ANDEM), souvent seule chance de curabilité ou d'amélioration.*

Enfin, la fermeture représenterait aussi une faute sur le plan moral parce que rien ne pourrait justifier aux yeux des donateurs, qu'une décision arbitraire transforme leurs dons en gabegie alors qu'ils étaient destinés à financer une recherche qui a été parfaitement menée jusque-là.

Accumulation d'erreurs et de fautes, la fermeture du cyclotron serait, au total, une mauvaise action :

- *vis-à-vis des malades qui se trouveraient privés de traitements très spécifiques, offerts par cette machine*

- *vis-à-vis des techniciens et ingénieurs qui se sont tant dépensés pour parvenir à cette réalisation internationalement saluée*

- *vis-à-vis des chercheurs qui se trouveraient privés d'un instrument de recherche dont l'intérêt n'est discuté par personne*

- *vis-à-vis de l'Etablissement qui s'en trouverait gravement fragilisé*

- *et enfin vis-à-vis de tous les acteurs de la Lutte contre le Cancer qui verraient la confiance que leur accorde l'opinion publique injustement écornée...* »

Ces arguments de simple bon sens, reposant sur une parfaite connaissance du dossier, exprimés avec conviction et un souci sincère de l'intérêt général, vont inverser la situation et emporter l'adhésion du Conseil d'administration. Par un vote unanime, Président et Directeur y compris, l'ensemble des administrateurs vont ainsi se prononcer en faveur de l'hypothèse 1, à savoir le maintien de la protonthérapie, à une seule exception, celle de Jacques Toubol, cet inlassable défendeur du projet MEDICYC, qui, fidèle à son argumentaire, s'abstiendra puisqu'il reste favorable à l'hypothèse 3.

Ce vote sera le point d'orgue d'un rude combat bien proche pourtant d'être perdu. Il restera une vraie victoire contre le scepticisme dépourvu de toute base scientifique, qui aura, dès son origine, accompagné cette initiative innovante. Même si, maintenant, le cyclotron peut, c'est heureux, poursuivre son activité en protonthérapie, la neutronthérapie malgré ses potentialités de progrès en matière de traitement des tumeurs radio-résistantes vient, sans raison sérieuse, d'être définitivement sacrifiée dans notre pays. Et, comme nous le verrons plus loin, elle ne sera pas non plus remplacée par la Carbonethérapie...

Le blockhaus érigé autour de la salle de traitement de neutronthérapie et libéré de son volumineux collimateur multi-lames et de son équipement spécifique sera réutilisé, plus de 10 ans après, pour une photonthérapie très prometteuse. En effet, le Centre Antoine

Lacassagne, disposant de cette salle protégée préexistante, inoccupée depuis 1996 sera, grâce à cela, l'un des tous premiers en France à obtenir l'autorisation d'acquérir un nouvel accélérateur linéaire miniaturisé, le Cyberknife, pour une irradiation ciblée et optimisée de certaines localisations tumorales.

Quant à l'installation d'Orléans, la seule, en dépit de ces insuffisances techniques, à demeurer en fonctionnement pour la neutronthérapie, elle fermera tardivement ses portes durant l'été 2007, après une très lente agonie. Celle-ci fut marquée par la diminution progressive du nombre des patients adressés pour ce type de traitement (seulement 42 en 2004 et 25 en 2005) rendant, par ce simple fait, le prix de séance, autour de 3000 euros, totalement prohibitif.

Son arrêt définitif sera décidé à la suite des travaux d'une Commission d'expert, sollicitée auprès de l'**I**nstitut **N**ational du **Ca**ncer (INCa), par le directeur général du Centre Hospitalier Régional d'Orléans, après l'avis négatif émis par la Commission médicale d'établissement le 4 décembre 2006. C'est sous la présidence, petite ironie de l'histoire, du professeur Jean-Pierre Gérard, devenu Directeur du Centre Antoine Lacassagne, que la commission d'audit réunie sur place, à Orléans, le 14 avril 2007, conclura, sans équivoque, « ...qu'*il n'y a pas de preuve avérée d'un service médical rendu spécifique à la neutronthérapie telle qu'elle a été réalisée à Orléans depuis 1981* ». Ce ne sont pas les bases de l'emploi thérapeutique des neutrons, qui, dans ce glas sans appel, sont mis en cause mais les éléments techniques déjà évoqués, notamment l'énergie inadaptée du cyclotron, des outils d'imagerie et de conformation d'une qualité insuffisante pour garantir à la fois la reproductibilité des séances et la sécurité du patient et du personnel, et aussi l'absence de tête isocentrique ou de collimateur performants, qui justifient, sans peine, l'abandon qui se profile.

Autre « clin d'œil » de cette édifiante histoire de la neutronthérapie en France : avant de décider de l'arrêt définitif d'Orléans, les auditeurs étudièrent l'hypothèse, pour cette installation, d'une remise à niveau technologique, joliment appelée « jouvence technique ». Mais où proposaient-ils d'acquérir ce surcroit technologique ? Citons « ...*la possibilité du changement de la table de traitement par la récupération de la table du Centre Lacassagne* » et « ...*l'adaptation d'un collimateur multilames provenant d'une autre unité de neutronthérapie* » ne serait-ce pas la piste du Centre Lacassagne?

La fin d'Orléans ouvre, pourtant, une perspective nationale nettement plus positive : « *en 2012, il est entendu par toute la communauté radiothérapique française que les neutrons seront arrêtés et remplacés par les ions Carbone du projet ETOILE* ».

Concernant l'avenir qui sera réservé en France à l'hadronthérapie Carbone, d'abord dans l'initiative européenne EULIMA puis dans le projet national ETOILE de Lyon, le lecteur est prié de se reporter à la partie 3 qui suit.

MEDICYC, 20 ans après

Si ce n'est une inauguration, puisque, rappelons-le, il n'y en a pas eu dans le cadre chaotique et agité qui vient d'être rapporté, il va s'avérer néanmoins, nécessaire d'organiser, enfin, une célébration de l'activité d'excellence autour de MEDICYC, années après années, et de la réussite incontestable et, à vrai dire, aujourd'hui nullement contestée du Centre de Protonthérapie niçois.

Elle aura lieu les 24 et 25 juin 2011, sur la terrasse qui fait face au Hall du cyclotron, à la Lanterne, à l'occasion de l'anniversaire de ces vingt premières années de fonctionnement.

Du 17 juin 1991 à la date de cette commémoration, le cyclotron MEDICYC aura permis, ainsi, l'exceptionnelle prise en charge de 4285 patients, dont, ce n'est pas la moindre de notre fierté, environ un tiers vient d'un pays étranger.

Ce fut l'occasion, aussi, d'honorer les Sœurs Augustines, au premier rang desquelles la Sœur Marie Agnès, qui assurèrent, dès le début de cette protonthérapie, dans leur maison d'accueil « La Consolata », avec dévouement et une totale disponibilité, un hébergement attentionné pour la très grande majorité d'entre eux.

Ce sera, également, la première et la seule opportunité pour les acteurs de cette « singulière aventure », qu'ils fassent partie de l'équipe technique (autour de Pierre Mandrillon) ou médicale (autour du docteur Pierre Chauvel), ceux qui ont, par leurs compétences et leur détermination, concouru à la réalisation de cette première médicale en France, de recevoir, il n'est jamais trop tard, de justes félicitations de la part des autorités politiques présentes.

Un « Mendjisky de cristal », petit bloc de verre gravé avec la reproduction réduite de l'œuvre, offerte en 1989 par Serge Mendjisky et qui domine toujours du haut de ses 15 mètres l'entrée du bâtiment, remis à chacun marque, avec élégance, cette reconnaissance méritée.

Des partenaires et des soutiens forts durant la longue odyssée du projet MEDICYC méritaient certainement, au cours de cette cérémonie, d'être honorés, tel le Professeur Carlo Rubbia, Directeur Général du CERN et Prix Nobel 1984 ou d'autres personnalités de ce grand institut de physique européen qu'est le CERN comme Roy Billinge, Gordon Munday, Jan Tuyn, Alfredo Susini et Gunther Plass. Ce dernier, qui fut un grand Directeur des Accélérateurs du CERN, alerte retraité devenu un véritable ami, était, lui, présent à la manifestation.

D'autres acteurs locaux influents tels que le Préfet Pierre Costa ou Monsieur Maurice Papo d'IBM, l'artiste Serge Mendjisky en personne et plusieurs collègues médecins, qui avaient accompagné MEDICYC de leur confiance, furent également remerciés chaleureusement. Parmi ceux-là, une mention particulière doit être réservée aux professeurs de médecine Franck Bacin (Clermont-Ferrand), Jean-Daniel Grange (Lyon), Alain Laugier (Paris) Carlo Mosci (Gènes-Italie) et Wolfgang

Sauerwein (Essen-Allemagne). A ce dernier reviendra le mérite, après la présentation par son collègue ophtalmologiste, le Dr Jean-Pierre Caujolle, de l'impressionnante expérience acquise avec MEDICYC depuis 20 ans, de conclure cette commémoration par une brillante conférence à la fois hommage à ceux qui surent faire vivre cette innovante initiative niçoise et vibrant plaidoyer en faveur de la collaboration franco-allemande.

Une Journée « Portes Ouvertes », destinée à tout le personnel du Centre et au public, qui vint nombreux, fût organisée le lendemain de cette cérémonie officielle.

Se clôt, ainsi, cette narration qui se veut la mémoire fidèle de la mise en œuvre, certes complexe, du projet MEDICYC, de la machine, le cyclotron bien évidemment, mais aussi de son bâtiment d'accueil, au design si spécifique.

En guise de conclusion, il faut bien reconnaître et retenir que, ni au ministère de la Santé, ni au niveau de sa digitation décentralisée de la Préfecture du département des Alpes-Maritimes, la Direction Départementale des Affaires Sociales (DdASS), docile, certes, mais peu encline à évaluer un projet médico-scientifique de ce niveau, on ne voulut considérer, d'un œil favorable, les potentialités qui s'offraient, avec ce projet, dans la lutte contre les cancers. Ensemble, les fonctionnaires responsables n'engagèrent ni étude argumentée sérieuse (il y eut bien quelques comités « Théodule » aux conclusions vagues ou préalablement orientées) ni, conséquence beaucoup plus sérieuse, le moindre soutien financier. Figés devant ce processus innovant dont, sans raison avouable, ils ne purent ou ne voulurent prendre la mesure, leurs seules « actions » se bornèrent à retarder les indispensables autorisations, qu'ils détenaient, pourtant toutes, entre leurs mains. Acculés, ensuite, par l'avancement technologique du projet, ils n'hésitèrent pas alors à recourir, ultime manœuvre pour circonvenir une concrétisation qui semblait, en dépit de leur farouche opposition, finalement possible, à l'arme acérée du corps d'Inspection, dont on connaît la sévérité. Ils lancèrent sur le coupable, le Centre

Antoine Lacassagne, les limiers de l'IGAS à trois reprises (si l'on compte EULIMA) avec le même objectif pernicieux : tenter de dénicher une faille fatale pouvant justifier *a posteriori* leur constante attitude négative.

En opposition à cette défiance de l'administration, force est de souligner l'attitude inverse qui fut celle des autorités politiques locales. Sans relâche, elles ont apporté un fort soutien financier et manifesté une réelle confiance qui, ajoutée au formidable apport de dons privés, fut le véritable instrument de la réussite. De nos jours encore, le soutien déterminant des pouvoirs plus près des réalités du terrain, reste quasi-indispensable pour mener à bien des projets d'équipements médicotechniques qui autrement, sous le fardeau réglementaire et la lenteur administrative qui caractérisent la tutelle des établissements hospitaliers, s'enliseront et n'iront nulle part qu'à l'échec. Les « *appels à projets Santé* » du Conseil Général des Alpes-Maritimes illustre, sur la Côte d'Azur, aujourd'hui, la réalité de cette stratégie positive pour le progrès médical.

Heureusement que durant plus de quinze ans, n'a jamais manqué cette si indispensable confiance, au seul bénéfice des malades !

Mais la chance insigne, dans cette entreprise fut, aussi et peut-être surtout, d'avoir pu et su construire une équipe jeune mais (vite) expérimentée, cohérente et solidaire, soudée autour d'un seul objectif, la concrétisation d'une machine performante. Et pourtant le Graal à atteindre était éminent : sur la base des connaissances de ces accélérateurs de particules et par la maitrise d'une très haute technologie, obtenir une victoire dans le combat contre les cancers.

Alternative à l'énucléation chirurgicale, la protonthérapie des mélanomes oculaires est une voie thérapeutique que l'on peut qualifier d'exceptionnelle réussite. A Nice, avec des taux de contrôle tumoral local, dans l'œil, largement supérieurs à 90% et une optimisation de la préservation de la vision liée à la qualité du faisceau de particules accéléré par MEDICYC, le but est atteint !

Cela ne justifie-t-il pas pleinement, *a posteriori,* l'intégralité des efforts consentis par cette brillante équipe et la hauteur des moyens financiers qu'il a fallu trouver et engager pour une telle réalisation ?

Rendant le qualificatif, méprisant et dédaigneux, de « *cabane à lapins* » encore plus pitoyable, ce succès final de MEDICYC, en dépit des conditions pour le moins compliquées et hasardeuses qu'il fallut supporter et vaincre, devrait pour les chercheurs, les entreprenants et les innovants de ce pays, représenter une utile valeur d'exemple et insuffler pour tous une bonne dose d'espoir.

Quant à la ténacité qu'il fallut opposer pour franchir tous les obstacles rencontrés, elle trouve, sans doute, sa justification et sa reconnaissance dans ces quelques mots à la fin de l'allocution officielle, prononcée sur place, le 22 juillet 2011, par Monsieur Xavier Bertrand, Ministre de la Santé, lors de sa visite au Cyclotron biomédical de Nice ; ils sont allés droit au cœur de tous :

> « *… ici, c'est véritablement un Centre d'excellence* ».

PARTIE 3
EULIMA : UN PROJET EUROPEEN SANS ISSUE

« En suivant le chemin qui s'appelle plus tard, nous arrivons sur la place qui s'appelle jamais »

Sénèque

« Pour ce qui est de l'avenir, il ne s'agit pas de le prévoir mais de le rendre possible »

Antoine de Saint-Exupéry

Voilà ici, une nouvelle initiative, de dimension non plus nationale mais européenne, donc internationale, qui procède du même principe originel, à savoir celui d'être centré sur l'élaboration et l'installation d'un accélérateur de particules dévolu à une activité médicale ciblée, la radiothérapie des tumeurs humaines. De ce simple fait, elle va entretenir, à l'évidence, des liens plus qu'étroits avec le déroulé quasi-concomitant de MEDICYC, le projet de cyclotron niçois qui vient d'être rapporté.

C'est une ambition qui vise à associer, dans le cadre d'un projet innovant de haute technologie, des partenaires de plusieurs nations sous l'égide de la Commission Européenne à Bruxelles. L'ampleur et le coût de tels objectifs technologiques et médicaux justifient, pour l'essentiel, cette mise en commun de moyens tant scientifiques que financiers pour atteindre l'objectif fixé. Celui-ci est d'apporter, en radiothérapie, une précision et une efficacité meilleures en accélérant des particules chargées encore plus lourdes que les protons. Autour de l'action d'un groupe de chercheurs va, ainsi, naître et s'étendre, à l'échelle européenne, une vaste coopération internationale avec un financement organisé autour de fonds européens. Le cadre réglementaire, retenu pour ce développement précis, est celui d'une « Action Concertée », une procédure récemment lancée sous l'impulsion et le contrôle des services de la Commission.

A cette période, les années 80, les vicissitudes administratives et règlementaires dans lesquelles, en France, le projet MEDICYC semble véritablement enlisé, ne sauront pas, c'est heureux, empêcher le développement de cette initiative originale. Elle va prendre naissance à Nice en 1984.

Elle adoptera la forme d'une démarche scientifique commune, dite de « jumelage », menée auprès des instances européennes de la Recherche, à la fois par l'équipe du Centre Antoine Lacassagne en charge de MEDICYC, et par celle du Laboratoire du Cyclotron de l'Université Catholique de Louvain-la-Neuve (UCL) avec une finalité commune, le développement de l'hadronthérapie des tumeurs.

Pierre Mandrillon se rend aux Etats-Unis, en mai 1984, pour participer à la Conférence Internationale des Cyclotrons, à l'invitation du professeur Henry Blosser, pour présenter l'avancement du projet MEDICYC, en cours de réalisation au CERN à Genève. Il faut savoir que le flambeau de l'innovation en matière de cyclotrons, aux USA, était, peu à peu, les vingt dernières années, passé de Berkeley, en Californie, au Laboratoire du Cyclotron de l'Université du Michigan (MSU) à East Lansing, le professeur Henry Blosser étant, alors, considéré comme le « pape » de la discipline. C'est, donc, tout naturellement, que le Comité d'organisation de cette Conférence avait choisi ce lieu pour accueillir cette importante manifestation mondiale. Après un cyclotron pionnier construit au début des années 60, plusieurs projets innovants étaient, en effet, en développement à MSU. Il s'agissait, notamment, de trois cyclotrons supraconducteurs, deux grands cyclotrons de haute énergie destinés à la Recherche en Physique Nucléaire avec des ions lourds et un troisième, très compact, destiné, lui, à accélérer des deutons pour la production de neutrons. Ce dernier était destiné à la neutronthérapie future, prévue au sein d'un grand Centre hospitalier de Chicago.

Avant de participer à cette Conférence, Pierre Mandrillon saisit, néanmoins, l'opportunité du voyage pour se rendre à Berkeley afin de visiter les installations et de rencontrer les équipes dévolues aux applications biomédicales, le célèbre « Bio-med », le lieu de tant de découvertes brillantes au palmarès des équipes californiennes. Ce serait, bientôt, le cinquantenaire du Laboratoire Donner et de la Division de Biologie et Médecine, fondés en 1937 sous l'impulsion du Docteur John Lawrence, médecin et frère, comme nous le savons maintenant, de l'illustre Ernest Lawrence, inventeur du Cyclotron.

Il s'attarde, d'abord, autour du premier accélérateur « géant » de Berkeley, le fameux synchrocyclotron pionnier, le « 184 inches » (4,6 m de diamètre) qui, dès 1947, amena des protons à une énergie de 340 MeV.

Mac Millan et Veksler, dès le lendemain de la seconde guerre mondiale, avaient énoncé le principe de la « stabilité » de phase qui permettait de franchir les limites relativistes des cyclotrons, donc d'atteindre des énergies beaucoup plus élevées ; cela permet, alors, de passer du concept d'un cyclotron « classique » à celui d'un synchrocyclotron, avec des tensions d'accélération beaucoup plus faibles, environ d'un facteur 10, et, donc, un gain considérable en terme de puissance HF ! C'est de ce vénérable accélérateur que procède, véritablement, la naissance d'une nouvelle discipline en physique, que l'on nomme, aujourd'hui, la Physique des Particules. Grâce à lui, les protons de haute énergie permirent, en effet à Berkeley, l'importante découverte des mésons π^0. Ce synchrocyclotron historique pour la physique, avait parallèlement été adapté pour des activités médicales avec l'accélération de protons et de particules alpha (qui sont des noyaux d'Helium) de haute énergie; il servira ainsi dans ce département « Biomed », pour irradier des tumeurs humaines. Et, au total, lorsque cet accélérateur sera arrêté en 1987, il aura, le premier, permis de traiter près de 1000 patients à partir de 1957 !

Une deuxième surprise attendait Pierre Mandrillon avec la visite de l'ancêtre des synchrotrons, le « BEVALAC ».

Le professeur Cornelius Tobias lui fit visiter la salle médicale où, en plus du domaine de l'oncologie, on traitait, depuis 1975, des patients atteints de la maladie de Parkinson et des malformations artério-veineuses (AVM) crâniennes. A ce jour de mai 1984, environ 1500 patients avaient été traités par des ions plus lourds, Carbone et Néon.

C'est l'utilisation de ces derniers qui va engager les chercheurs sur la voie nouvelle de l'efficacité de ces particules lourdes pour le traitement des tumeurs considérées comme radio-résistantes. Ainsi, pour les tumeurs de glandes salivaires mais aussi dans d'autres localisations tumorales, on pouvait observer, après irradiation avec des ions Néon, des régressions considérables, inhabituelles dans ce type de lésions reconnues comme répondant mal à l'irradiation classique. On approchait alors déjà, avec ces ions, d'un (presque) idéal en radiothérapie puisqu'on associait une efficacité biologique accrue à l'excellence de la distribution balistique de ces particules chargées conduisant à une grande précision pour l'irradiation de l'ensemble du volume tumoral. Avec ce pic de Bragg ainsi « rehaussé », on obtenait un bénéfice biologique et des régressions encore jamais observées sur ces tumeurs traditionnellement reconnues comme radiorésistantes.

Le jumelage avec Louvain-la-Neuve et la naissance d'EULIMA.

Au retour de cette mission aux Etats-Unis, Pierre Mandrillon rend compte au professeur Claude Lalanne de ses visites, en particulier dans ce Département « Biomed » à Berkeley où ses impressionnants résultats étaient obtenus avec ces particules chargées plus lourdes que les protons.

L'équipe niçoise, bien que déjà engagée dans MEDICYC et malgré les sérieuses difficultés administratives qui s'accumulent, se doit, devant ces progrès, de réfléchir aux caractéristiques qui pourraient être retenues pour une nouvelle machine dédiée à cette irradiation tumorale spécifique. Mais, atteindre des tumeurs à des profondeurs de 20 à 25 cm avec ces ions, signifie des difficultés techniques conceptuelles considérables à surmonter. Quant à la couverture budgétaire d'un tel projet, le challenge ne l'est, à l'évidence, pas moins.

D'où l'idée que tout cela ne pouvait se concevoir dans un seul pays mais par contre qu'une dimension européenne pouvait représenter un cadre adéquat pour une telle réalisation.

Au CERN, le plus bel exemple de coopération scientifique européenne, où séjourne et travaille cette jeune équipe niçoise nouvellement constituée, Pierre Mandrillon entreprend, donc, une réflexion préliminaire sur un accélérateur dédié aux ions de haute énergie avec l'aide de Ranko Ostojic, un physicien accélérateur de l'Institut VINCA de Belgrade, accueilli dans le groupe, sur la recommandation d'André Laisné (Institut de Physique Nucléaire d'Orsay) quelques semaines auparavant.

Lors d'un déplacement en Belgique, Pierre Mandrillon présente cette idée novatrice d'un accélérateur d'ions strictement dédié à la radiothérapie, à deux des responsables de l'équipe pionnière belge du professeur Wambersie, à savoir Guido Ryckewaert, l'ingénieur responsable du cyclotron, et Jean-Pierre Meulders, le physicien en charge du programme des applications médicales. Nice et Louvain-la-Neuve sont, en effet, déjà engagées dans une collaboration technique (le même collimateur à lames variables pour la neutronthérapie dans les deux installations) mais, aussi, médicale en matière de protocoles de traitement.

Mettre en œuvre un tel programme de radiothérapie avec des ions lourds va devenir alors, un « développement naturel » pour ces deux équipes. Leur projet se propose, en partenariat, de définir les caractéristiques d'un accélérateur « booster » capable d'abord, de recueillir les faisceaux d'ions de moyenne énergie (du type de ceux que peut produire soit le cyclotron belge soit le MEDICYC niçois), ensuite de les post-accélérer aux hautes énergies requises afin de traiter des tumeurs à 25 cm de profondeur. Autre avantage de cette coopération, les deux cyclotrons, à Nice et à Louvain, bénéficient, également, d'un dispositif d'injection axiale ; il devient, alors, possible d'utiliser des sources d'ions multichargés performantes telles que la source ECREVIS développée par Yves Jongen, ingénieur au Laboratoire du Cyclotron de LLN.

Pierre Mandrillon, pour baptiser un tel programme, propose l'acronyme EULIMA (**E**uropean **L**ight **I**ons **M**edical **A**ccelerator), ce qui est aussi une racine grecque, ευλημα (ευ préfixe « qualifiant » suivi de λημα qui signifie « courage » !). L'helléniste Jean-Pierre Meulders applaudit, lui, des deux mains et toute l'équipe belge se déclare enthousiaste à l'idée de développer, ensemble avec les niçois, cette réflexion.

Le soir même, André Wambersie, lors d'un diner amical, encourage l'initiative et suggère que David Bewley, proche collaborateur du professeur Mary Catterall au « Hammersmith Hospital » de Londres, soit informé de l'initiative franco-belge. André Wambersie ne doutait pas un instant qu'il veuille joindre son expérience et son talent à ceux de ce groupe de travail encore embryonnaire ; David accepta immédiatement.

La stratégie retenue est, maintenant, d'établir officiellement ce partenariat entre le Centre Antoine Lacassagne de Nice et le Laboratoire du Cyclotron de l'Université Catholique de Louvain-la-Neuve (UCL), afin de constituer, ainsi, l'embryon d'une équipe européenne de recherche, puis de solliciter les instances de Bruxelles pour mettre en place les indispensables études préliminaires. Un document de synthèse va devoir être préparé puis soumis aux instances respectives de chacun des partenaires. Il faudra, ensuite, explorer les différentes possibilités offertes autour des programmes européens déjà en place.

Le 25 Mars 1985, à l'invitation de Claude Lalanne, pour quelques mois encore le Directeur du Centre Lacassagne, le groupe de radiothérapeutes du GRASE, avec, notamment le professeur Constantin Vrousos (Grenoble), le professeur Jean-Pierre Gérard (Lyon), les docteurs Chassard (Lyon) et Garibobo (Montpellier) visitent le chantier de montage de MEDICYC qui vient de s'installer dans les locaux de Carros.

C'est l'occasion, bien sûr, pour Pierre Mandrillon de présenter l'état d'avancement de l'accélérateur niçois, dont ils seront les futurs utilisateurs, mais aussi d'évoquer les prémices d'EULIMA et les perspectives, à plus long terme et au plan européen, qu'ouvrent une telle capacité d'irradiation avec ces ions appelés légers par les physiciens mais lourds par les médecins. Le partenariat CAL-UCL pour coordonner les premières études menant vers l'emploi futur, en Europe, de ces « *high LET particles* » est, sans réserve, vivement encouragé par tous les membres du GRASE.

Mais c'est quelques mois plus tard, à l'occasion de la réunion, toujours à Nice, le 19 octobre 1985, de l'entité européenne de Recherche clinique en matière de particules lourdes, le « *Heavy Particle Group* », constitué par des radiothérapeutes français et européens au sein de l'EORTC (**E**uropean **O**rganisation for **R**esearch and **T**reatement of **C**ancer) que va naitre, véritablement, le projet EULIMA. Hors du programme officiel, une présentation commune du Centre Antoine Lacassagne et du **C**entre de **R**echerche du **C**yclotron (CRC) de Louvain-La-Neuve permet de détailler cette initiative et saisit, fort opportunément, l'occasion d'attirer le soutien d'une large communauté de radiothérapeutes et physiciens médicaux.

L'approbation, qui s'avère unanime, va permettre de constituer, dès ce jour-là, l'embryon d'un Comité international de Projet avec différents partenaires européens. Il deviendra le **Pr**oject **M**anagement **G**roup (PMG) à la demande de la Commission Européenne.

Ce PMG est composé d'un « *Project Leader* » qui n'est autre que P. Mandrillon (CAL-Nice) pour les études accélérateurs, accompagné d'Y.Jongen (CRC-Louvain), G.Rickewaert (CRC-Louvain) et F. Farley (consultant pour CAL-Nice), pour la physique médicale et la radiobiologie, de JP Meulders (CRC-Louvain), D. Bewley (MRC-Londres), pour la radiobiologie, et J. Fowler (Londres), HG Menzel (Hambourg) et pour la médecine et la radiothérapie, de R. Berry (Londres), P. Chauvel et C. Lalanne (CAL-Nice et A. Wambersie (CRC-Louvain). Le secrétariat de ce Comité est assuré par P. Chauvel, radiothérapeute au Centre Antoine- Lacassagne.

En même temps, se constitue, également, un Conseil Scientifique international dont les membres sont pour les accélérateurs, R. Billinge et G. Brianti (CERN-Genève), R. Gough (Lawrence Berkeley Laboratory-USA), W. Joho (SIN-Suisse), pour la physique médicale et la radiobiologie, Mr Barendsen (Pays-Bas), G. Kraft (GSI-Allemagne), P. Lehmann (IN2P3- France), P. Vervier (UCL-Louvain) et pour la médecine, JP Gérard (Lyon), L. Magno (Brescia-Italie), G. Schmitt (Dusseldorf-Allemagne), C.Vrousos (Grenoble) et A. Laugier (Paris). Son secrétaire, chargé de la coordination, est le professeur JP Gérard, radiothérapeute aux Hôpitaux Lyon-Sud.

Tant pour la physique des particules que pour la radiothérapie des tumeurs, difficile, en Europe, de rassembler un panel scientifique plus convaincant !

Lors de tous ses déplacements en Belgique, le passage « obligé », pour Pierre Mandrillon était une soirée en compagnie de Maryse et Jean-François Obez, ses amis jurassiens « exilés » à Bruxelles. Au cours d'un diner chez des amis communs, Maurice et Anne Guerrin, il expose, avec sa passion coutumière, l'ardeur du travail scientifique qui s'accomplit à Louvain-La-Neuve et, surtout, il insiste sur l'enthousiasme qui anime les deux équipes pour ce qu'elles appellent, déjà, « un projet médical européen ». Maurice Guerrin, qui occupe de hautes fonctions à la Commission dans le domaine économique, propose alors d'organiser un rendez-vous à Bruxelles, avec le Professeur Paolo Fasella, Directeur Général de DG XII, en charge de l'organisation de la Recherche en Europe.

Ce dernier, biologiste italien, est le Directeur général du département Sciences, Recherche et Développement, la DG (**D**irection **G**énérale) XII, en charge de toutes les technologies avec un domaine de compétence qui s'étend de l'Energie à la Santé en passant par les nouveaux matériaux, à la seule exception des technologies informatiques. Umberto Finzi, physicien, son conseiller et responsable de l'important programme de recherche sur la fusion thermonucléaire, l'assiste dans ses hautes fonctions.

Lors de la réunion, Pierre Mandrillon soumet à leur réflexion un document préliminaire succinct, sous l'acronyme EULIMA, qui décrit cette initiative d'élaboration d'un nouvel accélérateur médical, dédié à la radiothérapie des tumeurs sur la base des recherches menées à la suite du processus de jumelage, en France et en Belgique, entre le Centre Antoine Lacassagne de Nice et le CRC de Louvain-la-Neuve. Le calendrier prévisionnel d'une telle (future) réalisation, sur une durée totale de 7 ans, est proposé : des pré-études en 1986, suivies de 2 ans pour l'élaboration du design puis de 4 ans pour la construction et la mise en service opérationnelle, la préparation du traitement des premiers patients requérant, enfin, une année supplémentaire.

P. Fasella et U. Finzi soulignèrent, ensemble, que l'idée leur semblait très intéressante mais qu'il faudrait réunir beaucoup de soutiens dans la communauté médicale européenne pour un projet d'une telle ampleur. En ce qui concerne le « nerf de la guerre », à savoir un soutien financier européen, le budget actuel du « Programme Santé » de cette DGXII ne permet certainement pas de s'engager. Ils indiquent, par contre qu'ils disposent d'un cadre adéquat pour soutenir des études préparatoires, un programme appelé « Stimulation », qui nécessite, au minimum, la participation de trois partenaires européens. Voilà une première voie. Une seconde concerne le programme global de Recherche et Développement de la DGXII pour la Recherche médicale qui est en cours de préparation dans le cadre du 4ième plan quadri-annuel, couvrant la période 1987-1991, avant d'être présenté aux instances décisionnelles européennes. Il est, là, spécifié qu'une ou plusieurs « Action Concertée » seront mises en œuvre. L'une d'entre elles conviendrait au projet, deuxième voie disponible pour un financement européen.

Une année 1986 constructive

Une importante réunion consacrée à l'initiative EULIMA est organisée le vendredi 14 mars 1986 dans la salle de conférence B, située dans le bâtiment principal du CERN.

Son ordre du jour concerne, notamment, les études préliminaires de l'accélérateur, la mise en place du Comité de Projet, les relations avec les organisations européennes et le CERN. Sur le plan technique, Pierre Mandrillon définit l'accélérateur comme constitué par un tandem de deux cyclotrons, le premier compact capable, grâce à son système d'injection axiale, de fournir des ions légers (Carbone ou Néon), complètement dépouillés de leurs électrons et accélérés à une énergie finale de 16 MeV/nucléon et le second, supraconducteur, à secteur séparé, qui porte l'énergie de l'injecteur à une énergie maximale de 500 MeV/nucléon. Les membres présents estiment qu'une telle étude de faisabilité durera, au minimum, deux ans et qu'à son terme pourront être fixés à la fois la conception finale de l'accélérateur, le cahier des charges pour sa réalisation et son coût global.

Concernant les structures de travail proposées pour EULIMA, la composition du Comité de Projet, dont le rôle exécutif est majeur, et celui de Conseil scientifique, lui, consultatif et organe d'évaluation, est adoptée. Le premier se réunira au moins deux fois par an et le second, seulement une fois. Auprès de la Communauté Européenne, J.P. Meulders et P. Mandrillon sont chargés de préparer un dossier de demande concernant une « Action de Stimulation » qui sera soumis à la commission ad hoc, le CODEST, réuni la mi-juin à Bruxelles.

Quant au CERN, O. Barbalat, Assistant du Directeur Technique, qui s'est joint à la réunion, tient à souligner que le CERN voit la naissance d'EULIMA avec satisfaction et qu'il pourrait accueillir ce groupe d'études dans des conditions semblables à celles qui furent réservées, précédemment, au projet MEDICYC.

Pendant la première semaine d'avril 1986, Guido Ryckewaert se rend à Nice pour des discussions techniques avec Pierre Mandrillon et pour présenter à François Demard, le (récemment nommé) directeur du Centre Antoine Lacassagne, les premières évaluations concernant, sur le plan financier, le coût de cette collaboration qui paraît prometteuse. Une estimation du budget global d'investissement pour EULIMA, en Ecus, l'Unité de compte européenne (l'Euro n'est pas encore né !) est ainsi établie : hormis les pré-études, la durée du projet avoisine cinq ans et nécessite le travail de 80 homme-années, soit un coût des personnels autour de 18 MEcus, celui des équipements de l'accélérateur-booster approchant, lui, les 15 MEcus.

Le 7 avril, un document est adressé à la Commission de Bruxelles pour présenter le budget du jumelage entre le CAL et l'UCL, et ce sur une période de 24 mois : cela représente une dépense de 244.080 Francs Français pour le CAL et de 1.208.600 Francs Belges pour l'UCL, soit un montant total de 63.644 Ecus. Ces fonds sollicités auprès de l'Europe sont destinés à couvrir, pour l'essentiel, des frais de déplacements et des frais de calcul, mais, aussi certains frais de personnel et de gestion.

Durant le mois d'août, le professeur Bill Chu a contacté le professeur François Demard pour l'informer de son intention d'inviter Pierre Mandrillon à Berkeley pour qu'il puisse présenter, lors du cinquième PTCOG, prévu les 1 et 2 décembre 1986, cet innovant projet EULIMA. Bill Chu suggère d'ailleurs que ce PTCOG, consacré jusque-là à la seule protonthérapie (« **P**roton **T**herapy **Co**operative **G**roup ») modifie son nom et devienne, pour marquer l'emploi en médecine d'ions plus lourds que les protons, le « **P**article **T**herapy **Co**operative **G**roup », ce qui ne deviendra officiel que quelques années plus tard.

Il existe une vraie confusion terminologique dans les termes utilisés par les divers protagonistes : les physiciens des accélérateurs utilisent le terme « *ions légers* » seulement jusqu'aux Néon et celui « *d'ions lourds* » au delà alors que, pour les médecins, dans le champ de la radiothérapie et de la radiobiologie, sont appelés *« ions ou ions lourds »* ceux qui, possédant les caractéristiques biologiques des particules à TEL élevé, sont plus lourds que les protons. La terminologie des physiciens sera celle retenue pour l'acronyme EULIMA.

Le premier Comité de Projet PMG 1 (**P**roject **M**anagement **G**roup) se réunit le vendredi 21 novembre 1986, au CERN, à Genève.

L'ordre du jour traite de l'évolution des caractéristiques techniques de la machine. Alfredo Susini, l'expert du CERN, présente, notamment, des mesures de radio-fréquence (RF) réalisées sur maquette et Yves Jongen, de Louvain-la-Neuve, les caractéristiques de la source d'ions. D'autres aspects, balistiques et/ou biologiques, sont étudiés par le physicien Jean-Pierre Meulders. En regard de ces discussions technologiques, le protocole d'accord entre l'UCL et le CAL de Nice fait l'objet d'une présentation et d'une validation par le professeur Demard.

La réunion se termine par une conférence de presse organisée au 6ième étage du bâtiment 60 où siège la Direction et l'Administration du CERN. Le dossier de presse est intitulé : *EULIMA, une initiative pour un accélérateur médical européen.*

Le PTCOG de Berkeley, au début du mois de décembre, fut riche sur le double plan, scientifique et médical. Parmi les travaux présentés, l'initiative EULIMA par Pierre Mandrillon sera particulièrement appréciée et citons, aussi, le projet LIBRA de Berkeley par Richard Gough, les premiers systèmes de scanning et balayage du faisceau dans le volume tumoral, l'état de la construction du mini-synchrotron de 250 MeV-protons à Loma-Linda ainsi que plusieurs innovations technologiques concernant la distribution de la dose grâce aux « *gantries* » (« portiques isocentriques » en français).

Les réunions du PTCOG seront, désormais à partir de 1986, organisées annuellement et, aujourd'hui, elles sont devenues les rendez-vous incontournables d'une grande communauté de médecins, physiciens, spécialistes des accélérateurs et industriels.

Pour information, le seul PTCOG organisé en France (le 18ième) se déroula sur deux sites, à Orsay puis à Nice, du 15 au 18 Avril 1993.

Quant à la 54ième édition, à San Diego (USA) en juin 2015, elle a rassemblé, pendant une semaine entière, pas loin d'un millier de participants !

Et une année 1987 particulièrement active

Le 12 Janvier, quelques jours après avoir, enfin, obtenu l'autorisation ministérielle pour la future installation, à Nice, du cyclotron MEDICYC, l'entretien de Pierre Mandrillon avec la journaliste Catherine Vincent lui permet, en outre, de faire connaître aux lecteurs de « *Science et Avenir* » les principaux éléments constitutifs de l'initiative EULIMA.

Le 19 janvier, le « *project leader* » d'EULIMA se rend à Darmstadt auprès du docteur Kraft, un éminent radiobiologiste allemand, pour déterminer, avec lui, certains paramètres cruciaux concernant cette future machine. Ce dernier, qui travaille depuis des années sur les faisceaux d'ions, confirme que, pour le Carbone, l'énergie retenue par le groupe de travail, à savoir 400 MeV/nucléon, lui parait tout à fait adéquate. Il s'intéresse, lui, plus particulièrement au Néon tout en reconnaissant que la fragmentation, mise en évidence pour ces particules à grande profondeur, peut poser un sérieux problème. Des mesures précises ultérieures effectuées à Berkeley confirmeront, qu'effectivement, le Néon présente beaucoup trop de fragmentation pour les utilisations médicales : ainsi, à 32 cm de profondeur, il ne reste plus que 10 % du faisceau de Néon incident…

Autre discussion technique autour de l'accélérateur, le 11 février, avec Emilio Acerbi à propos de la grande bobine supraconductrice : le design de cette grande bobine était piloté par Mario Morpurgo, éminent spécialiste du CERN et concepteur de la première grande bobine supraconductrice réalisée dans le monde, celle de la grande chambre à bulles européenne, la BEBC. Emilio Acerbi spécialiste milanais de la cryogénie, qui avait été le chef de projet du premier cyclotron isochrone supraconducteur réalisé en Europe, avait, de ce fait, conçu et suivi de près la première construction d'une bobine cryogénique par l'industriel de Gênes, la société « ANSALDO-Magnet ». Il va confirmer le bien-fondé du design « Morpurgo » qu'il estime « *très robuste* » et il apporte aussi une estimation précise des coûts prévisibles de réalisation : celui de l'ensemble Cryostat-Bobine se situerait entre 3 et 3,5 Millions de Francs Suisses auquel il faut ajouter le coût du câble supraconducteur. L'industriel italien ANSALDO, en train de réaliser les grandes bobines cryogéniques de TORESUPRA, le TOKAMAK du CEA à Cadarache (prototype du futur Grand Projet international ITER pour la fusion thermonucléaire) ne devrait pas rencontrer de difficultés inattendues pour une telle réalisation.

La faisabilité d'un des points les plus critiques d'un futur cyclotron supraconducteur, tel qu'EULIMA, venait de franchir une sérieuse étape !

Le lendemain, 12 février, Pierre Mandrillon répond, à propos d'EULIMA, aux questions posées par Mademoiselle Claude Fillet, de l'agence Reuters auprès des Nations Unies à Genève, interview organisée par le service de presse du CERN.

Le 2 mars, Monsieur Bellemin, de la DGXII à Bruxelles, informe le Comité de projet du résultat des trois avis de référés demandés, sur le plan technologique, par la Commission. Ils sont tous trois positifs et favorables à EULIMA. Quant aux cinq avis complémentaires, de nature médicale ceux-là, également sollicités, deux étant franchement négatifs, il suggère de reformuler la demande en développant ses potentialités thérapeutiques et de la représenter aux divers CODEST qui vont se succéder, durant l'année 2007, selon un calendrier précis, les 25 et 26 Mai, 21 et 22 Septembre et enfin 8 et 9 Décembre.

Au cours d'un nouveau meeting du « *Heavy Particle Group*» de l'EORTC, qui se tient, le 14 mars, à Villigen, en Suisse, (au « SIN » qui deviendra plus tard le « PSI », **P**aul **S**cherrer **I**nstitute), Pierre Mandrillon fait une présentation des principales caractéristiques de l'accélérateur EULIMA. André Wambersie, à la suite de ces discussions, tient à souligner, pour le monde scientifique et médical, « *l'intérêt naissant pour les ions légers* »…

David Bewley publie, le 7 mai, dans la célèbre revue médicale « *The Lancet* » un article sur EULIMA intitulé « *European Accelerator for Radiotherapy with charged ions* ». Cet article très précis sur l'initiative engagée en Europe, dans une revue aussi prestigieuse, marque sa véritable entrée sur la scène scientifique internationale.

Francis Farley et Pierre Mandrillon organisent, à Nice, le 13 mai, une importante réunion de présentation des études en cours dans le projet EULIMA. Elle regroupe quelques grands noms internationaux des cyclotrons, qu'ils sont probablement seuls à pouvoir réunir, tels que Werner Joho (PSI, Suisse), Carlo Pagani (INFN-Milan), Guido Ryckewaert (LLN), Gerardo Dutto (TRIUMF, Vancouver), Emilio Acerbi (Université Milan), Alfredo Susini (CERN)…

Les paramètres d'EULIMA et certains points « durs » du projet sont analysés et longuement discutés. Si ces experts reconnaissent la complexité du projet, ils estiment néanmoins que, si les moyens financiers et humains sont réunis, l'objectif technologique est tout à fait réalisable.

Lors d'une réunion de physiciens, fin juin à Dublin, Francis Farley rencontre des membres britanniques du CODEST ; il téléphone, ensuite, à Pierre Mandrillon : « *Send them, asap, a copy of your proposal* ! »

Réunion d'information, le 27 octobre, au Palais Nice-Acropolis, dénommée EUROTECHSUD qui est centrée sur les « Actions de Stimulation » lancée par la Commission Européenne. Les interlocuteurs habituels de la DGXII, Messieurs Bellemin et Minguez, sont présents. Le professeur François Demard et Pierre Mandrillon les informent, ainsi que les représentants présents du Conseil Général des Alpes-Maritimes, des derniers développements de l'initiative EULIMA. Pour compléter le niveau des connaissances, des documents sont remis à Madame Jacqueline Nonon, directeur du Bureau de Presse et d'Information des Communautés Européennes ainsi qu'à Thierry Martin, Directeur de Côte d'Azur Développement, qui connaît, fort bien, les programmes de la Commission.

Monsieur Bellemin adresse, le 17 décembre, un courrier décisif. Il confirme, en effet, la réception de la demande de budget, associé au contrat de jumelage (« *twinning* ») entre le Centre Lacassagne et l'Université Catholique de Louvain, pour la poursuite du projet EULIMA et il ajoute, en post scriptum :

« *No decision may be taken before the Council and the European Parliament has adopted the Community budget which includes that of the « Stimulation Action » for 1988. Unfortunately, therefore, no reply can be made before 6 or 8 months have passed* ».

Il va falloir s'armer de patience et continuer d'avancer dans les études…

Pichenaude du hasard, ce mardi 22 décembre, sur le vol de Genève à Bruxelles, Pierre Mandrillon rencontre le professeur Georges Charpak qui se rend à la VUB (la célèbre Université Libre de Bruxelles) pour des discussions sur son nouveau projet de détecteur pour l'imagerie Rayons X. Grâce à ce dernier (des mini-chambres à fil associées à des cristaux de BaF2) il pense obtenir des signaux avec des temps de réponses très rapides, inférieurs à 5 nanoseconde, ce qui serait, bien évidemment, parfait pour une imagerie en ligne en cours même de séance d'hadronthérapie. L'initiative EULIMA est, donc, largement abordée durant le temps de vol, notamment l'idée de travailler avec des faisceaux radioactifs émetteurs β+. Pierre Mandrillon propose à son ami Georges d'accélérer directement, dans le futur accélérateur EULIMA, des faisceaux de Carbone 11 pour la thérapie et l'imagerie PET en ligne. Là aussi, il y a une piste intéressante qu'il faudra approfondir au CERN…

Dans la soirée, à Louvain-La-Neuve, André Wambersie invite Guido Ryckewaert et Pierre Mandrillon à diner. Très enthousiaste sur ce projet commun, il propose d'organiser un *workshop* international, à Nice, avec plusieurs groupes de travail puis d'en publier les « *Proceedings* » afin de disposer d'un argumentaire médical et technique très fort, capable d'emporter l'adhésion définitive de la Communauté Européenne.

Le workshop international EULIMA.

L'année 1988 va, donc, être largement dévolue aux études accélérateur et à la préparation et l'organisation, à Nice, de ce « *workshop* » dont les dates programmées sont le 3, 4 et 5 novembre.

Lors de la réunion du Conseil Scientifique d'EULIMA, le 15 janvier 1988, dans la salle du Conseil du CERN, en présence de Georges Charpak et d'autres collègues du CERN, des radiothérapeutes signataires de l'initiative EULIMA et de François Demard, Directeur du Centre Antoine Lacassagne, Pierre Mandrillon et Guy Ryckewaert font part à la vingtaine de participants de cette importante suggestion d'André Wambersie : l'organisation d'un « *workshop international* » sur les différents aspects du projet : programme médical, programme biologique, aspects physiques et techniques. Chacun des participants se chargerait d'une étude particulière et la somme des contributions pourrait constituer une sorte de « *Livre blanc* », dont la publication faciliterait l'information du monde scientifique et le montage des demandes de subventions.

Le Comité de Projet EULIMA, qui se trouve naturellement en charge de son organisation pratique, se réunit le lendemain, 16 janvier. Il est suggéré que certains de ses membres, absents par simple défaut de disponibilité, puissent plutôt siéger, maintenant, au Conseil Scientifique International qui se réunit moins souvent. D'autres collègues sont proposés pour les remplacer ce qui est le cas, notamment, sur la proposition de D. Bewley, de R. Sealy qui venait de quitter Le Cap en Afrique du Sud où il s'occupait de neutronthérapie et de protonthérapie et qui est désormais responsable de l'installation de Clatterbridge au Royaume-Uni.

Le budget « jumelage » de la Commission Européenne se faisant attendre, et à la suite de la démarche entreprise par le professeur Demard auprès du Conseil Général des Alpes Maritimes (rappelons la présentation de l'initiative EULIMA lors de la journée EUROTECHSUD au Palais des Congrès Acropolis l'année précédente), un premier rapport, comportant une estimation du coût annuel de fonctionnement de l'étude de faisabilité en cours, est remis à Monsieur Dorne, le directeur de la SEMAM, la **S**ociété d'**E**conomie **M**ixte des **A**lpes-**M**aritimes. Ce budget d'un montant de 1,318 MF permet de construire une maquette de la cavité HF, de payer un (petit) salaire pour des élèves-ingénieurs en stage, de prendre en charge les honoraires de Francis Farley (2 jours par semaine pendant 1 an) et, enfin, d'effectuer quelques déplacements dans le cadre de la collaboration avec l'équipe belge. Il sera effectivement couvert par l'octroi d'une subvention de 1,8 MF mise à la disposition de la SEMAM par le Conseil Général dans une délibération en date du 14 décembre 1988. Le département des Alpes-Maritimes est, ainsi, le premier à intervenir pour financer ce Projet EULIMA au travers de la SEMAM qu'il a mandaté pour suivre son développement.

Venant de l'Europe, un budget complémentaire de 325 462 FF sera, lui, approuvé par la DG XII (Direction Biologie) pour couvrir les dépenses du *Workshop* à venir en novembre, et ce dans le cadre d'un programme de recherche sur le cancer.

Un autre contrat de 100 000 Ecus sera accordé par une autre direction générale, la DG V (Direction Générale des affaires sociales), dont l'action s'oriente plus sur la formation de jeunes scientifiques et sur les campagnes d'information et de sensibilisation à la lutte contre le cancer.

Par courrier adressé à Pierre Mandrillon en date du 19 octobre, G. Brianti, Directeur Technique du CERN, confirme, c'est très important, le soutien effectif de son institution :

«*... Nous proposons de commencer notre collaboration avec EULIMA à partir du 1ier janvier 1989. Pour toute question technique ou financière, l'interlocuteur pour le CERN sera Monsieur Dieter Blechschmidt...* »

Le 26 octobre, Pierre Mandrillon et Fons Vermorken, le délégué désigné de la DGXII, produisent un document de présentation du projet EULIMA destiné à la DG V, cette autre Direction Générale de la Commission qui vient de montrer son intérêt, dans le cadre d'un autre de ses programmes intitulé « Actions en faveur de l'Europe des citoyens dans le domaine de la Santé ». La stratégie proposée par F. Vermorken est, donc, d'appuyer le projet EULIMA sur non pas une mais deux Directions Générales, la DG XII pour la Recherche et la DG V pour son programme « *Europe contre le Cancer* ».

Le dernier paragraphe de ce document traite de la dimension budgétaire d'EULIMA qui s'élève autour de 25 Millions d'ECU. Il est suggéré, pour l'atteindre, d'associer plusieurs initiatives menées (éventuellement) de concert avec la Commission, telles que solliciter les Associations et Ligues contre le cancer en Europe, rechercher des sponsors dans l'industrie ou mener des campagnes médiatiques, via l'Eurovision, dans le cadre de « *l'année européenne contre le Cancer* ».

Ce Workshop va donc se dérouler, à Nice, dans la belle salle de Conférence du Centre Antoine Lacassagne, du 3 au 5 novembre 1988, et il bénéficiera, effectivement, d'un double soutien financier par ces deux Directions Générales, la XII pour la Recherche (dans le cadre du programme Santé) et la V dans celui des « Actions en faveur de l'Europe des citoyens dans le domaine de la Santé ».

Il faut, d'emblée, insister sur la spécificité de son thème général, à savoir « *The potential value of Light Ion Therapy* », ce qui souligne bien qu'il s'agit d'une stricte réunion d'experts, cherchant à déterminer s'il y a, ou non, une justification scientifique et médicale à lancer un programme de recherche concernant l'emploi des ions légers et un futur, possible ou vraisemblable, à des irradiations à visée thérapeutique, par des particules de TEL élevé, de certaines tumeurs humaines.

Après l'accueil officiel par le professeur François Demard, Directeur du Centre Lacassagne, ces scientifiques, plus de 70 participants, vont débattre, durant trois jours, de considérations physiques et radiobiologiques, mais aussi de données cliniques, basées notamment sur les résultats encourageants fournis par l'expérience acquise à Berkeley. Mais, concernant cette dernière, certains d'entre eux ne manqueront pas de souligner que, s'agissant d'un nombre trop limité de patients sélectionnés, il est difficile de considérer les résultats obtenus comme déterminants.

Or, à cette période, aucune autre activité n'existe dans le domaine et très peu d'installations sont programmées dans le monde : celle du NIRS (**N**ational **I**nstitute of **R**adiological **S**ciences), à Chiba au Japon, est en cours de construction, le projet LIBRA en évaluation aux USA et, en Europe, un seul projet allemand, au GSI (**G**esellschaft fur **S**chwer**I**onenforschung) de Darmstadt, qui teste la possibilité d'utiliser, à partir d'un puissant accélérateur déjà existant pour la physique des ions lourds, un faisceau spécifique, dédié à la seule radiothérapie, n'est bien évidemment pas encore disponible.

Une fois encore, on saisit bien, devant la complexité technique et le coût très élevé de telles installations, qu'une large collaboration internationale s'impose.

La Commission européenne, par l'intermédiaire de la DG XII, représentée à la réunion de Nice par Fons Vermorken, par ailleurs, Secrétaire du « *Cancer Research Working Party* », parait vraîment prête à jouer un rôle décisif de coordination tout en s'engageant dans le financement d'une partie de l'investissement si, bien évidemment, les conclusions du *workshop* s'avèrent positives. Ces dispositions, précisées sous la signature autorisée de son représentant, sont sans ambiguïté et méritent d'être rapportées dans leur intégralité :

« *The experts of the Commission's fourth Médical and Health Research Programme are in favour of a feasibility study to investigate the design and construction of a light ion accelerator for medical research and treatment in Europe. The following is a summary of the conclusions of workshop:*

1. *There are both biological as well as physical reasons to recognize the potential value of light ion beam treatment for cancer*
2. *Light ion beam treatment allows a more accurate irradiation of the tumour, thereby preserving the surrounding healthy tissue*
3. *The clinical trials performed so far indicate that there is a clear value for this type of treatment for certain tumour types* "

Quelques semaines plus tard, comme prévu, étaient publiés, sous le n° EUR 12165 EN, les *Proceedings* de cet « *EULIMA workshop* », un document de 526 pages dont la rédaction a été coordonnée par deux oncologues radiothérapeutes, le docteur Pierre Chauvel de Nice et le professeur André Wambersie de Bruxelles. Ce document devient, maintenant, la base scientifique et un appui majeur pour ce projet européen.

En dehors de ce dernier, signalons un autre rapport, qui expertise, lui, le déroulé de ce Workshop EULIMA. C'est une mission individuelle qui a été, de façon strictement indépendante et à titre d'audit supplémentaire, confiée, par la Commission Européenne, au Professeur Basil S. Proimos, qui est le Directeur de l'Ecole de Médecine et du département de Physique Médicale de l'Université de Patras, en Grèce. Basil Proimos est, par ailleurs, un des membres du groupe d'experts du programme « *Europe contre le Cancer* » dans le cadre du CODEST.

Son analyse est un modèle du genre, remarquable en bien des points. Elle commence par ce constat, à la fois provocateur et utile :

« ***to beam or not to beam** with light ions when photons and electrons are so much cheaper and almost as effective for most tumors"* (!)

Après une critique souvent sévère concernant la présentation de certains résultats de Berkeley, il sait rester très objectif sur les questions de fond et finit, dans ses conclusions, par clairement répondre aux questions opportunément posées par la Commission :

« The above evidence indicates that there is a place for light ion beam therapy. It offers better results than photon beam therapy, when used in treating slowly growing (radio resistant) malignant tumors and benign intracranial AVMs.

The policy makers of the European Community, taking into account the limits of their budget, will have to examine this need in comparison with others pressing needs which are known to them. Then, they will decide whether an amount between 50 and 100 MECU will be finally allocated for the actual development of the EULIMA.

For the present time, I think that a feasibility study of the machine is in order. This could be completed within one-year by spending about

15 man-years or about 300.000 ECUs. It is worthy to spend this relatively small amount of money in order to examine the physical, the engineering and the economic aspects of EULIMA, in depth.

The aim of such a study must be to answer, at least, the following concrete questions:

- Is it possible to construct in Europe, a compact accelerator dedicated to radiation therapy, which has to provide beams of light ions having energies of several hundred MeV, in order to treat tumors located at depths of up to 25 cm?

- Could the EULIMA be installed in a hospital room of reasonable size?

- What would be the cost of the first and that of the second EULIMA?

- What would be the cost of the building construction, including the room or the rooms to which the beam will be guided for therapy?

- What would be the running's costs (salaries of personnel, consumption of electrical energies, maintenance...)?

- If all the capital for the initial installation (land, buildings and machine) was donated, would the hospital be able to pay the running costs and provide the treatment of patients at a cost comparable to the present cost of radiation therapy by photons beams emitted by linear accelerators?

Associant critiques objectives et propositions constructives, les recommandations exprimées dans ce document, bel exemple d'une ancienne et admirée dialectique grecque, seront suivies par la Commission et c'est ce rapport, discret mais, néanmoins, très efficace qui, en fait, marque son engagement effectif pour l'étude de faisabilité d'EULIMA, avec des moyens à la hauteur du défi que représente ce projet.

Le Conseil Général des Alpes-Maritimes, dans sa séance du 14 décembre 1988, délibère, après avis et propositions du Rapporteur, le docteur Guillaud, sur l'attribution de crédits, à prévoir au budget primitif 1989, visant à soutenir le projet EULIMA. Pour le financement de l'étude de faisabilité, il est, en effet, accordé une participation à hauteur de 1,8 MF. Le montant de ce crédit sera inscrit au Budget Primitif 1989 de l'Assemblée Départementale. Il sera mis à la disposition de la SEMAM, laquelle est dûment mandatée pour suivre cette opération auprès du Centre Antoine Lacassagne. Elle servira, pour l'essentiel, à l'acquisition de matériels et de logiciels de conception assistée par ordinateur.

L'étude de faisabilité durant 1989.

Cette année capitale débute par l'envoi officiel, le 17 février, à la DGXII (soit donc à Monsieur Fons Vermorken) du document intitulé « *Feasability Study of the EULIMA Project* » rédigé en collaboration par Pierre Mandrillon et Guido Rickewaert. Ce rapport, après avoir présenté les études déjà en cours et celles à développer, précise la liste des 23 personnes constituant l'équipe du projet et le budget prévisionnel de cette initiative.

Le 22 Février 1989, le Comité de Projet EULIMA, le PMG 2, se réunit, à Bruxelles à l'hôpital Saint-Luc, à l'invitation du professeur André Wambersie.

Pierre Mandrillon présente le *status-report* des études en cours. Ce document de faisabilité, après avoir rappelé les conditions initiales de ce projet, certaines études préliminaires et les considérations générales conceptuelles, définit les divers paramètres de l'accélérateur, les systèmes d'injection et d'extraction, puis certains aspects plus techniques concernant les hautes fréquences, les aimants, les cryostats, le vide et les qualités de la source d'ions.

Fons Vermorken apporte, lui aussi, des éléments importants : en effet, le 16 Décembre dernier, le CWP (**C**ancer **W**orking **P**arty) de la Commission Européenne a accepté le rapport qu'il a présenté sur le déroulement et les finalités du *Workshop* EULIMA. La prochaine étape est, maintenant, fixée au 10 Mars 1989 où une proposition de financement de l'étude de faisabilité d'un montant de 407.000 Ecus sera présentée au Comité de Gestion et de Coordination de la DG XII. Malheureusement, pas de résultats à attendre avant 6 mois…

Afin d'obtenir un budget pour cette période qualifiée d' « intermédiaire », il propose, à nouveau, de s'adresser à Monsieur Richonnier, de la DG V, responsable de la « Prévention et Information sur le Cancer » pour solliciter un soutien de 100.000 Ecus. Une autre source alternative de financement repose, aussi, sur le Programme « Actions Concertées » pour lequel on dispose d'un argumentaire désormais beaucoup plus solide depuis le *workshop*.

Fons Vermorken conclut en soulignant que les principes de la Commission sont, toujours, de ne financer que la moitié des frais engendrés par l'étude de faisabilité (DG V 100.000 Ecus et DG XII 407.000 Ecus) et qu'il faut donc trouver l'équivalent du côté des Institutions participantes. Il conseille, pour cela, d'élargir les participations au projet. Après que Pierre Mandrillon ait indiqué que le nouveau Directeur Général du CERN, le professeur Carlo Rubbia, Prix Nobel de Physique 1984, invite le Comité de Projet à se réunir au CERN, celui-ci vote, à l'unanimité, une motion de remerciements à Fons Vermorken pour l'efficacité de son action et son enthousiasme pour l'initiative EULIMA.

Les 22 et 23 mai, se réunit à Nice le groupe des experts-accélérateur d'EULIMA, à savoir Werner Joho du Paul-Scherrer Institut (Suisse) expert cyclotron, Horst Klein de l'Université de Franckfort expert des accélérateurs linéaires RFQ, André Laisné de l'Institut de Physique Nucléaire d'Orsay expert cyclotron, accompagnés par Pierre Mandrillon, Francis Farley, Guido Rickewaert et les ingénieurs du groupe de projet au CERN. Tous les points critiques du design sont analysés et des remarques très constructives sont avancées ; Guido Rickwaert expose aussi les premiers résultats des faisceaux radio-actifs d'Azote 13 récemment obtenus à Louvain-la- Neuve.

Le 15 Juin 1989, un coup de téléphone de Fons Vermorken annonce que le budget de l'étude de faisabilité vient d'être accepté !

Le ministre français de la Solidarité, de la Santé et de la Protection Sociale, lui-même, Monsieur Claude Evin, prend position, clairement, en faveur de ce projet EULIMA à la suite d'une visite au CERN et d'une entrevue avec Georges Vianès, Directeur Administratif du CERN sous forme d'un courrier à Pierre Mandrillon en date du 26 juin 1989 :

« *... ce projet est effectivement d'un très grand intérêt et c'est pourquoi je suis intervenu personnellement...je souhaite que le projet EULIMA tienne toutes ses promesses...* »

Cet engagement du Ministre conforte, aussi à l'évidence, la participation financière que s'apprête à engager le département des Alpes-Maritimes dans le cadre de l'étude de faisabilité en cours, en anticipation de la future candidature azuréenne.

Pierre Mandrillon lui répondra:

« *Au nom du Comité de Projet EULIMA que j'ai l'honneur de présider, je tiens à vous remercier pour le grand intérêt et le soutien décisif que vous avez apportés à ce projet auprès de la Commission des Communautés Européennes...et à la candidature française, en particulier, pour ce futur accélérateur au service des malades...* »

Le 27 Septembre 1989 est une date importante, celle de la venue commune à Nice des représentants de la DG V et de la DG XII de la Commission Européenne, Messieurs Richonnier et Vermorken. Ils vont visiter le site niçois d'implantation du cyclotron MEDICYC, maintenant installé dans ses nouveaux locaux dédiés du plateau de la

Lanterne. Ils seront, ensuite, reçus par de hauts représentants du Conseil Général des Alpes Maritimes (notamment le Préfet Pierre Costa, Directeur général de l'administration, Monsieur Maurice Papo, Conseiller Scientifique et Monsieur Dorne, Président de la Société d'Economie mixte du département) en présence du professeur F. Demard et du docteur P. Chauvel, ainsi que de F. Farley et de P. Mandrillon.

Le 13 novembre 1989 est créé, sur le modèle de l'ASCARA servant la réalisation du projet MEDICYC, une association appelée ADEULIMA. Sera, ainsi et grâce à elle, organisé un circuit financier et administratif, indépendant et transparent, qui écarte toute incidence sur le budget du Centre Antoine Lacassagne lui-même, de ce projet européen (majeur) de recherche scientifique, lequel ne doit, en aucune façon, peser financièrement sur l'Assurance Maladie française. Cela ne l'empêchera pas, malgré ses louables objectifs, d'être, plus tard, soupçonnée et vilipendée !

Profitant, à la fin du mois de novembre, de l'opportunité d'un voyage au Japon (à l'occasion du vernissage de l'exposition du peintre Serge Mendjisky à Tokyo), le professeur Demard va se rendre à Chiba pour visiter le chantier du NIRS où se construit un gigantesque synchrotron, la première installation dédiée à l'utilisation des ions Carbone pour l'hadronthérapie. Il y rencontre le directeur de ce programme médical très ambitieux et ils échangent, notamment, sur le projet européen EULIMA qui veut poursuivre, de toute évidence, les mêmes objectifs.

Aujourd'hui en 2016, le NIRS a traité plus de 10.000 patients…

Le 6 décembre 1989, le Conseil Général des Alpes-Maritimes prend la décision d'attribuer une subvention de 3,8 MF, montant global de sa participation au programme de recherche et de développement du projet européen EULIMA.

Cet engagement majeur permet de financer, conjointement et à parité avec la Communauté Economique Européenne, le démarrage et l'étude de faisabilité d'EULIMA (1,4 MF pour le démarrage et 6,2MF pour la faisabilité). Pour les mêmes opérations, la participation de la CEE s'élève, donc aussi, à respectivement, 100.000 et 407.000 Ecus.

Le (troisième) PMG se réunit au CERN le 18 décembre 1989

Les mesures, effectuées par Jan Tuyn, sur la fragmentation des ions Oxygène accélérées à 400 MeV/nucleon dans le synchrotron LEAR du CERN sont présentées. Divers aspects socio-économiques sont également longuement discutés avant que les membres du PMG, guidés par Pierre Mandrillon et Francis Farley, soient reçus, comme cela était convenu, par le Professeur Carlo Rubbia, Directeur Général du CERN. L'accueil du Prix Nobel est très favorable.

Le projet avance

L'année 1990 débute par la tenue, les 26 et 27 Janvier, à Athènes, du 12ième meeting du programme « *Europe contre le Cancer* ».

Lors d'une des sessions consacrées aux projets européens, sous la présidence de Monsieur Richonier, sont présentées les deux actions de recherche qui poursuivent le but d'améliorer la radiothérapie, à savoir le BNCT (**B**oron **N**eutron **C**apture **T**herapy) par Fons Vermorken et le projet EULIMA par Pierre Mandrillon. Les possibilités de co-financement de tels projets par les associations et les ligues, dont le rôle potentiel est majeur, sont, notamment, largement discutées.

Le 2 mars, Pierre Mandrillon informe le Directeur des Finances du Conseil Général des Alpes-Maritimes de la constitution, maintenant effective, de l'Association pour le Développement du projet EULIMA, appelée ADEULIMA ; la subvention de 3.800.000 Francs représentant 50 % du montant total des études de faisabilité, c'est à dire une contribution égale à celle de la Commission Européenne, devra être transférée sur ce nouveau compte.

Les 17 et 18 Mars 1990 se déroule, au CERN, le quatrième Comité de projet (PMG 4).

Un courrier, en date du 12 mars, de Fons Vermorken demandait au PMG de produire, pour la Commission, un document finalisé comportant les niveaux estimés de coût des différentes parties du projet EULIMA. Ces données doivent, en effet, être présentées lors d'un meeting d'experts du Cancer qui se réunit, à Dublin, les 2 et 3 avril suivants.

Beaucoup de données vont, donc, être étudiées et débattues par les 13 membres présents, pour déterminer, dans la future installation-prototype, le nombre de salles de traitements utiles et nécessaires : au total le consensus se limitera à deux. Autre recommandation d'importance, tous estiment que cette implantation prochaine devrait préférentiellement être installée au sein d'un Centre de radiothérapie préexistant. Il est admis, aussi, que pas plus de 20% de ces futurs patients ne devraient nécessiter une hospitalisation.

L'information majeure concerne les coûts indicatifs estimés pour ces traitements par ions légers et, pour une information complète des experts de Dublin, le PMG propose de les situer en comparaison avec les coûts moyens d'autres modalités thérapeutiques. Ainsi, par patient et traitement complet, l'incidence économique est la suivante :

- Chirurgie	7.000 Ecus
- Radiothérapie conventionnelle	3.000 Ecus
- Radiothérapie mixte (RX + Boost Ions)	6.000 Ecus
- Ions (traitement complet)	10.000 Ecus
- Chimiothérapie	12.000 Ecus

- Greffe de moelle osseuse 40.000 Ecus

Le coût de l'irradiation par les ions, si son poids financier est plus élevé que celui de la radiothérapie habituelle utilisant les photons, reste, cependant, en deçà de ceux de la plupart des protocoles d'oncologie médicale.

Au cours de cette réunion, Fons Vermorken confirme, par ailleurs, que le financement, par la DG XII, de l'étude de faisabilité n'est assurée que jusqu'en mars 1991. Au delà, de nouveaux fonds pour la construction de la machine elle-même devront être alloués par le Parlement Européen, le Conseil et, à l'évidence, les autorités du lieu d'installation.

Le 29 Mai 1990, à Nice, Didier Lombard visite le Laboratoire du Cyclotron, évènement plusieurs fois déjà rapporté, en présence de Christian Grouselle et Christian Tafani, tous deux hauts responsables au Conseil Général des Alpes-Maritimes. Cette mission aura, à plusieurs titres, marqué l'avenir immédiat (MEDICYC va entrer en fonction un an après) mais aussi, celui de cet exceptionnel projet européen EULIMA qui lui est également exposé en détail, ce qui n'empêchera pas, malheureusement, qu'il reste sans suite un peu plus tard.

Le MRT, **M**inistère de la **R**echerche et de la **T**echnologie, (enfin) informé de ce projet EULIMA commandite, pour statuer sur sa pertinence scientifique, trois expertises scientifiques. Les rapports rédigés par les professeurs L'Hoste, Cophignon et Laugier exprimeront, tous, un soutien positif au projet. Tous insistent aussi sur le développement de la radiobiologie et proposent la création, si la candidature azuréenne française est retenue, d'une équipe de recherche directement rattachée à l'implantation d'EULIMA.

Le 13 juin, à Paris, le professeur François Demard rencontre Jean de Kervasdoué, ancien Directeur des Hôpitaux au Ministère de la Santé et, maintenant, Président de la SANESCO, une société de conseil dans le domaine de la Santé qu'il a fondée récemment. L'objectif est d'organiser la concrétisation de la candidature française, portée par le département des Alpes-Maritimes, pour l'implantation du futur accélérateur EULIMA.

Le Comité International de la grande Conférence Européenne des accélérateurs de particules, l'EPAC (**E**uropean **P**article **A**ccelerator **C**onference), présidé par Gunther Plass, Directeur des accélérateurs au CERN, s'était prononcé, lors de sa dernière réunion à Rome en 1988, en faveur de la ville française de Nice comme site d'accueil de la prochaine Conférence.

Si un réel attrait touristique ne peut, dans ce choix, être totalement écarté, cette décision visait, aussi, à saluer l'action menée depuis plusieurs années par la capitale de la Côte d'Azur dans le domaine spécifique des applications médicales des accélérateurs, avec, en fer de lance, le projet MEDICYC en phase finale d'installation mais, également, tout l'intérêt qui s'attache à l'autre projet, également initié à Nice, qu'est la démarche européenne EULIMA.

Pour la première (et unique) fois dans l'histoire de l'EPAC, un satellite médical sera, d'ailleurs, organisé dont les différentes contributions feront l'objet, sous l'autorité de Pierre Mandrillon, Chairman of the Local Organizing Committee, d'un *Proceedings* propre, intitulé « *Medical Satellite Meeting* »

Ce satellite se déroula au Palais des Congrès Nice-Acropolis, du 14 au 16 juin 1990, sous les auspices de la Commission des Communautés Européennes, de l'Organisation Européenne pour la Recherche et le

Traitement des Cancers (EORTC) et de la Ligue Nationale Française contre le Cancer (Comité des Alpes-Maritimes). Le Comité organisateur était constitué de M. Wannenmacher (Heidelberg), A. Wambersie (Bruxelles) et P. Chauvel (Nice). Pas moins de quarante présentations orales concernant la dosimétrie et la radiobiologie, les résultats cliniques obtenus en neutronthérapie et avec le BNCT (Boron Neutron Capture Therapy), enfin, tout particulièrement, les quelques projets pour l'emploi des particules lourdes (Japon, USA, Canada …) furent l'objet d'intéressantes confrontations. A la suite des présentations par le « *EULIMA Feasibility Study Group* » du « conceptuel design » et des principales caractéristiques techniques d'un futur cyclotron supraconducteur à secteurs séparés, une table ronde sera consacrée au projet EULIMA, animée notamment par le professeur Borie Larsson, d'Uppsala et le professeur Jo Castro, de Berkeley. Elle permettra d'approfondir la validité de nombreux choix techniques présentés par le PMG d'EULIMA. Le représentant de la Commission, Fons Vermorken, ne manquera pas de souligner, avec raison, la nécessité de poursuivre la recherche d'un coût de réalisation le plus ajusté possible en évaluant au plus juste, les deux options, celle d'un synchrotron et celle d'un cyclotron supraconducteur.

Au total, la publication des travaux de cette grande Conférence de l'EPAC nécessitera deux volumineux volumes de *Proceedings* soit quelques 1860 pages !

Elle va se terminer par une prestation, plutôt terne, du professeur FASELLA, Directeur Général de la DG XII, qui était l'invité final de la Conférence. Il se contenta, en effet, d'égréner la liste fastidieuse des différents comités et projets de la Direction de la Recherche Européenne. Les applaudissements discrets des 1000 délégués marquèrent, là, leur déception …

La candidature française pour EULIMA à Nice

Ce processus est lancé depuis le mois d'avril 1990, avec, sur le plan local, des réunions régulières entre Pierre Mandrillon et Pierre Chauvel du Centre Antoine Lacassagne, la SEMAM avec Monsieur Vernin et le Conseil Général, représenté par Monsieur Christian Grouselle, qui est le Directeur Général Adjoint des Services.

Il s'agit de répondre au mieux aux critères d'une telle candidature à l'attribution du site d'implantation de la machine-prototype EULIMA, tels qu'ils ont été précisés dans un document de la Commission Européenne, en provenance de la DGXII, en date du 22 juin 1990. Citons quelques recommendations des fonctionnaires européens et auxquelles il faut répondre avec pertinence :

- *Elle doit être installée dans une grande Ecole de Médecine, dotée d'un important département de radiothérapie*
- *Elle doit bénéficier du support d'autres départements de radiothérapie du voisinage*
- *Elle doit être d'un accès facile par route et rail*
- *Elle doit être proche d'un aéroport international avec des vols venant de ou vers les Etats-membres de la communauté européenne*
- *Il doit y avoir un espace adéquat pour la machine, les salles de traitement et les facilités ancillaires*
- *Elle doit être près de structures hôtelières pour l'hébergement de patients externes, venant de contrées étrangères*
- *Le site doit être attractif à la fois pour les professionnels (le staff médical et scientifique doit être « enthousiaste » pour utiliser EULIMA) mais également d'un point de vue social*
- *La capacité à lever des fonds est aussi une contribution significative pour couvrir des coûts de fonctionnement*

Apprécions également les remarques sensées qui concluent ce document pour le choix du site établi et développé par la DG XII :

Le pays-hôte va recevoir un bénéfice substantiel de la part d'EULIMA. Les patients et les personnels du staff apporteront, là, de nouveaux échanges internationaux. Les patients du pays-hôte seront privilégiés avec un accès plus facile aux structures de traitement, notamment par la diminution des coûts de transport. L'implantation d'EULIMA va stimuler des développements en matière de haute technologie dans le pays-hôte, et particulièrement, dans l'environnement du site. Pour ces raisons, le pays-hôte va gagner d'importants avantages à partir de ses investissements pour l'installation de la machine.

Que rajouter quand tout est dit !

Lors du colloque qui a lieu, comme prévu, à Dublin, début avril 1990, le Comité des experts cancérologues va émettre un avis très favorable à la poursuite du projet EULIMA. Il retient, sans réserve, les évaluations proposées par le PMG concernant à la fois, le montant total de l'investissement (autour de 50 MEcus), le nombre annuel de patients traités (établi autour de 3000) et le coût estimatif d'un traitement complet s'élevant lui à 10.000 Ecus.

Sur de telles bases, la Commission Européenne, sans retard, lance, en juillet 1990, un « Appel à candidature » auprès des 12 Etats Membres pour l'implantation du projet EULIMA. Il a été fait le choix (logique) de s'adresser au niveau du gouvernement de chacun des pays afin de limiter cette candidature à un seul site par pays membre.

Le 26 août, se tient à Nice la réunion du « *EULIMA Feasibility Study Group* », ses membres étant accueillis, autour d'un diner convivial, par le Directeur du Centre Antoine Lacassagne.

Le 3 septembre, l'équipe de communicants constituée par SANESCO visite les installations de MEDICYC à la Lanterne et jette les fondations, au nom du département des Alpes-Maritimes, de la prochaine candidature française pour EULIMA. Bien évidemment, les perspectives locales, particulièrement favorables à une implantation niçoise, sont soulignées :

Les installations existantes autour du cyclotron MEDICYC du Centre Antoine Lacassagne ont l'avantage de permettre un démarrage immédiat de la construction de l'accélérateur et des premières salles de traitement, à l'intérieur même des bâtiments actuels, ce qui représente une économie substantielle !

Le département des Alpes-Maritimes, qui supporte une part importante du financement de l'étude de faisabilité, s'engage, lui, à investir, sur cinq ans, une somme correspondant au quart du coût total du projet.

Il existe enfin un consensus des pays de l'Europe du Sud pour soutenir la candidature du site français à Nice. A titre d'exemple, soulignons le courrier adressé le 19 février 1991 au professeur François Demard par le professeur Leonardo Santi, Directeur de l'*Instituto nazionale per la ricerca sul cancro* (IST) de Gènes et, parallèlement, coordonnateur des six Centres italiens de lutte contre le cancer :

« *I am writing to communicate the great interest that has arisen among Scientific Directors of this group in regards to the EULIMA project. It is our conviction that EULIMA represents a priority concern...*

It is clear that the elected site will have a decisive and fundamental impact on the development of project potential. The nomination put forth by France for the construction of the accelerator in Nice is, for the group I represent, particularly interesting for numerous reasons among which it is ideal geographic location as a crossroads of the Mediterranean...Indeed, there are specific indications of a scientific nature: most evident is the experience gained by your Center with the Cyclotron MEDICYC, a project offering an existing infrastructure in which, I believe EULIMA could very readily find placement...Should the French nomination be selected, it would be our pleasure to collaborate with the Antoine Lacassagne Cancer Center on the project in question both for scientific as well as health care aspects.."

A côté de ces particularités propres au site niçois, il convient, aussi, de mettre en exergue l'exceptionnel bénéfice, pour la France, d'accueillir sur son sol ce projet européen. Et ceci à deux titres principaux : lui permettre de garder un rôle de premier plan dans la recherche en cancérologie pour l'amélioration et l'efficacité de l'irradiation des tumeurs et entrainer, comme l'a bien compris Didier Lombard lors de sa visite à Nice, des retombées industrielles importantes. Ce sont elles qui motivent, d'ores et déjà, le soutien du Ministère de l'Industrie.

Les 9 et 10 novembre 1990, Mr Fons Vermorken est reçu, à Nice, par le Directeur Général des Services départementaux des Alpes-Maritimes, le Préfet Pierre Costa, entouré de nombreux collaborateurs et en présence de Pierre Mandrillon, Chef du projet et du professeur François Demard, Directeur du Centre Antoine Lacassagne. La situation financière de l' « Action Concertée EULIMA » est discutée ; des échanges fructueux ont lieu à propos des conditions, *a priori,* plus que favorables de la candidature française au sein du Centre Antoine Lacassagne dans le département des Alpes-Maritimes.

A Paris, sur cette même problématique qui est de savoir comment répondre, au mieux pour la France, à l'appel d'offre européen EULIMA, se déroule une importante réunion, le 26 décembre 1990, au Ministère de la Santé, dans les locaux de la Direction des Hôpitaux ; elle regroupe autour de Monsieur Basset, le professeur Demard, directeur du Centre Antoine Lacassagne, des représentants du Conseil Général des Alpes-Maritimes (notamment la SEMAM) et les consultants de la société SANESCO.

Tout le microcosme politico-scientifico-administratif national vibre devant une telle opportunité, y compris, semble-t-il, au sein du ministère de la Santé lui-même !

La recherche, indispensable et permanente, de soutiens (ce fut vrai pour MEDICYC comme pour EULIMA), amène, parfois, des situations inhabituelles et imprévisibles. En voici un exemple supplémentaire :

A l'invitation du docteur Robert Parienti, inlassable animateur de l'Association Pasteur-Weismann à laquelle collabore, depuis plusieurs années, le Centre Antoine Lacassagne, le professeur Demard rencontre un jeune chercheur politiquement influent qui d'emblée et sans surprise, manifeste son manque total d'appétence pour ce type de développement n'apportant, à ses yeux du moins, qu'un gain thérapeutique limité. Il met par contre en avant les progrès décisifs de la récente découverte du TNF (« ***Tumor Necrosis Factor*** »), capable, selon lui, d'apporter une réponse décisive au traitement d'une grande majorité de cancers ! Donc aucun soutien à en attendre. La singularité de cette rencontre est ailleurs. Ce soir-là, en effet, le 21 janvier 1991, tout est vide à Paris : la première guerre du Golfe vient d'être déclarée…

Le lendemain, 22 janvier, importante réunion à Bruxelles, à la DG XII, avec Monsieur Vermorken, au cours de laquelle sont revus les principaux éléments de l'étude de faisabilité.

Le 7 février, à Paris, réunion de travail « serrée » à la SANESCO, avec Jean de Kervasdoué et ses collaborateurs, pour finaliser l'argumentaire de la candidature de la France, et, donc, les divers aspects de l'implantation, à Nice, de la future machine EULIMA et de ses salles de traitement.

A côté de données technologiques souvent ponctuelles et de considérations plus générales sur l'engagement des autorités locales autour de cette candidature, il est surtout développé, dans le dossier en voie de constitution, le positionnement de la métropole de la Côte d'Azur, à la croisée d'un nouvel axe émergent, l'axe méditerranéen, et l'axe Nord-Sud, de Londres à Rome. Sa particulière accessibilité pour

10 millions d'habitants, soit 30.000 nouveaux cancers/an, à proximité de 80% de l'Europe (autoroutes, traversée alpine, TGV), est soulignée. L'importance, aussi, de son aéroport international, du parc d'activités de Sophia-Antipolis, ainsi que les collaborations existantes établies par le Centre Lacassagne (comme le GRASE autour du fonctionnement du cyclotron existant MEDICYC) valorisent, notamment, les possibilités d'implantation sur le terrain de la Lanterne.

Tous ces éléments, on peut l'affirmer ici, se retrouvent, en parfaite adéquation, avec les critères souhaités et retenus par la Commission Européenne.

Outre l'avis favorable déjà exprimé par Monsieur Claude Evin, ancien Ministre de la Santé, et dans le but de défendre encore cet important dossier et d'informer puis convaincre les autorités nationales de l'intérêt médical d'EULIMA, le professeur Demard a, également, sollicité et obtenu une audience auprès de son successeur, le nouveau Ministre de la Santé, Monsieur Bruno Durieux.

Celle-ci a lieu, au ministère, le 21 février 1991. La délégation se compose du professeur Maurice Tubiana, éminent cancérologue et radiothérapeute, le professeur Henri Pujol, chirurgien-cancérologue et Président de la Fédération Nationale des Centres de lutte contre le cancer, Monsieur Dorne, au nom du Conseil Général des Alpes-Maritimes et, bien évidemment, Pierre Mandrillon, le docteur Pierre Chauvel et le professeur François Demard, Directeur du Centre Antoine Lacassagne.

Chacun des participants précise ses convictions argumentées en faveur, pour la France, du site de Nice (il n'y a aucune autre proposition), candidature fortement soutenue par les collectivités de Nice-Côte d'Azur et sa région, bénéficiant, de plus, de l'aide et des compétences, pour la structuration du dossier, de la SANESCO.

La discussion est très positive et un dossier parfaitement explicité est, ensuite, remis en mains propres au Ministre. L'engagement sans ambiguïté qu'il manifeste alors, qualifié par tous les protagonistes de total, laisse espérer non seulement son entière approbation, mais aussi, son accord de principe au dépôt de la seule candidature française, celle de Nice. Le Ministre tient même à souligner qu'il a recueilli, également, le complet assentiment et soutien de son collègue ministre, Monsieur Hubert Curien ; ce dernier vient, d'ailleurs, d'évoquer le projet EULIMA en termes très positifs lors d'une intervention à la tribune du Sénat, courant du mois de décembre dernier.

Ce jour-là, l'optimisme est grand de voir se réaliser et s'installer, en France, à l'instar de ce qui se profile au Japon, un accélérateur d'ions capable de rendre disponible une radiothérapie innovante plus précise et plus efficace.

Le 17 janvier 1991, Monsieur le Sénateur Charles Ginesy, qui préside le Conseil Général des Alpes-Maritimes, écrit au professeur Demard, directeur du Centre Antoine Lacassagne :

« *Avec les Communautés Européennes, le Conseil Général des Alpes-Maritimes a reconnu activement le haut intérêt du projet EULIMA, initié dans votre établissement et par vos collaborateurs en 1985.*

C'est pourquoi notre département a déjà co-financé les études techniques de faisabilité de cet équipement et largement subventionné la construction du bâtiment qui pourrait le recevoir.

A l'heure où se prépare le choix du site où s'implantera EULIMA, j'ai le plaisir de vous faire parvenir, ci-joint, le texte d'une motion votée, à l'unanimité, par nos collègues Conseillers Généraux, réunis en Assemblée Plénière, à l'occasion de l'examen de notre Budget Primitif pour 1991.

J'ai communiqué cette motion à tous les Parlementaires des Alpes-Maritimes et je vous envoie également copie de la lettre qu'ils ont bien voulu signer et adresser à Monsieur le Premier Ministre et au Gouvernement.

Je vous confirme nos engagements antérieurs et notre ferme volonté de mettre tous les moyens à votre disposition pour la réalisation d'EULIMA à Nice, dans l'éventualité que nous attendons d'une décision de candidature de la France »

Cette motion, votée à l'unanimité, est la suivante :

« Après le Japon, et maintenant les Etats-Unis, la Communauté Economique Européenne prévoit l'installation d'un accélérateur médical de particules pour ouvrir une nouvelle perspective dans le traitement des tumeurs cancéreuses. Ce projet, appelé EULIMA (European Light Ions Medical Accelerator), entre actuellement dans sa phase décisionnelle quant au choix du site, par un appel à candidatures lancé en direction des douze Etats-Membres.

Le Conseil Général des Alpes-Maritimes, déjà engagé dans la réalisation du Cyclotron biomédical du Centre Antoine Lacassagne, soutient fermement les chances d'une décision communautaire en faveur de la seule candidature française, à savoir Nice.

Pour cela, après avoir cofinancé les études de faisabilité technique, il manifeste sa volonté de mettre en œuvre, après l'aval gouvernemental, les moyens d'accueillir, dans le département, cette technologie médicale de pointe. Ainsi, fort du soutien déjà acquis auprès de nos voisins Italiens et Espagnols, notre région, au centre de l'Europe du Sud, dans le droit fil de sa vocation internationale et de son rayonnement scientifique et économique, accèderait au plus haut niveau de la recherche et des soins en matière de lutte contre le cancer »

Quant à la lettre signée par tous les parlementaires des Alpes-Maritimes et adressée au Premier Ministre, elle est de la même veine :

« Saisi par le Conseil Général des Alpes-Maritimes qui défend activement l'unique chance d'une implantation, en France, du projet européen EULIMA, j'affirme mon entier soutien au choix de Nice, pour recevoir, au sein du Centre Antoine Lacassagne, cet équipement de haute technologie médicale dont la structure d'accueil existe déjà.

J'appelle le Premier Ministre et le Gouvernement à se décider en faveur d'une candidature de la France, en réponse à l'appel d'offres communautaire dont la date limite est fixée au 31 janvier 1991. Je me déclare tout à fait solidaire de la motion votée à l'unanimité par l'Assemblée Départementale des Alpes-Maritimes, réunie en session plénière les 17 et 18 janvier 1991 »

Ni cette motion de l'Assemblée Départementale des Alpes-Maritimes, ni le courrier adressé à chacun des parlementaires ni, bien entendu, l'engagement de deux Ministres de la Santé, ni le soutien des autres ministères concernés, Recherche et Industrie, aucun de ces puissants arguments n'aura, pourtant, le pouvoir d'orienter positivement la décision gouvernementale.

La décision de la France

La date de clôture des dossiers de candidatures, précédemment fixée par la Commission, au 31 janvier 1991, a été repoussée à la demande expresse de la France, on ne sait pour quel motif. Dans un courrier en date du 11 février, le directeur général de la DG XII, le professeur Fasella écrit, ainsi, à l'ambassadeur Jean Vidal, Représentant permanent de la France auprès des Communautés Européennes :

« ... après avoir consulté le président du Groupe de Travail Cancer, le professeur M. Papamichail et le président du Comité des experts cancérologues de la Communauté européenne, le professeur M. Tubiana, j'ai le plaisir de vous informer que la nouvelle date limite de soumission des candidatures est fixée au vendredi 1ier mars 1991... »

Déjà, il est vrai, et ce dès la période qui précède la réunion avec le Ministre à Paris, commencent à filtrer, surtout à Bruxelles, des bruits de couloir faisant état de réticences, semble-t-il, dans certains services ministériels français...

Fons Vermorken y fait allusion dans un courrier à Pierre Mandrillon, en date du 24 janvier, en indiquant notamment :

« ... *Professor Papamichail was extremely worried about the apparent lack of coordination between the different partners in France...* »

Selon lui, s'exprimeraient même quelques opinions franchement négatives, celle, notamment, de Philippe Lazar, Directeur General de l'INSERM en France, voix importante à la Commission puisqu'il préside, aussi, le CGC (**C**omité de **G**estion et de **C**oordination), organisme majeur du Programme « Europe contre le Cancer ».

Le 26 février 1991, la veille, donc, de la date de clôture de remise des candidatures et à l'issue d'une réunion interministérielle, le cabinet du Premier Ministre, Monsieur Michel Rocard, va prendre une décision brutale et négative : il a renoncé, tout simplement, à déposer la candidature de la France, portée par le département des Alpes-Maritimes, pour l'implantation du projet européen EULIMA.

Pour apprécier, au mieux et dans sa globalité, l'expression motivée de ce refus français, véritable euthanasie d'une initiative européenne pourtant née en France et susceptible de s'y installer, citons *in extenso* la note adressée, quelques jours après, à l'attention du professeur Fasella, Directeur Général de la DG XII :

« Les autorités françaises ont l'honneur d'informer la Commission des Communautés Européennes qu'elles ont procédé au recensement des sites susceptibles d'accueillir, en France, le projet EULIMA.

Elles notent qu'à ce jour l'étude de faisabilité entreprise par la Commission n'est pas définitivement achevée et qu'elle doit encore faire l'objet d'approfondissements à l'occasion de la prochaine réunion de son comité de pilotage.

Il apparaît, dès lors, que les conditions techniques et financières d'exploitation de ce futur accélérateur de particules à des fins thérapeutiques ne sont pas définitivement arrêtées

En particulier, le montant exact de l'investissement nécessaire à la mise en place du projet, son coût de fonctionnement annuel, le nombre de patients susceptibles d'être traités et, enfin, la date prévisible de mise en service ne peuvent être précisément évalués à ce jour.

Compte-tenu de l'importance des sommes vraisemblablement mises en jeu (50 millions d'Ecus d'investissement, 17 millions d'Ecus par an en fonctionnement) et des incertitudes liées au montant exact de la participation financière de la Communauté et des différents partenaires français pressentis, le Gouvernement français estime qu'il ne peut se porter garant du bon aboutissement d'un projet qui verrait le jour sur son territoire.

En conséquence, en l'état actuel du dossier, les autorités françaises ne transmettront pas de proposition de site à la Commission. »

Totalement navrant !

Ont-ils seulement analysé le dossier de candidature ? Il est légitime d'en douter devant l'indigence de cet argumentaire qui se borne à estimer « *non définitivement arrêtées* » les études de la machine et « *insuffisamment évalués* » le montant de l'investissement, les coûts de fonctionnement et le nombre de patients traités.

Que penser, aussi, de ce soi-disant recensement « *des sites* » en France, alors que l'appel d'offre européen stipule qu'il est limité à un seul site par pays-membre, sauf à considérer qu'*a priori,* pour ces piètres censeurs, le site de Nice et des Alpes-Maritimes ne peut, par essence, correspondre ou atteindre le niveau de qualité requis pour une opération internationale de cette importance ?

Comment interpréter une telle reculade, définitive et sans recours, devant l'argument avancé que sa future réalisation, certes complexe, exposerait, du seul fait de considérations techniques et financières non encore totalement déterminées, à un risque et serait, donc, inacceptable…

Le sommet de l'incongruité paraît atteint lorsque les responsables estiment ne pouvoir « *se porter garants du bon aboutissement* » de cette entreprise, garantie que, bien évidemment, strictement personne n'a jamais demandé !

De cette grave dérobade, nous le verrons pour le futur de l'hadronthérapie Carbone dans notre pays, ajoutons que nul, parmi les protagonistes scientifiques et médicaux français qui ont contribué au projet EULIMA, n'a, jamais, pu obtenir ou faire état de la moindre information concernant cette réunion (dont on sait seulement qu'elle est qualifiée d'interministérielle), la qualité et le nombre de ses participants, son déroulé ou, pourquoi pas, quels arguments cachés sont susceptibles d'expliquer (et de comprendre) une telle décision.

Quid, en particulier, d'éventuelles pressions, nationales (l'INSERM dont l'opposition, déjà manifeste lors de l'initiative MEDICYC, apparait, pour ce type de projet, plus qu'évidente) ou internationales, celle notamment de l'Allemagne qui poursuit indépendamment, elle ne s'en cache pas, un projet national pour établir, à brève échéance auprès de l'accélérateur GSI (**G**esellschaft für **S**chwer**I**onenforschung) de Darmstadt, une ligne de faisceau dédiée à l'utilisation médicale des ions lourds ?

Y-a-t'il eu un quelconque autre calcul, ailleurs qu'au gouvernement ?

Au plus haut niveau des Etats se mettent parfois en place des mécanismes de protection pour sauvegarder certains des domaines de la haute technologie, mais on peut affirmer, sans crainte d'être contredit, que ce ne peut être le cas d'EULIMA, projet médical communautaire, transparent et solidaire, dont le seul objectif était de rechercher, au bénéfice de tous les européens, une amélioration sensible des résultats et de la tolérance de la radiothérapie anti-tumorale.

EULIMA, ainsi privé d'avenir dans les deux « moteurs » de l'Europe, la France et l'Allemagne, seuls pays au poids économique suffisant pour assumer la réalisation d'un projet de cette taille, va, ainsi, quitter rapidement et presque sans bruit, une existence qui ne manquait pourtant pas d'espérance…

Le 13ième meeting du Comité des Experts contre le Cancer se tient à Luxembourg les 8 et 9 avril.

Bien que le projet » finalisé, et pourtant occulté ou dévalorisé, soit déjà administrativement mort, ces experts vont se déclarer très satisfaits par les résultats présentés dans le « *EULIMA Feasibility study Report* Contrairement à l'appréciation de nos élites gouvernementales, ils estiment que les propositions contenues dans ce rapport rendent très souhaitable l'implantation, maintenant, en Europe d'un Centre de traitement de ce type. Son coût, par rapport aux autres modalités thérapeutiques des cancers, est jugé acceptable lorsque l'on veut bien considerer son prix unitaire pour chaque patient traité !

Ces experts (même ceux, parmi les français, le Président Maurice Tubiana en tête, qui ne peuvent ignorer la décision prise par leur gouvernement) expriment pourtant le bénéfice qu'apporterait ce projet EULIMA à la communauté européenne : une réelle opportunité de conserver une place privilégiée dans le champ des recherches de première ligne en matière de radiothérapie des cancers …

Le constater n'est pas le moindre des paradoxes de ce triste épisode.

Le PMG 7 se réunit, lui, à la Clinique St Luc à Bruxelles, les 4 et 5 mai 1991 et y participent P. Mandrillon, D. Bewley, F. Farley, G.

Gademann, B. Larsson, H. Menzel, JP Meulders, G. Ryckewaert, A. Wambersie et F. Vermorken.

Ce dernier informe, d'emblée, les participants du résultat très décevant concernant les décisions d'engagement exprimées par les pays de la communauté européenne pour héberger le projet EULIMA :

« *Only two official offers had been received, one (very short) from Greece, and one from Belgium. Unofficial offers, without governmental support, had been received from two Centers in Germany (Heidelberg, Dresden) and one in France (Nice). Further meetings were expected with governmental representatives in Germany and France...* "

Ce dernier point, parfaitement sibyllin, ne fera l'objet, à notre connaissance, d'une quelconque suite...

En dépit de la perspective d'un abandon rapide et proche d'EULIMA, le PMG se penche, quand même, sur une question essentielle mais ardue, celle du choix, pour l'accélérateur EULIMA, entre l'option Cyclotron ou l'option Synchrotron. Au CERN, le 30 avril précédent, au cours d'une réunion technique du « *EULIMA Feasibility study Group* », deux physiciens, Messieurs Hagedoorn et Ryckewaert dans un document intitulé « *Feasibility study of a synchrotron for the European Light Ion Medical Accelerator* » repoussent la solution la plus avancée, celle d'un cyclotron supraconducteur, et semblent lui préférer cette solution synchrotron. Pierre Mandrillon, pragmatique, suggère, pour éclairer le choix, de prendre en considération quatre critères : les risques techniques, le temps de réalisation, le coût par patient et, enfin, la possibilité d'intégrer un portique (une « gantry »). Cela pourrait faire pencher la balance vers telle ou telle hypothèse technologique, mais, maintenant, est-ce vraiment utile ?

La discussion du Groupe de projet porte, aussi, sur un document de synthèse présenté (tardivement, il faut bien le constater) par la Commission et qui s'intitule (joliment) « *Improvement of Radiotherapy in Europe : EULIMA, why ! and how ?* »

Il est rappelé, dans cette contribution synthétique, que le rôle que mènent les structures de recherche européennes (ainsi que les projets qu'elles initient) se situent toujours dans le cadre du principe de subsidiarité. Il est clair, ainsi, que le développement de la protonthérapie (pour laquelle il existe, de plus, un support industriel européen disponible, principalement la société belge « Ion Beam Applications ») doit être laissé aux Etats. Par contre, pour les traitements faisant appel à l'accélération d'ions lourds, cette initiative EULIMA notamment, leur mise en œuvre impose de longues études préliminaires suivies de la construction d'un prototype accélérateur spécifique, ce qui, là, peut apparaître comme une tâche bien lourde pour un seul Etat-membre.

Durant les trois précédentes années, il est parfaitement explicité, dans ce document, que d'une part, le « *Comité des Experts du Cancer* » (dont nous savons que le professeur Maurice Tubiana est le Président), d'autre part le « *Cancer Research Working Party* » (Fons Vermorken en est le Secrétaire) ainsi que les services de la Commission ont, de concert, travaillé à l'élaboration d'un consensus, parmi les scientifiques et les économistes, sur la valeur potentielle de cette radiothérapie nouvelle. Après les USA qui ont joué un rôle pionnier, et le Japon qui a entrepris des étapes courageuses dans cette voie (il s'apprête à ouvrir son premier Centre de traitement), certaines nations européennes, non encore membres de la Communauté Européenne telle la Suède ou la Suisse, déjà novateurs dans le champ de la protonthérapie, étudient, aussi, ces intéressantes perspectives.

Il permet d'apprendre que, pour la mise en œuvre du projet EULIMA, la Commission a sollicité le soutien complémentaire du « *CGC Medical and Health Research* » qui est la structure de gestion de la Recherche Médicale (son président est le français Philippe Lazar…) avec un seul objectif : celui de transformer le consensus scientifique et technologique en une véritable et ambitieuse politique lancée par le programme « *Europe contre le Cancer* », à savoir une diminution chiffrée de la mortalité par cancer. Cela implique des choix complexes entre les diverses voies d'avenir capables de vaincre ce fléau. Mises en place pour définir « le bon chemin », on peut s'interroger, à l'intérieur de ces diverses commissions nationales et/ou européennes, sur l'existence, si ce n'est de véritables intrigues (dont Balzac disait que « *leurs menées sourdes n'éveillent l'attention de personne...* »), au minimum de certains jeux d'influence, beaucoup trop subtils pour être éventés mais dont on peut supposer, pour une part non négligeable, qu'ils coûtèrent la réalisation du projet EULIMA ?

Le 15 mai, afin d'éclairer certains responsables gouvernementaux allemands (en France, ne se manifeste nul besoin !) un meeting est organisé à Heidelberg où Fons Vermorken vient apporter des précisions sur la stratégie de la Commission, sur la base, bien évidemment, de ce document « *Why ! and How* ? » analysé ci-dessus. Malgré les arguments développés en faveur d'une action européenne commune, la position de l'Allemagne reste, en fin de réunion, inchangée avec l'objectif très limité d'assurer à GSI (Darmsdadt) le traitement d'environ 100 malades par an. Le financement de cette nouvelle facilité sera entièrement allemand, assuré par deux structures différentes,GSI à Darmstadt et DKFZ (**D**eutsches **K**reb**F**orschungs**Z**entrum) à Heidelberg. Bien entendu, avec si peu de malades traités (par rapport, du moins, aux 3000 patients prévus avec EULIMA), Fons Vermorken indique qu'il sera bien difficile de faire mieux, en termes d'appréciation des résultats, que l'expérience pionnière de Berkeley, critiquée, on le sait, pour le faible nombre de patients ayant bénéficié de cette nouvelle modalité de radiothérapie.

Côté français, sans surprise, silence radio ! On a dit non, c'est clair, et on s'en va, sans demander son reste…

Quant aux deux seules autres candidatures déposées, grecque et belge, plus exactement celle d'Athènes et celle de Bruxelles (un seul site par Etats-Membres, n'est-ce pas !) elles ne seront (probablement) même pas étudiées, compte-tenu de leurs faiblesses, en particulier si l'on prend en considération les critères exigés par la commission des sites.

En tout état de cause, il n'y aura aucune suite tangible à ces deux démarches.

Le PMG 8 (le dernier !) se tient à Nice, au Laboratoire du Cyclotron, le 29 juin 1991 avec la présence effective de 10 de ses membres.

Tous saluent, dans les locaux de La Lanterne, le début de la protonthérapie en France, la première patiente venant, la semaine précédente, de terminer cette première irradiation thérapeutique dans notre pays.

Il est décidé, que quelques travaux complémentaires pourront être financés par un reliquat de 60 KEcus mais les participants en sont bien conscients, il n'y aura guère d'autres développements… Sont présentés, ensuite et longuement, les conclusions de l'étude de faisabilité, le groupe soulignant qu'il n'y a pas de polémiques ou de discussions difficiles sur le choix du type d'accélérateur, cyclotron ou synchrotron, qui restent des options technologiques, toutes deux valables. Les deux designs considérés sont présentés ci-après.

Les alternatives pour l'accélérateur EULIMA :

Synchrotron classique

Ce type d'accélérateur, à piste unique, utilise des aimants séparés pour le guidage des particules et présente l'avantage théorique de pouvoir donner des faisceaux d'énergie variable. Deux études ont été développées avec l'équipe du synchrotron LEAR du CERN.

- Le premier dessin, dit SFM, était une machine dite à fonctions séparées où les 4 grands aimants de déviation sont distincts des aimants de focalisation. La longueur de cette machine « en forme de carrée » est de 59,1 m
- Le second dessin, dit CFM, était une machine plus compacte à fonctions combinées où 8 aimants assuraient la déviation et la focalisation. La longueur de cette machine « en forme de O » est de 48,6m

Les synchrotrons nécessitent un accélérateur injecteur, du type accélérateur linéaire (Linac) conventionnel.

Cyclotron isochrone supraconducteur

Là encore plusieurs options furent considérées.

La solution la plus compacte dite « Box-type » est un cyclotron supraconducteur qui présentait de nombreuses innovations. Des études détaillées furent menées sur le design de l'aimant. Le mentor de l'équipe était Mario Morpurgo qui construisit le premier grand aimant supraconducteur du CERN (celui de la célèbre grande Chambre à Bulles Européenne dite BEBC). Sur le système accélérateur HF composé de deux grandes cavités spiralées, une maquette en vraie grandeur d'une cavité fut construite. Par bien des aspects et de nombreux paramètres similaires, le design de ce cyclotron supraconducteur d'EULIMA est le « père » du Cyclotron C400 d'IBA :

Hauteur de la machine : 4,20 m
Diamètre : 6.4 m
Rayon du pole de l'aimant : 1.90 m
Nombre de secteurs magnétiques : 4 secteurs spiralés
Masse totale de fer : 745 tonnes
Bobine supraconductrice : densité de courant 33,75 A/mm2
Longueur de cable supraconducteur : 11 kms

Ajoutons enfin que ces études « accélérateur » furent complétées par celles des lignes de transport de faisceau et d'une tête rotative isocentrique. Ces études optiques et également mécaniques de gantry (elle atteignait 19 mètres de longueur) furent des pionnières dans le domaine. Elles eurent leur utilité en servant d'avant-projet à Thomas Haberer, doctorant allemand bénéficiant d'une bourse EULIMA, pour l'installation du synchrotron d'Heidelberg effectivement équipé d'une gantry.

Le bilan du travail du groupe d'études EULIMA basé au CERN à Genève est donc très positif. Ce groupe était formé de sept ingénieurs sous la direction de Pierre Mandrillon, chef de projet. Parmi ceux-ci cinq étaient des boursiers européens de la DG XII dont deux français (ils avaient effectué au CERN leur service national dans le cadre du volontariat scientifique pour le service national à l'étranger pendant lequel ils avaient effectué un travail de grande qualité), deux jeunes physiciens italiens, un autrichien, docteur en Physique des accélérateurs, et un ingénieur yougoslave de l'Institut d Physique de Belgrade avec une solide expérience cyclotron. En appui technique, un jeune technicien du Centre Antoine Lacassagne, Jean-François Di Carlo, avait rejoint ce groupe d'études pour la construction des maquettes des cavités accélératrices et la réalisation des dessins mécaniques.

A l'arrêt brutal du projet, leur destin individuel sera différent : le CERN recrutera deux des ingénieurs de ce groupe d'études, les jeunes italiens poursuivront une carrière universitaire en Italie et un des ingénieurs français, Nicolas Fietier sera recruté par le CAL pour participer à divers contrats d'études du Laboratoire du Cyclotron à Nice.

Lors du Conseil d'Administration du Centre Antoine Lacassagne, qui se tient le 29 juin 1992, le même jour que ce dernier PMG 8, le professeur François Demard, après un bref rappel historique du projet EULIMA, exprime ses vifs regrets devant son dénouement récent. Il rappelle que les objectifs scientifiques et les perspectives médicales de ce projet avait fait, devant le Conseil, l'objet d'exposés le 28 juin 1989 et le 31 octobre 1990 et retenu le grand intérêt des administrateurs. Mais, le Directeur ne peut que constater :

« *Malheureusement, à l'appel d'offre européen dont la date limite de dépôts des dossiers était fixée au 31 janvier 1991, reportée au 27 Février 1991, le gouvernement français n'a pas déposé la seule candidature française, celle élaborée par le département des Alpes-Maritimes en étroite collaboration, bien entendu, avec l'équipe du Centre Antoine Lacassagne.*

En dépit des atouts incontestables que possédait notre Région exposés dans le document présenté à la Commission, d'un soutien unanime des 20 Centres de lutte contre le Cancer français et d'une audience constructive que nous avait accordée Monsieur B. Durieux, Ministre de la Santé, la France n'a pas présenté sa candidature à la poursuite et l'installation de ce Projet communautaire. Seules la Belgique et la Grèce ont réalisé une démarche positive dans ce but. A l'heure actuelle, la situation n'a guère évolué et il ne semble pas qu'une réalisation ait une chance sérieuse de voir le jour ».

Il ajoute également :

« *Sur le plan scientifique, l'étude de faisabilité, cofinancée par la DGXII et le Conseil Général des Alpes-Maritimes, appelée action concertée EULIMA, est terminée depuis le 1ier mars 1991. Des documents très complexes ont été élaborés par le groupe de projet, présidé par Pierre Mandrillon, et remis à la DGXII. Des études complémentaires, sur des crédits restant disponibles au niveau du Conseil Général, ont été poursuivies concernant la machine et surtout le transport du faisceau ; elles sont maintenant terminées. Les boursiers européens travaillant sur ce Projet ont également, achevé leur mission.*

Sur le plan gestionnaire, un audit lancé par la DG XII a été mené à Nice en avril 1992, ainsi qu'une mission administrative de l'IGAS par deux Inspecteurs Généraux, diligentés à la demande du Préfet des Alpes-Maritimes. L'ensemble des documents comptables de l'Association ADEULIMA, créée pour gérer le financement de cette opération scientifique, établis par la COFIDEX a été adressé aux diverses parties (CEE et CGAM) ainsi qu'aux missions d'inspection ».

Et, avec tristesse, il conclut :

« Il est vraiment regrettable que l'Europe, et, en particulier notre pays et notre région, aient laissé passer l'opportunité de répondre au défi lancé par le Japon et les USA qui vont, dans les années à venir, disposer d'une telle installation qui sera, aucun doute scientifique raisonnable n'existe là, un progrès considérable de la radiothérapie anti-cancéreuse.

L'équipe du Centre Antoine Lacassagne, à l'origine de ce projet en 1985, organisatrice de nombreux colloques et publications à ce sujet, garde cependant l'espoir de voir un jour se concrétiser cette réalisation au seul bénéfice des malades pour mieux guérir leur tumeur et protéger leurs tissus sains. »

A la suite de cet exposé, Monsieur le docteur Jean Guillaud, représentant le CGAM dans le Conseil, confirmera que, faute de candidature déposée par le Gouvernement Français, les autorités du Conseil Général des Alpes-Maritimes, en dépit du soutien unanime qu'elles lui avaient réservé et son ferme engagement pour une installation à Nice, ont abandonné, avec beaucoup de regrets, le projet EULIMA.

Encore l'IGAS

Botter en touche et déclencher, comme ce fut le cas, la mort rapide de l'initiative scientifique et médicale visée, ne dispense pas, l'année suivante, l'administration centrale d'engager, *a posteriori*, un contrôle tatillon des conditions dans lesquelles la dite initiative a été menée par le Centre Antoine Lacassagne, porteur du projet européen en question !

Du 21 au 28 avril 1992, se déroule, donc, au Centre Antoine Lacassagne, une nouvelle mission d'Inspection Générale, demandée (encore) par le préfet des Alpes-Maritimes, pour « *apprécier la dimension du projet EULIMA et contrôler les conditions de gestion de l'association ADEULIMA à laquelle ont été confiés les subventions de la CEE et du département des Alpes-Maritimes pour réaliser les différentes études de faisabilité du projet développé* ».

On ne sait jamais…

Cette mission est confiée à Monsieur Michel Duraffourg et au Docteur Claude Gubler, membres de l'Inspection Générale des Affaires Sociales.

Ces Inspecteurs, faisant état du précédent (et, encore, très récent !) document de contrôle sur les conditions de la mise en service du cyclotron MEDICYC (Rapport IGAS n° 90105, de septembre 1990 dont nous avons précédemment présenté les conclusions), indiquent que, conformément à leur mission, leur travail portera sur le seul projet EULIMA.

Leur constat, sans surprise, ne peut qu'être à charge et pour eux, en effet, ils le soulignent d'emblée, les principes de gestion du projet EULIMA reproduisent les mêmes errements que ceux relevés, par la mission précédente, dans la mise en œuvre du cyclotron MEDICYC.

Ils pointent d'abord le manque de transparence ou même la confusion qui semble régner autour des rôles respectifs du Directeur du Centre, le professeur François Demard et de l'ingénieur Pierre Mandrillon : ils apparaissent, tous deux, comme « *directement responsables sans que l'on puisse déterminer ce qui relève de l'un ou de l'autre* ». Surprenante découverte aux conséquences potentiellement sérieuses ! Comme pour MEDICYC cette « *absence de transparence* » s'étend, aussi, aux rapports de l'établissement avec les autorités administratives locales : elle est qualifiée de « *manifeste* » car les informations fournies par le Centre sont jugées « *tardives et lacunaires* ». L'association ADEULIMA, présidée par Pierre Mandrillon, trompeusement qualifiée « *d'association écran* » aurait même permis d'installer, autour du financement du projet, des « *conditions d'irresponsabilité totale* »…

Mais la critique majeure, sous-jacente à ce regard hostile, (à l'évidence, pourquoi un tel projet à Nice ?) se profile, sans ambages, lorsque, dans leur Rapport, première colonne, reçu par le Centre fin décembre 1992, ils écrivent :

« … *Extraordinairement ambitieux, sur le plan médical et thérapeutique, au regard des moyens dont dispose le CAL pour piloter les aspects médicaux du projet, EULIMA correspond, au surplus, à une opération financière démesurée par rapport au budget du fonctionnement et à la capacité de financement du Centre Antoine Lacassagne* ».

Les inspecteurs ont-ils intégré qu'EULIMA n'est pas le projet mirobolant d'un Centre anti-cancéreux mégalomane mais une initiative internationale, médicale et scientifique, pilotée et soutenue par la Commission Européenne à Bruxelles ?

Ils vont certes reconnaitre que « *le circuit financier se complique de l'intervention du Conseil Général* » car il est difficile de nier que ce dernier « *poursuive une stratégie claire susceptible de déboucher sur des investissements beaucoup plus importants, destinée, au regard de ses propres objectifs, à promouvoir le site de Nice à l'occasion d'un éventuel appel d'offre européen* ». Sans commenter cet engagement financier fort des autorités locales, les inspecteurs se bornent à confirmer, sans aucune explication, la décision gouvernementale du 26 Février 1991.

Autre jugement *a posteriori* bien mal ressenti par l'équipe internationale autour d'EULIMA, il est indiqué dans ce rapport d'enquête que « *la production scientifique semble bien mince…* » !

Déconsidérant l'ensemble des personnalités scientifiques des pays européens impliqués dans le projet EULIMA, mais aussi les structures de gestion de la recherche dépendant de la Commission de Bruxelles, le CERN, qui s'est déclaré partenaire de l'opération ainsi que des instituts de la renommée du CRC de Louvain-la-Neuve ou du GSI à Darmstadt, cette dépréciation, mal venue et injuste, contrevient aux règles d'une évaluation raisonnée et raisonnable qui ne peut se fonder, en matière de Science et de Recherche , que sur un seul jugement valide, celui des pairs.

Pour rendre plus sereine la quête de vérité à propos de cet ambitieux projet, le lecteur est renvoyé à la lecture édifiante du Rapport final de 360 pages de l'Action Concertée EULIMA, publié sous le numéro ERBSC1*CT000074 par la Commission Européenne. Il pourra aisément vérifier si cette production scientifique mérite le qualificatif « *bien mince* ».

Si c'est encore nécessaire, versons deux avis scientifiques qui jugent cette étude de faisabilité, sollicités par la Commission elle-même auprès d'experts internationaux indépendants, et non des moindres :

- le professeur William T. Chu, PhD, Senior Physicist au Lawrence Berkeley Laboratory, USA, attribue la mention « *excellent* » à l'ensemble des critères d'appréciation concernant la qualité scientifique de l'étude menée par le Project Management Group (PMG) d'EULIMA. Et il ajoute, en commentaire de son évaluation, le 29 mai 1991 :

« *I am impressed with the ambitious objectives of the EULIMA proposal, and view the development with a great admiration. I completely agree with the scientific and clinical rationale of the EULIMA project…*"

- le professeur H. L. Hagedoorn, de l'Eindhoven University of Technology, en Hollande, de rajouter, le 3 décembre 1992 :

« *...During a long time, I have been able to follow the studies regarding the machines. Already, at several of my visits, I was impressed by the total work done. Now, reading the reports, I am still more impressed...If future plans for cancer therapy in Europe become more developed, the studies may be seen as a great help for the final planning...Finally, I want to say that the success of the study can be seen also from the many conference contributions. I know that these have attracted much attention by many scientists in the world."*

Voilà qui remet en vraie perspective la "*minceur*" du travail, sur le plan scientifique, réalisé pendant plusieurs années par l'équipe d'EULIMA!

Mais ce n'est pas tout car les inspecteurs portent également une appréciation, également très critique, sur le suivi administratif du projet puisqu'ils indiquent que « *sur le plan administratif financier, l'ensemble de l'opération a été conduit sans qu'aucune règle de bonne gestion n'ait été établie* ».

Là encore, ce jugement va se voir, sans détour, en totalité contredit par la Mission d'audit demandée par la Commission Européenne et menée au Centre Lacassagne à Nice, le 14 avril 1992 ; à son issue, elle n'a présenté strictement aucune observation concernant les règles de gestion et a jugé l'ensemble des dépenses engagées, intégralement éligibles ! Un courrier de la DG XII, sous la signature de Monsieur M. Bauer, en date du 29 juin 1992, rapporte les résultats, tout à fait satisfaisants, de ce contrôle sur place. En conséquence, sans aucune difficulté, le solde final de la subvention accordée par la Commission a été versé...

Le courrier de Monsieur L. Bellemin, de la DG XII, en date du 26 janvier 1993, adressé au Chef de Projet, Pierre Mandrillon, qui atteste de l'approbation officielle finale, sans réserve, de la Commission de Bruxelles et de ses experts se résume ainsi :

« *I am pleased to inform you that we have approved the final scientific report concerning the above mentioned contract...* »

Et, pour clore sur ce piètre « Rapport de Contrôle sur le Projet EULIMA » (numéroté 92.126, et daté de juillet 1992), remarquons qu'il ne suivra pas, curieusement, le cursus normal d'un travail d'enquête du corps de l'Inspection Générale des Affaires Sociales. L'établissement contrôlé, le Centre Antoine Lacassagne, en effet, n'aura aucun retour du Rapport final (dit de 3ième colonne), ce qui indique, à l'évidence, qu'aucune suite ne sera donnée à cette avalanche de reproches lors de cette enquête… tous les éclaircissements souhaités par la mission…

Fin donc d'EULIMA comme initiative collective pour installer en Europe un centre d'Hadronthérapie, mais fort heureusement pas du travail des chercheurs et des médecins pour poursuivre les efforts en vue de développer des installations ouvrant la Carbonethérapie pour les malades atteints de cancer.

Ailleurs, le monde avance…

C'est le Japon qui montre le premier le chemin. En 1994, soit deux ans après la renonciation française, le National Institute of Radiological Science (NIRS) à Chiba, fondé en 1957, ouvre le premier centre médical (HIMAC) dédié au traitement des cancers par les ions carbone.

Il sera suivi, en 2001, par un deuxième centre d'hadronthérapie mixte à savoir qu'il traite en protons et en ions carbone, le HIBMC, dans la préfecture de Hyogo, au sud de Kobé. L'équipement du Japon se complète, en 2010, par l'ouverture d'un troisième centre comparable à Gunma.

A la période de parution de ce livre en 2016, le Japon compte quatre centres de ce type !

L'Allemagne permet à l'Europe de ne pas être distancée.

Grâce à son Centre de Recherches sur la physique des ions lourds, le GSI, à Darmstadt, elle ouvre effectivement, en 1997, une voie médicale sur son synchrotron SIS et mène des travaux cliniques grâce aux radiothérapeutes d'Heidelberg en anticipation de la création future d'un Centre médical dédié. La décision de le réaliser sera prise en mars 2002 et le HIT (**H**eidelberg **I**on beam **T**herapy) ouvrira ses portes en Novembre 2009. C'est la première installation en Europe produisant, à la fois, des protons et des ions légers et elle est, aussi, la première à pouvoir disposer, depuis octobre 2012 seulement, d'un portique à 360° autorisant une distribution de dose optimale. Un deuxième centre allemand va bientôt ouvrir à Marburg.

En Italie, en décembre 2002, porté par une fondation regroupant, en particulier, les hôpitaux de Pavie et de Milan, notamment l'« Istituto Nationale dei Tumori » et l'« Istituto Europeo di Oncologia », est décidée la création d'un Centre médical, associant protonthérapie et hadronthérapie Carbone. La Lombardie conforte, avec ce centre qui sera installé à Pavie, sa position de premier pôle italien de lutte contre le cancer. Les travaux de ce CNAO (**C**entro **N**azionale di **A**droterapia Oncologica), capable de produire des protons et des ions Carbone, ont commencé l'été 2005 et sa réalisation, autour d'un synchrotron de 79 mètres de circonférence, terminée en février 2010.

Son coût global s'élève, selon les chiffres officiels, à 118 MEuros, dont 95 MEuros fournis par le ministère italien de la Santé et 10 MEuros par la région Lombarde. L'énergie maximale des protons fournie par le synchrotron est 250 MeV et celle des ions Carbone est 480 MeV/nucléons. Il y a trois salles de traitement, deux avec un faisceau horizontal et une avec un faisceau horizontal et un vertical (mais pas de gantry). Le premier malade traité par protons l'a été le 22 septembre 2011 et par ions Carbone le 13 novembre 2012.

A côté de ses deux installations en Allemagne et en Italie, l'Autriche développe son propre projet d'hadronthérapie carbone, autour de la machine MEDAUSTRON, qui s'implante dans la ville de Wiener Neustadt, à une cinquantaine de kilomètres au sud de Vienne. Son ouverture, prévue dans le courant de l'année 2015, est désormais différée à 2017.

Le CERN, qui continue de soutenir, comme dans le passé encore récent de MEDICYC et d'EULIMA, les efforts européens de recherches en hadronthérapie, participe à la création, dès 2002, du réseau ENLIGHT (**E**uropean **N**etwork for **LIG**ht ion **H**adron **T**herapy) une plate-forme commune pour des disciplines variées, traditionnellement séparées, telle que cliniciens, physiciens, biologistes et ingénieurs, venant de pays différents. Ce réseau de compétences se complète, en juin 2006, par ENLIGHT ++, une extension à la fois du nombre de ses membres et de ses activités, tant en matière de recherche que pour l'établissement de standards et de protocoles pour le traitement des patients.

En 2010, trois nouvelles structures apparaissent, PARTNER, réseau éducatif des futurs leaders du domaine, ULICE qui favorise l'accès aux installations existantes et ENVISION, nouvelle imagerie qui fournit un indicateur performant de la dose délivrée ; elles vont participer efficacement à la promotion et la rencontre de tous les acteurs européens de l'hadronthérapie Carbone en initiant de nombreux projets de recherches.

La France, elle hésite !

A partir de février 1991, date de la mort provoquée du projet européen EULIMA qui lui était consacré, c'est d'abord silence total concernant l'hadronthérapie Carbone…

Enfin, pourtant, nait, à Lyon, en 1997, une nouvelle initiative qui va faire vibrer une autre région française, la région Rhône-Alpes et la ville de Lyon plus particulièrement. A cette époque, le Conseil scientifique de l'Université Claude Bernard de Lyon (UCBL) est présidé par le professeur Joseph Remillieux, physicien, qui collabore étroitement avec le CERN. Au décours de la cérémonie de décernement du grade de Docteur Honoris Causa au professeur Ugo Amaldi, physicien italien travaillant au CERN qui, dès la fin d'EULIMA, s'implique dans le développement de l'hadronthérapie (c'est l'instigateur du projet italien à Pavie), le professeur Jean-Pierre Gérard, cancérologue-radiothérapeute, alors Doyen de la faculté de médecine Lyon-Sud (mais aussi l'ancien Secrétaire du Conseil Scientifique d'EULIMA) décide, avec Joseph Remillieux et le professeur Dechavanne (le directeur de l'UCBL) de lancer, dix ans après les prémices de l'initiative EULIMA, un nouveau projet visant à créer un centre de radiothérapie utilisant les ions Carbone.

Une équipe se constitue autour de ce trio, avec, notamment, le docteur Pascal Pommier du Centre Léon-Bérard (l'équivalent, à Lyon, du Centre Antoine Lacassagne à Nice) et le docteur Jacques Balosso, jeune MCU-PH (Maître de Conférence des Universités-Praticien Hospitalier) au CHU de Grenoble. En 1999, elle visite les centres japonais, puis le GSI allemand où fonctionne, depuis un an, une salle de traitement expérimentale avec un système, alors unique au monde, de délivrance active du faisceau avec une TEP (**T**omographie par **E**mission de **P**ositron) en ligne, visualisant le volume-cible pendant le traitement.

Malgré le départ du professeur Gérard, en 2000, qui accède à la direction du Centre Antoine Lacassagne à Nice, le projet, bien que, déjà l'objet de quelques critiques dans la presse locale, continue de bénéficier du complet soutien de l'UCBL et, surtout, de celui de Madame Comparini, Présidente centriste de la Région Rhône-Alpes.

Joël Rochat, X-télécom, est engagé, à plein-temps par la Région comme manager de ce projet qui se trouve inscrit, pour 19 MF, au Contrat de Plan Etat-Région au titre de sa phase d'études. La Région Rhône-Alpes (14,5 MF), le ministère de la Recherche (3,5 MF) et la Communauté Urbaine de Lyon (51 MF) s'investissent, ainsi, pour sa réussite. Il lui donne un nom, ETOILE, pour « **E**space de **T**raitement **O**ncologique par **I**ons **L**égers dans le cadre **E**uropéen » et élabore, en 2003, un Avant-Projet Sommaire (APS) qui est une première réflexion globale sur l'organisation de ce futur Centre et sur les modalités du recrutement des patients.

La même année, 2003, six ans déja après le début de cette initiative lyonnaise, patatras à la française, sort, à Caen, un projet concurrent de Carbonethérapie, dénommé ASCLEPIOS (**A**ire européenne de **S**oins du **C**ancer par **L**es **P**rotons et les **IO**n**S**), porté par une association de type loi 1901 entre le CHU et le Centre de lutte contre le cancer François Baclesse. Un groupe pluridisciplinaire est, là aussi, chargé d'établir un Avant-Projet Détaillé (APD) sous la direction d'un ingénieur du CEA (Commissariat à l'Energie Atomique), Jean-Michel Lagniel. Celui-ci dispose de l'appui du GANIL (Grand Accélérateur National d'Ions Lourds), installé, de longue date, à Caen.

A Lyon, ASCLEPIOS fait, évidemment, l'effet d'une bombe ; cette démarche, qualifiée pour le moins d' « *individuelle* », voire même de véritable « *copié-collé* » d'ETOILE, rappelle, de plus, aux lyonnais un épisode douloureux. En effet, une trentaine d'années plus tôt, le GANIL, conçu et constitué en parité CEA et CNRS pour développer la recherche en physique nucléaire, devait être initialement installé (le Premier Ministre de l'époque en avait décidé ainsi) dans la région lyonnaise, la ville nouvelle d'Ile d'Abeau ayant même été fondée dans ce but. Après diverses manœuvres politico-administratives, ce projet avait échoué devant la captation opérée par la ville de Caen et la région normande…

En 2005, il est décidé que, devant cette situation de conflit patent, l'Institut National du Cancer (l'INCa), agence de l'Etat nouvellement créée, soit chargé de promouvoir un arbitrage entre ces deux projets. Celui-ci tournera à l'avantage d'ETOILE et un communiqué de presse commun du ministre de la Santé, Philippe Douste-Blazy, et du secrétaire d'Etat à la Recherche, François d'Aubert, précisera que le centre de soins serait bien établi à Lyon mais que, bien entendu, les équipes de Caen devraient être associées aux recherches…

Ont joué ici dans ce résultat en faveur de Lyon, un environnement médical plus fort, une accessibilité plus large, mais aussi une antériorité (si on oublie EULIMA et qu'on la borne au seul projet normand) et enfin un bon environnement scientifique (l'Insitut de Physique Nucléaire de Lyon).

Cet arbitrage va conduire, ce qui est logique, à l'abandon du projet ASCLEPIOS lequel va pourtant, ce qui l'est moins, revenir quelques mois plus tard en 2006, sous une nouvelle dénomination, le projet ARCHADE (« **A**dvanced **R**esource **C**enter for **HAD**rontherapy in **E**urope »), ce qui crée, à nouveau, une réelle situation de confusion.

ARCHADE se veut, d'abord et sans présager d'une future activité de soins, un projet de recherche innovant à Caen, autour d'un accélérateur dont les caractéristiques sont similaires à celles de l'option cyclotron supraconducteur du projet EULIMA. Cette machine s'appelle maintenant C400 conçu par la société belge IBA en partenariat avec des physiciens du « **J**oint **I**nstitute for **N**uclear **R**esearch », le JINR, à Dubna en Russie; cet accélérateur serait capable de produire, à la fois, des protons et des ions Carbone à plus de 400 MeV/nucléon.

ETOILE, au contraire, qui s'était, dès le début, interdit d'envisager l'emploi de protons pour se concentrer uniquement sur les propriétés des ions Carbone, cherche, lui, dans le cadre d'une stricte activité de soins, une solution « industrielle », disponible sur le marché et en cohérence avec les installations du même type en cours de réalisation, tant en Europe qu'au Japon.

Dès la fin 2004, le groupe lyonnais diffuse largement, en français et en anglais, sous la direction du professeur Jacques Balosso, un dossier remarquable visant à promouvoir la création d'un pôle national d'hadronthérapie par faisceau d'ions légers, vaste projet qu'il a réussi, maintenant, à faire porter par les trois CHU de la région, ceux de

Lyon, de Grenoble et de St Etienne, le Centre régional de lutte contre le cancer à Lyon, Centre Léon Bérard, ainsi que les trois universités Claude Bernard, Lyon 1 et Joseph Fourrier Grenoble 1.

Un site de référence, central, sur le terrain de l'hôpital départemental du Vinatier, à l'est de Lyon, offre une possibilité d'implantation aisément réalisable.

L'estimation des coûts TTC d'investissement, associant bâtiments et infrastructures, un accélérateur de type synchrotron et une éventuelle gantry (si elle est possible), les systèmes de contrôle et l'équipement médical ainsi que l'indispensable maitrise d'ouvrage sont déjà supérieurs aux 100 MEuros …

Le lobbying d'ARCHADE, mené par Monsieur Laurent Beauvais, le président de la Région Basse Normandie, se révèle, de son côté, très efficace. Basé sur un réseau organisationnel complexe (association Loi 1901, divers groupes tel que SAPHYN et, plus tard, Normandy Hadrontherapy), il pousse à la recherche d'un financement, en grande partie privé, pour cet équipement lourd. Il faut rappeler qu'ici, il n'y a pas de nécessité de mise en concurrence avec d'autres installations mondiales (comme c'est le cas à Lyon) puisque l'accélérateur est connu, le C400, bien identifié dans ses futures caractéristiques par la société IBA. Reste, bien sûr, à trouver le financement et mettre en place la structure pour le construire et l'installer !

Pour ETOILE, il ne faut compter que sur l'appui et le soutien financier de l'Etat, à côté du fort engagement déjà acquis auprès des collectivités locales et régionales. L'orientation choisie par son équipe dirigeante mène vers des montages d'appel d'offre en PPP (**P**artenariat **P**ublic-**P**rivé) et, pour cela, un GCS-ETOILE (**G**roupement de **C**oopération **S**anitaire) est créé en 2007 pour assurer la gestion du projet.

Malheureusement, après la conclusion négative du premier appel d'offres en PPP (période 2008-2010), le second appel d'offre en conception-réalisation-maintenance (lancé pour la période 2010-2013), lui également, n'aboutira pas.

Les deux projets continuent de rivaliser sans résultat probant. Coté pouvoirs publics, comme habituellement, on préfère, plutôt que finaliser (et financer) la moindre réalisation concrète, créer des organismes de concertation et de recherche…

C'est le cas de l'association France Hadron, une entité nouvelle née en 2011, dont le but est de fédérer les acteurs nationaux de la recherche sur l'hadronthérapie, les divers projets français (malgré les difficultés !) ainsi que les perspectives d'avenir des deux installations de protonthérapie en activité dans le pays, à Nice et à Orsay. Cette structure scientifique est, bien sûr, utile et, d'ailleurs, elle reçoit, en 2012, pour mener à bien ses missions, une subvention de 15 MEuros, au titre des « Investissements d'avenir » dont on sait que les conditions d'appréciation du niveau scientifique ont été particulièrement rigoureuses.

Devant l'inertie qui perdure, de Lyon est lancée une dernière fusée médiatique (malheureusement sans lendemain), à savoir un article pleine-page du quotidien Le Figaro, dans son édition nationale du lundi 4 novembre 2013. Ce « dossier Santé » s'ouvre sur le titre accrocheur, un peu obsolète néanmoins, d' *Hadronthérapie carbone : une nouvelle arme contre le cancer* avec un sous-titre beaucoup plus ambigu : *à Lyon, un centre spécialisé attend le feu vert des pouvoirs publics pour pouvoir ouvrir ses portes.* Y aurait-il le moindre début de réalisation ? Est même posée dans cet article la (seule) question qui fâche : *A quand un centre national en France ?*

La réponse est en suspens depuis plus de 25 ans, à l'époque du renoncement au projet EULIMA.

Quelques éléments d'appréciation particulièrement amers sont aussi détaillés dans le quotidien national par le professeur Balosso, chef du service de radiothérapie du CHU de Grenoble et (ex) directeur du

Groupement de coopération sanitaire ETOILE. Avec un brin de découragement, il tient ainsi à indiquer :

« *...en Octobre 2010, le ministère de la Santé nous a demandé de travailler sur un projet de création du centre baptisé Centre ETOILE à Lyon, qui serait le premier et unique centre de carbonethérapie en France ouvert aux traitements de routine.*

Toutes les conditions souhaitées par ce ministère ont été remplies...Nous attendons donc qu'un bilan soit tiré de nos travaux et qu'une décision soit prise par l'Etat concernant le futur Centre ETOILE à Lyon...

Si le feu vert du ministère de la Santé était donné, la construction pourrait débuter dans un an (son terrain étant déjà acquis) et il serait opérationnel d'ici 2018-2019...

Outre l'intérêt médical indéniable de l'hadronthérapie, la France pourrait donc se saisir de cette technologie médicale capable de sauver des vies et génératrice d'emplois ».

Et la journaliste, le docteur Szapiro-Manoukian, de conclure : « *et il faut faire vite. Car, dans cette grande course aux technologies, le Japon, l'Allemagne, l'Italie et l'Autriche n'attendent pas que notre pays se décide. Ils avancent...* »

Mais voilà, sans mouvement véritable de la part de pouvoirs publics écrasés sans doute, par les coûts prévisionnels de l'investissement nécessaire, (le montant total pourrait avoir doublé depuis l'estimation initiale établie en 2005) et malgré le haut niveau de son équipe médicale et scientifique, le projet ETOILE, en 2015, agonise... Le Groupement de Coopération Sanitaire GCS ETOILE, qui devait coordonner ce grand projet national, disparaît même, emportant les derniers doutes, à bref terme, d'un abandon définitif.

Les marguerites peuvent continuer de fleurir, sans crainte, sur le terrain réservé du Vinatier...

ARCHADE, le projet de Caen, dont la direction médicale est, maintenant, confiée au professeur Jean-Louis Habrand, ancien responsable du Centre de Protonthérapie d'Orsay (CPO), parait, peut-être, un peu plus vaillant …

C'est une société nouvelle appelée CYCLHAD (**CYCL**otron pour l'**HAD**ronthérapie) qui est maintenant en charge de la construction du centre et de son équipement. Le terrain est déjà choisi et disponible sur le site même du GANIL, au sein du campus qui a pris le nom de Jules Horowitz, ce grand physicien dont nous avons, précédemment, vu le rôle déterminant lors de la naissance du projet MEDICYC. Un architecte a été désigné, le Permis de construire, en bonne et due forme, déposé en 2014 et le chantier a démarré au début du mois de décembre 2015.

Le programme scientifique et médical a été largement modifié par rapport aux objectifs initiaux qui étaient strictement limités à la Recherche. Il comporte maintenant deux étapes distinctes :

- Tout d'abord une activité de protonthérapie qui n'attendra pas la réalisation du C400 (lequel devait initialement accélérer à la fois des protons et des ions Carbone). ARCHADE va s'équiper, dans un premier temps, d'un ensemble synchrocyclotron supraconducteur et gantry, dénommé par le constructeur IBA « Proteus One », une machine dont le concept de l'accélérateur a été développé par la Société niçoise AIMA et dont le prototype est en cours d'installation à Nice (nous y reviendrons). Il est le seul autre projet français en dehors bien évidemment de Nice et d'Orsay. Il a été autorisé depuis le 30 Octobre 2015. Le début de l'activité de protonthérapie pourrait se situer en juillet 2018, par les équipes médicales du Centre de lutte contre le Cancer François Baclesse.

- La seconde étape concerne un faisceau d'ions Carbone, grâce au C400, ce cyclotron compact isochrone supraconducteur d'environ 700 tonnes capable de produire à la fois des Protons, des Héliums et des ions Carbone, ces deux derniers à une énergie de plus de 400 MeV/nucléon. Cette phase de construction, selon l'estimation des responsables du projet, devant durer au minimum jusqu'en 2020 ce qui reporte, après cette date, tout début des activités de recherche, physiques et médicales, concernant le traitement de certains cancers radiorésistants par ces faisceaux d'ions.

Pour la construction du C400, le maitre d'œuvre s'appelle, maintenant, la société Normandy-Hadrontherapy (NHa) qui regroupe un consortium d'entreprises, dont la société IBA qui détient le design de cet imposant cyclotron. La majorité des entreprises participantes resterait, cependant, française, associant des structures industrielles d'origine et de taille différente, les unes expertes du domaine, telles que les sociétés Pantechnick ou Sigmaphi, d'autres non, nonobstant leur ampleur, comme la DCNS de Cherbourg et Areva.

Cependant et sans vouloir nuire aux réelles capacités technologiques que conserve notre pays, associé au leader mondial belge IBA, on ne peut que regretter, pour satisfaire une demande qui s'avère mondiale et maintenant pressante, que la France des défis gagnants se réveille si tard.

Ce projet a obtenu de nombreux soutiens tant publics que privés, la Région, les collectivités locales, des actionnaires privés et de nombreuses banques, la Caisse des Dépots et Consignations, la Banque de Développement du Conseil de l'Europe, le Crédit Agricole et le Crédit Lyonnais. Pour la seule première phase, l'investissement se monte, déjà, à 76 MEuros et à terme le côut global de l'installation devrait atteindre 130 MEuros.

Alors que l'efficacité de la Carbonethérapie semble partout reconnue, cette stratégie souligne qu'elle va cruellement manquer, encore pour plusieurs années et probablement pas avant 2022, à l'équipement sanitaire d'une nation qui se targuait dans le passé, et revendique d'ailleurs toujours, de disposer de la meilleure médecine du monde…

Est-il encore utile de rappeler qu'EULIMA, l'une des toutes premières initiatives scientifiques dans le domaine de la Santé patronnées par la Commission de Bruxelles, aurait pu se concrétiser en France il y a bien des années… En se privant de l'installation d'une incontestable avancée scientifique et médicale, ce renoncement signe, pour notre pays, un grave échec. Sa conséquence principale, concrète s'il en est, se mesure au fait navrant que les malades, ressortissants nationaux, qui relèvent de ces traitements innovants doivent être traités, aujourd'hui, en Allemagne ou en Italie !

Ainsi, sans que le réchauffement climatique n'ait, ici, une quelconque responsabilité, cet abandon en 1991 par la France d'une hadronthérapie Carbone, injustifié autant qu'injustifiable, révèle que dans ce pays, hésitant depuis vingt-cinq ans, force est de le déplorer, seul le désert finalement, avance…

Sénèque avait raison !

EPILOGUE
Tout … s'accélère

Rapportons quelques années après l'installation réussie de MEDICYC et le malheureux échec d'EULIMA, les visites à Nice de deux exceptionnelles personnalités à Nice.

La première se déroule à la préfecture des Alpes-Maritimes. Ce jour-là, lundi 8 janvier 1996, le Préfet des Alpes-Maritimes, Philippe Marland, est en retard et son visiteur, dont est connu le caractère un peu volcanique, le Professeur Carlo Rubbia qu'accompagne Pierre Mandrillon, s'impatiente…Le Préfet arrive et présente ses excuses : « *le Président François Mitterrand est décédé* » . Attristé, Carlo Rubbia évoque, au début de l'entrevue, une cérémonie très conviviale, sa remise de Légion d'honneur par le Président à l'Elysée, alors qu'il venait de recevoir, en 1984, le Prix Nobel de Physique pour ses travaux menés au CERN à Genève, institution dont il allait, aussi, devenir le Directeur Général. Puis, il expose l'objet de sa visite qui se résume, vers les pouvoirs publics français, en un message ferme et simple : « *il ne faut pas laisser mourir le cyclotron de Nice* ». Son argumentaire, brillant comme à l'accoutumée mais qui laisse coi la directrice de la Ddass locale, Madame de Blainville, conviée au rendez-vous, repose sur la constatation suivante : « *Il s'y fait un travail d'excellente qualité et j'apprécie la collaboration avec le Laboratoire du Cyclotron du Centre Antoine Lacassagne, notamment dans le cadre des études d'accélérateurs menés au CERN pour le projet d'Amplificateur d'Energie* ». Il ajoute, aussi, que dans ce cadre, le CERN est à l'origine de relations déjà contractualisées pour plusieurs études qui représentent un budget non négligeable pour le Centre Lacassagne (pour plus d'un million de francs en effet). L'entretien se terminera sur l'engagement du Préfet qui déclare ne souhaiter que la pérennité du cyclotron MEDICYC, mais après que certaines « *solutions économiques* » n'aient été trouvées, sans retard, par l'administration…

La seconde se déroule à Nice le premier avril 1997. Le professeur Bruneton, le successeur du professeur Demard à la direction du Centre Antoine Lacassagne que l'on sait, pour des raisons économiques, hostile à une poursuite des seules activités médicales (protonthérapie et neutronthérapie), avait demandé à Pierre Mandrillon de rechercher, pour MEDICYC, des applications « non-médicales ». Grâce à ses liens amicaux anciens, ce dernier invite le professeur Georges Charpak, Prix Nobel en 1992, pour présider une séance de travail sur les applications industrielles possibles avec un tel cyclotron. A côté de la production d'isotopes médicaux sur lequel il insiste beaucoup, il soulève des besoins grandissants en matière de tests aux radiations de composants électroniques et, par l'activation de couches métalliques de très faible épaisseur, pour des mesures très sensibles de l'usure de pièces mécaniques dans l'industrie automobile.

Nice-Matin, le quotidien local dans son édition du lendemain, 2 avril, titre : « *Georges Charpak, à l'aide du cyclotron de Nice* » et détaille ses propos lors d'une conférence de presse à laquelle assiste la journaliste Sylvie Béal : « *Il faut soutenir l'effort fait à Nice pour que cette installation survive et prospère grâce aux compétences reconnues de l'équipe en place. La pluridisciplinarité peut exister grâce à cette machine…il y a ici des possibilités pour des méthodes d'avant-garde. Il ne faut pas rater le coche* ».

Concernant plus spécifiquement ces applications potentielles en médecine nucléaire, le Prix Nobel, dans un courrier en date du 24 avril 1997, trois semaines après sa visite à Nice, revient avec insistance sur « *la production d'un isotope particulier, le Fluor 18, qui est un ingrédient indispensable de la tomographie par annihilation de positrons …Autour de Nice, il n'existe aucun hôpital équipé de caméras à annihilation de positrons. Il est évident que cette situation devra évoluer...En raison de la grande flexibilité de l'accélérateur, on peut valoriser les faisceaux déjà disponibles pour la thérapie de certains cancers et en étendre les applications industrielles* » Et sa conclusion, pragmatique, est que « *ceci est incontestablement une façon intelligente de créer une richesse supplémentaire pour Nice et sa région.* »

Suite à ces recommandations, le Directeur du Centre Antoine Lacassagne va demander à Pierre Mandrillon de rechercher un industriel intéressé pour produire ce Fluor 18 à la condition, cependant, que cette nouvelle activité ne représente pas le moindre coût d'investissement pour le Centre, toujours en proie à de sérieuses difficultés budgétaires. Ceci ne peut se faire qu'à « *investissement zéro* » répète le professeur Bruneton, le directeur.

Il y aura plusieurs contacts infructueux avec la société Cis-Bio (c'est l'ex-filiale du Commissariat à l'Energie Atomique français qui, plus de dix ans auparavant, bien qu'intéressée par la production d'Iode radioactif par le cyclotron MEDICYC, avait renoncé à toute collaboration). Seuls, se montrent attentifs aux capacités niçoises les représentants, en France, de la société canadienne Nordion, leader mondial dans la production de Tc99m, Monsieur Bernard Salin, le directeur et son radiopharmacien Monsieur Jean-Bernard Deloye. Ils savent qu'un développement rapide de ce Fluor18 est effectivement en train de se produire sur le marché outre-Rhin. La direction générale canadienne de Nordion restant passablement inerte, Bernard Salin envisage, pour couvrir l'entrée future sur le marché français de ce produit, retardée mais inéluctable, de fonder une nouvelle société radiopharmaceutique pour développer une activité commerciale.

Après des contacts approfondis, un projet commun avec la direction du CAL prend corps et, en septembre 1998, il est décidé d'installer sur MEDICYC une ligne de faisceau de basse énergie (à 20 MeV) pour alimenter la cible de production de Fluor 18. En janvier 1999, alimentée par un second stripper installé sur le cyclotron, cette nouvelle ligne permet d'extraire les premiers faisceaux de protons à l'énergie choisie. Les études conceptuelles, la réalisation des équipements et l'installation de cette nouvelle ligne de faisceau de MEDICYC, n'auront duré que quatre mois ! Comme prévu et explicitement exigé par le directeur du Centre Antoine Lacassagne, l'ensemble de l'investissement matériel est couvert par le futur exploitant industriel.

Il faut souligner ici que les analyses très précises de pureté radiochimique de cet isotope du Fluor ont été réalisées au Laboratoire de Radiochimie de l'Université de Nice-Sophia-Antipolis par le professeur Gérard Ardisson.

L'activité commerciale de ce Fluor 18 produit par MEDICYC pour la société dénommée CYCLOPHARMA ne commencera qu'en janvier 2002 après les inévitables et longues étapes concernant les procédures de conformités et l'autorisation d'exploitation.

Sans s'appesantir, ici, sur cette activité de nature commerciale pour la médecine nucléaire à l'origine de revenus non négligeables pour le Centre Antoine Lacassagne, disons seulement qu'à son arrêt, en octobre 2010, la production aura atteint plus de 6000 Ci (Curies) activité mesurée après la fin du bombardement de la cible par le faisceau, soit après la synthèse de la molécule marquée et sa décroissance lors de la distribution dans les différents centres hospitaliers, l'équivalent d'environ 100000 doses pour des examens à visée diagnostique …

Le lecteur sait-il que le marché global de la médecine nucléaire devrait atteindre, en 2030, le montant effarant de 27 milliards de dollars, avec un taux annuel moyen de progression supérieur à 10% ?

En 2015, plus de 1200 cyclotrons (et 14 sociétés pour les construire et les entretenir) assurent le besoin d'isotopes médicaux dans le monde mais il est prévisible que de nouveaux accélérateurs plus compacts, devront répondre à la fabrication des futurs isotopes pour le diagnostic et pour certains traitements ciblés. Et, de 2015 à 2030, devraient se vendre, en moyenne, une soixantaine de cyclotons par an, générant un chiffre d'affaires qui dépasse plusieurs centaines de millions de dollars !

Lorsqu'ils se rendent à Nice, en 1996 et 1997, les deux Prix Nobel sont porteurs de judicieux et bienvenus conseils, accompagnés de manifestations tangibles de leur confiance et du renouvellement de leur caution scientifique. Ils délivrent surtout un important message pour le présent et l'avenir des cyclotrons. Carlo Rubbia et Georges Charpak sont tous deux convaincus qu'il y a matière, autour de ces accélérateurs de particules, à nombre d'activités variées et ils viennent plaider en faveur de l'opportunité qui consiste à lancer, à proximité ou dans les locaux qui abritent le cyclotron, une entreprise consacrée à l'ingénierie de ces machines.

Ils prévoient de multiples besoins qui vont apparaître à la fois dans les applications médicales et industrielles (la radiothérapie et la médecine nucléaire évidemment), mais aussi dans le vaste domaine de la production d'énergie.

Pierre Mandrillon décide, alors, de créer, en juin 1999, une société d'ingénierie, véritable « spin-off » du Centre Antoine Lacassagne, consacrée à la haute technologie des cyclotrons en vue de promouvoir ces futures nouvelles applications. Avec quelques amis proches, François Demard, Maurice Guérrin, Jean-François Obez, Charles Morscheidt et Chistian Lallot, nait ainsi la société des **A**pplications **I**ndustrielles et **M**édicales des **A**ccélérateurs (AIMA), ce mot, clair et « symbolique », transmis par les Héllènes, qui désigne le sang, le fluide vital. Le même acronyme sert, aussi, en langue anglaise : **A**ccelerators for **I**ndustrial and **M**edical **A**pplications, ce qui est utile en ces temps de mondialisation…

Les deux prix Nobel savaient que, dans les domaines de la médecine (hadronthérapie et production d'isotopes variés) mais aussi dans celui de la production d'énergie nucléaire par des systèmes hybrides (ce sont des réacteurs nucléaires pilotés par des accélérateurs de très forte puissance) de nombreuses opportunités existent. Or, depuis la funeste assertion « *absence de marché* » (incroyable erreur industrielle !) suivie de la disparition en 1987 de la CGR-MeV, il n'existe plus d'entreprise en France dans ce domaine. Pour eux, donc, la jeune société AIMA pourrait s'engager à relever, courageusement, quelques uns des défis qui, déjà, se profilent !

Effectivement, assez vite, divers contrats d'études vont être signés, notamment avec le Laboratoire National de Physique Nucléaire italien (INFN-Catania), le Laboratoire espagnol LAESA ou l'ENEA en Italie pour conduire le réacteur de recherche TRIGA, installé près de Rome. Malheureusement, ces derniers du fait de leurs dimensions financières et, aussi, d'intérêts européens divergents, ne resteront, pour AIMA, que des pré-études sans suite économique.

A partir de 2001, la société AIMA répond à la demande qui commence à apparaître en médecine nucléaire, en présentant un catalogue de plusieurs machines innovantes, d'énergie différente selon le type de production de radioisotopes (AIMA 14, AIMA 8N, AIMA 17, AIMA PN) ; ce sont, tous, des cyclotrons compacts de haute performance capables d'être installés à proximité ou à l'interieur même des centres hospitaliers de soins. Une seule de ces applications, l'AIMA PN, produisant du Fluor 18, passera au stade industriel. Ce cyclotron AIMA PN équipera, au total, trois centres français de production mais la filiale de la société THALES, qui disposait d'une licence de production gratuitement accordée par la société AIMA, ne parviendra pas, probablement faute de compétences très spécifiques requises ou devant la rigueur de la concurrence de sociétés telles que le géant américain General Electric ou le belge IBA, à poursuivre la production et la vente de ces machines. Cet échec est une illustration de la fréquente incapacité des grands groupes industriels, une fois l'innovation captée dans des « start-up » ou des « TPE » (les très petites entreprises) beaucoup plus flexibles et adaptables, à organiser et poursuivre le développement.

C'est, aussi, l'image des difficultés quasi-insurmontables qui surgissent dans la vie de ces TPE lorsqu'il s'agit, pour elles, d'autofinancer un prototype industriel.

En dehors des besoins en médecine nucléaire, d'autres études seront aussi menées par AIMA, notamment avec le LPSC (IN2P3-Grenoble) autour d'un projet proposé par François Méot, physicien et le professeur Balosso, radiothérapeute au CHU de Grenoble. Un séminaire intitulé « FFAG (**F**ixed **Fi**eld **A**lternating **G**radient) Workshop » (ce sont des accélérateurs assimilables à la catégorie des synchrocyclotrons, mais avec des aimants à champ fixe séparés) aura lieu à Nice en novembre 2007 avec une participation internationale, surtout japonaise.

C'est à l'occasion d'une réunion des experts cyclotrons, dans le cadre du 35ième congrès de l'ECPM, à Nice, en 2006, que, devant la nécessité de concevoir de nouveaux designs pour les accélérateurs médicaux destinés à la protonthérapie de haute énergie, qu'en confiance et hors séances, vont se nouer ou plutôt se renouer les liens anciens de collaboration entre Pierre Mandrillon et les dirigeants de la société belge IBA, au premier rang desquels Yves Jongen, son fondateur et Directeur de la R&D, une coopération tissée dès le début du projet MEDICYC et poursuivie lors des études du projet européen EULIMA. Une solide complémentarité entre les deux sociétés se rétablit tout naturellement et va se traduire par une série de travaux menés en commun.

C'est, d'abord, une étude menée par AIMA sur la région centrale du modèle C70 d'IBA, un cyclotron 70 MeV construit pour le projet ARRONAX de Nantes. De surcroit la proximité d'énergie de cet accélérateur avec MEDICYC conduira l'équipe de radiochimie de SUBATECH (Laboratoire IN2P3 de Nantes) à mener une campagne de tests, à Nice, sur une cible prototype RbCI pour préparer la production du générateur Srontium 82/Rubidium82, ce dernier isotope TEP promis en un grand avenir en cardiologie.

Mais le grand projet de collaboration qui va, suite à cette confiance maintenant installée, étroitement associer la société belge IBA et la société française AIMA concerne la conception et la réalisation d'une nouvelle machine pour la protonthérapie, dénommée par AIMA, S2C2, l'acronyme de **S**ynchro**C**yclotron **S**upra**C**onducteur.

Il nait, le 15 janvier 2008, sous la forme d'un courriel d'approbation, adressé à Pierre Mandrillon par Yves Jongen en réponse à la proposition d'AIMA d'entamer les études d'un synchrocyclotron tout à fait innovant destiné, donc, à la protonthérapie de haute énergie. Quelques semaines après, lors d'une réunion FFAG-RACCAM qui se tient à Nice, le 8 février et, en présence d'Yves Jongen, ces premières réflexions font l'objet d'une courte présentation.

Un contrat associant les deux sociétés est signé le 12 juin 2008, IBA chargeant AIMA de poursuivre les études déjà initiées du design de la nouvelle machine projetée.

Les études préliminaires seront menées avec succès grâce à l'expérience de Pierre Mandrillon acquise au CERN dans le domaine des synchrocyclotrons et à l'investissement de son fils, l'ingénieur Jérôme Mandrillon qui aborda avec beaucoup de talent et d'énergie l'ensemble des problèmes avec l'aide précieuse de l'informaticien Matthieu Conjat.

L'énergie du faisceau accéléré reste, toujours, fixée autour de 230 MeV : c'est le standard pour l'activité médicale, celle des cyclotrons commercialisés dans le monde tels que le C230 d'IBA dont le prototype fut installé à la fin des années 1990 au Massachusetts General Hospital de Boston et qui équipera en France, en 2010, le Centre de Protonthérapie d' Orsay.

Les deux principales innovations de cette nouvelle machine dite S2C2 portent d'une part sur le choix d'un synchrocyclotron plutôt qu'un cyclotron isochrone (c'est la démarche inverse qui fut réalisée lors des prémices de MEDICYC en 1977 où le projet était celui d'un synchrocylotron avec un système HF original dit « à large bande ».) et d'autre part sur le recours à la supraconductivité ce qui va permettre de réduire considérablement les dimensions et, donc, la masse de l'accélérateur. En diminuant ainsi de façon significative, c'est l'un des objectifs majeurs poursuivis, le coût global de la machine par rapport aux installations classiques, c'est tout le marché potentiel de la protonthérapie, précédemment limité par le montant très élevé des investissements nécessaires, qui peut s'ouvrir largement, et ce dans le monde entier.

Ces avantages potentiels sont débattus, le 5 novembre 2008, par de nombreux experts de la protonthérapie réunis dans un « *Workshop* » consacré à ce nouveau design, organisé par IBA à Louvain-la-Neuve.

Ce projet S2C2 est au centre des discussions en janvier 2009 à Louvain-la-Neuve, entre les responsables d'IBA et le nouveau directeur du Centre Antoine Lacassagne, le professeur José Santini qu'accompagnent Pierre Mandrillon et François Demard. En effet, si MEDICYC fonctionne parfaitement depuis bientôt vingt ans pour le traitement des tumeurs oculaires, c'est, pour le directeur, une décision stratégique d'envisager la prolongation, de façon pérènne, de l'expérience pionnière acquise depuis 1991, toute unique et exceptionnelle qu'elle soit, en se dotant d'une capacité d'énergie plus élevée afin de pouvoir irradier des tumeurs plus profondément situées. Avec une calme détermination, le responsable du Centre Antoine Lacassagne, qui se déclare, d'ores et déjà, très intéressé par ces nouvelles potentialités, avance le souhait que son établissement puisse être le lieu qui recevra, une fois construit par IBA, ce futur prototype.

Au vu des résultats des études préliminaires engagées à Nice depuis un an, la direction d'IBA consent, en juin 2009, au financement d'une nouvelle tranche d'études sur le S2C2 par l'équipe d'AIMA. Et le 18 septembre 2009, le Conseil d'administration de la société IBA décide de s'engager, à titre définitif, dans la voie innovante des synchrocyclotrons et, donc de lancer la construction du prototype S2C2.

De son côté, le professeur José Santini écrit le 23 septembre 2009 à Monsieur Christian Estrosi, Maire de Nice et Ministre de l'Industrie, pour l'informer de l'intention du Centre Lacassagne d'installer, avantage majeur à tous points de vue, économique en particulier, ce prototype du S2C2 dans le même bâtiment que celui qui abrite le cyclotron MEDICYC. Ainsi, dit-il, pourra se poursuivre et se développer cette innovante protonthérapie débutée, pourtant, dans de si grandes difficultés en 1991.

Ensemble, dans le courant du mois de décembre, Eric Ciotti, Président du Conseil Général des Alpes-Maritimes et Christian Estrosi, Maire de Nice, viendront annoncer publiquement au Centre Lacassagne leur complet engagement personnel ainsi qu'un soutien financier conséquent à l'installation du prototype S2C2 prévue à Nice. Comme par le passé autour de MEDICYC, le consensus est total entre tous les acteurs locaux, la direction du Centre Antoine Lacassagne, la ville de Nice et le département des Alpes-Maritimes !

Le lancement officiel de l'opération aura lieu quelques mois plus tard, le 9 juillet 2010, sur le site de la Lanterne, par le professeur Maraninchi, Directeur général de l'**I**nstitut **N**ational du **Ca**ncer, l'INCa, l'Agence nationale en charge des cancers qui objective son soutien majeur au développement de cette protonthérapie de haute énergie.

Le synchrocyclotron supraconducteur S2C2

Caractéristiques du faisceau accéléré
Energie maximale des Protons : 230 MeV
Intensité du faisceau extrait : environ 10^{12} protons par seconde
Faisceau pulsé à une fréquence de 1 kHz
Temps d'accélération : 500 microsecondes

Injection
Source d'ions interne du type Penning Ionisation Gauge (dite PIG).

Cavité Acceleratrice :
Nombre : 1
Fréquence : variable de 90 à 60 Mhz
Puissance HF par cavité : 15 KWatt
Modulation de la fréquence : Condensateur rotatif

Circuit magnétique
Diamètre extérieur : 2.50 m
Hauteur 2.00 m
Poids total 40 tonnes

Bobine Supraconductrice
Matériau supraconducteur : Niobium-Titane
Deux Bobines dans cryostat à 4 degrés Kelvin refroidies par 4 cryo-coolers
Densité de courant : 56 A/mm2
Energie stockée dans les bobines : 10 Millions de Joules

Système d'extraction
Canal magnétique passif en fer

Lignes de faisceau
Deux lignes:
- Une ligne alimentant un **portique isocentrique (gantry)** permettant de produire des irradiations sous différentes incidences. La masse de l'ensemble tournant autour du patient est de **78 tonnes.**
- Une ligne dite « **faisceau fixe** » permettant d'alimenter une salle de **R&D** ainsi qu'une future salle de traitement

Plusieurs études techniques, à Nice et à Louvain-la-Neuve, seront menées alors que s'engage en Belgique le démarage effectif de la construction du prototype.

A Nice, l'année 2011 permet de rendre les surfaces disponibles dans le hall existant pour installer l'accélérateur et son portique isocentrique (la « gantry ») dans la salle de traitement. Débarrassées d'un stockage anarchique de divers matériels et d'archives médicales, les surfaces rendues disponibles autorisent le début de réalisation des travaux de génie civil assurant la future radioprotection. Des résultats satisfaisants concernant la source prototype de protons, sont obtenus grâce au banc de test que possède AIMA à Nice. Un nouveau design du portique isocentrique, allégé et compact, est présenté par l'équipe d'IBA.

En cette année anniversaire des « 20 ans de MEDICYC » et en considération des résultats exceptionnels obtenus dans ces deux décennies, il fallait bien, au moins et enfin, une visite ministérielle laquelle avait, bien injustement, été refusée à l'équipe niçoise, vingt ans auparavant !

Elle a été préparée, le 19 mai lors d'une réunion matinale, à l'invitation d'Eric Ciotti dans son bureau de Président du CGAM avec, pour seul objet, le dossier d'autorisation du S2C2. Sont présents, autour de lui, Xavier Bertrand, Ministre de la Santé, pour un autre motif sur la Côte d'Azur, Christian Estrosi, maire de Nice, son adjoint à la Santé, le professeur Daniel Benchimol, doyen de la Faculté de Médecine et le Préfet des Alpes-Maritimes. Le professeur Santini, directeur du Centre Antoine Lacassagne est invité à présenter les enjeux et l'état d'avancement du dossier. Il confirme les avis favorables émis par l'INCa (l'Institut National du Cancer), l'ARS (l'Agence Régionale de Santé) et le Conseil d'Administration du Centre Antoine Lacassagne tout en précisant que l'autorisation est, obligatoirement, ministérielle et qu'une subvention nationale a été sollicitée.

La discussion est brève mais précise, la confiance des personnalités politiques présentes réaffirmée et, sans ambiguïté, le Ministre s'engage pour accorder cette autorisation, accompagnée d'un soutien financier (1 MEuros) venant s'ajouter à celui (7 MEuros) accordé par les autorités locales. De plus il s'engage à revenir à Nice pour l'annoncer officiellement !

Ce sera bien le cas, le 28 juillet 2011. Précédée par une attentive visite des deux installations au sein du hall de la Lanterne, celles de MEDICYC et du futur S2C2, l'allocution du Ministre saura mêler, avec force et sincérité, quelques aspects pénibles du passé à l'exceptionnelle opportunité que représente cette installation à venir. Ainsi, si la tenace ambition niçoise vaut, enfin, une reconnaissance nationale, c'est, surtout, un avenir performant qui se trouve assuré pour les activités de protonthérapie du Centre Antoine Lacassagne.

Les travaux de génie civil qui se terminent progressivement dans le hall principal permettront de recevoir et d'installer, dans la continuité, l'accélérateur, d'un poids de 40 tonnes, deux voies de faisceaux, celle comportant la gantry (qui pèse pas loin de 80 tonnes) pour les soins des patients et celle de la voie expérimentale dite « Recherche-Développement » ultérieurement destinée à la seule recherche en physique médicale. Pour garantir la radioprotection, l'épaisseur des murs peut atteindre 2,6 mètres d'épaisseur !

Le S2C2, maintenant construit assemblé avec une gantry est commercialement rebaptisé par la société IBA en « Proteus One ».

Il va pouvoir s'aventurer à franchir la France entière pour venir, par la route, de Louvain-la-Neuve à Nice. Sans encombre, accueilli par le nouveau directeur du Centre, le professeur Joël Guigay, le convoi de l'accélérateur arrive, en tête, le premier avril 2014, suivi, quelques jours après, par celui (deux fois plus lourd) de la gantry.

Une fois sur site, leur mobilisation et leur transfert dans les espaces qui sont aménagés pour eux, demanderont les compétences précises d'une entreprise flamande de « handling » et nécessiteront plusieurs semaines d'intense travail de précision avant que soit atteint leur positionnement définitif. Le câblage, les diverses installations électriques et de refroidissement représenteront, alors, des mois de travail intensif.

Parallèlement, sous la coordination très efficace de l'ingénieur Richard Trimaud, s'organise la finalisation des travaux d'infrastructure y compris dans les locaux adjacents, adaptés et rénovés, pour l'accueil des futurs patients qui vont bénéficier de cette protonthérapie de haute énergie. Compte tenu du caractère prioritaire retenu en faveur des tumeurs de l'enfant et de l'adolescent, une capacité d'irradiation sous anesthésie générale est primordiale et impose, pour les soignants, des contraintes spécifiques tant en matière d'équipement qu'en besoin d'organisation.

Une fois achevés tous ces travaux préliminaires d'installation, les essais machine pourront être entrepris par IBA : ils n'entraineront qu'un minimum de difficultés, mais aucune dans les différents paramètres attendus, aussi bien dans l'extraction du faisceau du synchrocyclotron que sa conduite dans la gantry. L'isocentre dans cette dernière étant atteint, peut commencer le long travail de dosimétrie physique qui autorisera, courant 2016, le début d'activité médicale.

Quant à leur hébergement, à l'instar de ce qui est réservé depuis plus de vingt ans à tant de patients porteurs de mélanomes oculaires, il se fera dans l'ex-Consolata, cette belle demeure dont, au départ des Sœurs atteintes par la limite d'âge, s'est porté acquéreur le Centre Antoine Lacassagne. Des travaux y seront réalisés pour mettre aux normes les chambres d'accueil des familles pour la durée du traitement. Les moyens de transport ont, aussi, été revus pour faciliter, autant que faire se peut, la liaison avec le hall des cyclotrons pourtant à proximité immédiate.

Ce S2C2, qui sera fonctionnel à Nice à la fin du premier semestre 2016, continue, donc, de positionner le Centre Antoine Lacassagne dans le peloton étroit des structures de soins qui disposent de la protonthérapie haute énergie, un groupe qui s'agrandit rapidement. A cette date et à côté des deux installations existantes, au Centre Antoine Lacassagne à Nice et à l'Institut Curie à Orsay, plusieurs autres projets se montent en France. Le Centre de lutte contre le cancer François

Baclesse de Caen, nous l'avons déjà souligné, a obtenu une autorisation en novembre 2015 pour une ouverture programmée en 2018. Un partenariat sous l'égide de l'Assistance Publique-Hôpitaux de Paris (AP-HP), entre l'Institut Gustave Roussy à Villejuif, le CHU de Tours, le CHR d'Orléans et l'Hôpital Européen Georges Pompidou (HEGP) est aussi engagé pour une future installation. L'Institut du cancer de Montpellier (ICM) a également déposé une demande d'autorisation et d'autres projets suivent à Nantes, Toulouse et Nancy.

La présidente de la Société Française de Radiothérapie Oncologique (SFRO), la professeure Isabelle Barillot défend, pour répondre aux besoins, la notion de « maillage territorial efficient » et il est estimé que la France devrait compter, dans le futur, entre 8 à 10 centres de protonthérapie.

Quant à la part des besoins mondiaux que ce nouveau synchrocyclotron S2C2 prendra, dans une offre industrielle internationale étroite mais très concurentielle, on ne peut encore la chiffrer mais indiquons que la société belge IBA, fin 2015, en a déjà vendu, sur catalogue, treize exemplaires, et ce à peu près équitablement aux USA, en Europe et en Asie. Pour une machine qui n'est pas encore en opération, c'est un succès industriel et commercial (plus de 400 agents techniques, en deux ans, seront recrutés en Belgique pour y faire face) qui prouve l'intérêt majeur que soulève cette optimisation thérapeutique.

Attardons-nous sur quelques chiffres qui font référence car, arrêtés au 31 décembre 2014, ils compilent la liste et les caractéristiques de toutes les installations de protonthérapie dans le monde. Ils sont fournis par le PTCOG, l'organisme scientifique international qui regroupe les experts médicaux du domaine et leur mise à jour remonte au dernier Congrès, le 54ième, qui s'est tenu à San Diego (Californie).

Pas moins de quarante-six installations sont, aujourd'hui, en opération. Seulement six, deux en Amérique du Nord et quatre en Europe, dont le cyclotron MEDICYC, en France, sont dites de moyenne énergie (entre 65 et 75 MeV), toutes les autres sont de haute énergie, (entre 230 et 250 MeV) : seize aux USA, treize en Asie, dix en Europe et une en Afrique du Sud. Ce sont, pour la majorité, des cyclotrons (31), parfois des synchrotrons (13) et peu, nous l'avons déjà souligné, de synchrocyclotrons (2).

Si on considère les installations en cours de construction, toujours pour la seule protonthérapie, on doit constater, à l'instar des ventes records récentes du S2C2 « Proteus One », une sorte de vague mondiale : quatorze nouveaux centres aux USA, six en Europe, huit en Asie, un en Russie et en Arabie Saoudite vont prochainement ouvrir avec des machines de haute énergie (les énergies moyennes sont réservées aux seuls traitements des tumeurs de l'oeil). Se profile, aussi, un véritable tournant technologique : s'il y a encore quelques cyclotrons (7) et des synchrotrons (10), la majorité de ces installations nouvelles regroupe maintenant des synchrocyclotrons (13). La compacité de ces derniers, qui réduit le montant de l'investissement financier, modifie en effet, rapidement, le marché de ces accélérateurs.

Si, enfin, sont recensés les lieux où une planification sérieuse prévoit la création d'autres centres de protonthérapie, il convient d'ajouter, à ces trente derniers, quinze installations supplémentaires (sept en Europe, quatre en Asie, trois aux USA et une en Russie) dont la mise en service ne peut s'envisager avant 2017-18 et quelques (probables) gigantesques projets chinois, certains regroupant des dizaines de salles de traitement…

On peut ainsi, au total, raisonnablement estimer qu'il existe ou qu'il va exister dans de très brefs délais une centaine d'installations de haute technologie médicale, dans le monde, dédiées à la protonthérapie des tumeurs humaines ; c'est une incontestable lame de fond qui relève de nouvelles performances génératrices de progrès dans la qualité d'irradiation d'une part et une réduction sensible du coût de ses installations d'autre part. Vraisemblablement, elle ne reculera plus et constater ces faits ne rend *a posteriori* que plus piteuses les arguties franco-françaises qui accompagnèrent, dans certaines strates du monde médical ou de la puissance publique, les prémices si décriées de cette radiothérapie innovante.

Il ne s'agit pas, pour autant, de considérer, ce serait une erreur majeure, que la protonthérapie va devenir une sorte de panacée universelle pouvant amener, à plus ou moins bref terme, au pur et simple remplacement de la radiothérapie traditionnelle utilisant photons et électrons.

Une remarquable et récente étude hollandaise souligne qu'en 2015, la protonthérapie, représente moins de 1% de l'ensemble de l'activité radiothérapique mondiale dans la lutte contre les cancers ! On peut gager néanmoins, devant l'évolution actuelle, que pour les diverses localisations tumorales déjà retenues aujourd'hui par la communauté médicale, auxquelles s'ajouteront les indications nouvelles qui ne vont pas manquer d'apparaître avec l'expérience acquise et enfin devant la réduction attendue, grâce à cette méthode, du nombre des cancers secondaires, ce taux, en une vingtaine d'années, puisse passer de 1% à environ 20%. Ce travail sérieux a eu une première conséquence politique : le gouvernement néerlandais a décidé d'engager l'investissement public pour créer immédiatement, en Hollande, quatre centres de protonthérapie !

Un indicateur sur le plan mondial est fourni par le fait économique suivant : le chiffre d'affaires global des équipements de protonthérapie vient de doubler entre 2014 et 2015, passant d'environ 500 millions à près de 1 milliard de dollars…

Il n'y a pas que la protonthérapie et pour l'utilisation médicale des ions plus lourds (plus coûteuse et complexe), la progression que l'on constate concerne, sur le plan mondial, la seule hadronthérapie Carbone. Aujourd'hui, huit installations seulement, dans le monde, fonctionnent quotidiennement, quatre au Japon, deux en Chine et deux en Europe, à Heidelberg (HIT) en Allemagne et à Pavie (CNAO) en Italie. Les machines sont, toutes, des synchrotrons de grande taille et, donc, d'un budget d'investissement conséquent. Quatre nouveaux synchrotrons sont en cours de construction, trois pour compléter l'équipement asiatique (un au Japon, un en Chine et un autre en Corée du Sud) et un seul, en Europe, la machine MEDAUSTRON, près de Vienne en Autriche.

Il y a aussi quelques projets aux Etats-Unis qui, bien qu'ils soient, il faut le rappeler, les pionniers de cette hadronthérapie, ont, ensuite abandonné cette modalité thérapeutique, à la fois devant un nombre insuffisant de patients traités et le caractère, parfois astronomique, des coûts de fonctionnement. Un intérêt croissant à Dallas, San Francisco et Denver réapparait à l'évidence et se fonde, pour l'essentiel, sur l'expérience majeure accumulée par les installations japonaises. La place des particules lourdes chargées va donc se modifier, probablement graduellement, aux USA et dans le reste du monde et ce d'autant que les progrès technologiques attendus des nouveaux accélérateurs conduisent à rendre l'investissement initial plus tolérable. Le projet européen EULIMA, au début des années 90, avait, un des tout premiers, tenté d'ouvrir une voie alternative aux gigantesques synchrotrons en proposant un cyclotron supraconducteur, certes volumineux (plus de 700 tonnes) et complexe, mais restant accessible à une installation intra-hospitalière. C'est ce modèle qui sous-tend, actuellement, trente ans après, le seul projet français ARCHADE à Caen. Il est probable, comme on peut l'observer pour la protonthérapie, que les possibilités qu'offrent les synchrocyclotrons bouleverseront, à terme, ce champ qui reste très prometteur de l'hadronthérapie Carbone ou Hélium.

Jamais à court d'innovation, lors de la réunion de San Diego en mai 2015, Jérome Mandrillon, de la société AIMA, a présenté le design innovant d'un nouveau synchrocyclotron appelé SCIRT (**S**ynchro**C**yclotron for **I**on **R**adio**T**herapy). Il s'agit d'un accélérateur supraconducteur capable de fournir divers faisceaux d'ions (He^{2+}, C^{6+}, O^{8+}, jusqu'au Ne^{10+}) à une énergie de 430 MeV/nucléon. Outre ses caractéristiques techniques innovantes, celui-ci disposerait, aussi, d'un portique isocentrique original, avec une technologie basée sur des aimants supraconducteurs, donc plus compact que les installations existantes. Sur l'incidence économique qui reste un facteur prépondérant dans ce type d'installation, très lourde sur le plan de l'investissement financier, SCIRT pourrait réduire considérablement l'écart de prix qui demeure entre les machines Carbone et celles de protonthérapie. Et pourquoi, prenant la place conceptuelle de la défunte neutronthérapie des années pionnières à Nice, ne pas envisager une installation future dans les locaux de la Lanterne, à proximité immédiate de MEDICYC et du S2C2 Proteus One, afin de fournir les ions Hélium et Carbone qui sont très utiles pour l'irradiation des tumeurs radiorésistantes ? Quel est l'avenir, à Nice ou ailleurs, de cette très haute technologie? Nul ne le sait, bien évidemment. Le monde de la technique des accélérateurs avance vite et le SCIRT témoigne, une fois encore, d'une ambition niçoise et de la fierté de maintenir ainsi, dans ce domaine de la santé, la France dans le concert des pays innovants.

Malgré la prise de conscience, récente et encore ténue, qu'un nécessaire changement est, plus que jamais, indispensable, il faut malheureusement craindre que difficultés, tracasseries, blocages et autres aberrations réglementaires soient encore là pour entraver et ralentir le progrès technologique et l'équipement de nos établissements de soins. Mais, depuis plus de trente ans à Nice, le Centre Antoine Lacassagne, et la société AIMA maintenant, n'ont pas ménagé leurs efforts en faveur du développement des cyclotrons pour la médecine nucléaire et la radiothérapie. Que ce soit les designs innovants de « petits » cyclotrons pour les radio-pharmaceutiques en fort développement ou des machines plus compactes pour l'hadronthérapie des tumeurs, ce développement en médecine est inéluctable. Voilà de futurs défis qui, avec un peu plus de liberté d'entreprendre et moins de lourdeurs réglementaires, se gagneront plutôt que se perdront, selon que ceux qui les engagent sauront faire preuve d'audace et d'ardeur au seul bénéfice du progrès médical et de la santé des malades.

GLOSSAIRE

ACCELERATEURS DE PARTICULES :

Il existe 3 familles d'accélérateurs circulaires :

Nom	Champ magnétique	Champ Accélé-rateur	Trajectoire	Dimensions (exemple type)
Cyclotron	Statique (ne varie pas dans le temps)	Fréquence fixe	Spirale du centre au bord de l'électro-aimant	MEDICYC Diamètre pôle: 1,6 m
Synchro-cyclotron	Statique (Idem cyclotron)	Fréquence variable	Spirale (idem cyclotron)	S2C2 Diamètre pôle: 1 m
Synchro-tron	Variable dans le temps	Fréquence variable	Trajectoire fixe (souvent circulaire)	LHC-CERN Diamètre: 9 km

Les accélérateurs de particules linéaires sont appelés Linacs. Les Linacs accélérateurs d'électrons sont très utilisés pour la radiothérapie conventionnelle. Pour l'accélération des particules lourdes en médecine, leur dimension avec la technologie actuelle devient prohibitive pour atteindre les hautes énergies. Ils sont utilisés comme injecteurs dans les synchrotrons.

ALPHA :

Il s'agit du noyau de l'atome d'Helium. Après l'hydrogène, l'Helium est le second élément le plus abondant de l'Univers. L'Helium possède deux isotopes stables : l'Helium 4 (He^4) qui contient

2 protons et 2 neutrons et l'Helium 3 (He^3) qui contient 2 protons et 1 neutron. (Cf. NOYAU et ISOTOPE).

ATOME :

L'atome est constitué d'un noyau qui contient deux types de particules représentant quasiment toute la masse : les neutrons non porteurs de charge électrique et les protons chargés positivement. Le noyau est entouré d'électrons chargés négativement en nombre égal au nombre de protons. L'atome est donc électriquement neutre (cf. NOYAU, PROTON, NEUTRON, ELECTRON)

BUNCHER :

Petite cavité HF située sur la ligne d'injection du faisceau dans un accélérateur de particules. Cette cavité permet de regrouper ces dernières dans le sens de l'axe longitudinal du faisceau ce qui augmente ainsi la quantité de particules injectées dans l'accélérateur. (cf. CAVITE HF)

CAVITE HF :

Dans un accélérateur de particules, les cavités Haute Fréquence (HF) sont des dispositifs où l'on fait résonner une onde électromagnétique qui transfère de l'énergie aux paquets de particules qui les traversent. Quand les particules sont en phase avec ces ondes, les cavités deviennent « les moteurs » d'un accélérateur de particules.

BOBINES HARMONIQUES :

Le champ magnétique de l'électroaimant du cyclotron MEDICYC possède une périodicité spatiale d'ordre 4, ie les pôles de l'aimant sont divisés en 4 collines spiralées (où l'entrefer est réduit), suivies de 4 vallées (où l'entrefer est plus large). Dans le fond des vallées, dans la région de l'extraction du faisceau sont disposées les bobines dites « harmoniques » qui créent une disymétrie dans le champ magnétique. Cet « harmonique magnétique » facilite l'extraction du faisceau.

COLLIMATEUR :

Dispositif qui délimite la forme et les dimensions du faisceau spécifique utilisé en radiothérapie. Pour la protonthérapie un simple anneau en laiton de quelques dizaines de grammes suffit pour stopper les protons en dehors du profil d'ouverture, usiné en commande numérique, dont la section est strictement conforme à celle de la tumeur. Pour la neutronthérapie (dans la réalisation niçoise), il s'agit d'un ensemble dont la masse est de 8 tonnes. Il est constitué de 44 lames en Fer commandées par des moteurs électriques afin de définir une section de collimation spécifique. Les neutrons dépourvus de charge électrique ne peuvent interagir que nucléairement par des chocs sur les noyaux des atomes de Fer pour ralentir et être arrêtés. Ils doivent donc subir un grand nombre de chocs (il faut près de 600 chocs sur les noyaux de Fer pour ralentir les neutrons de haute énergie produits par MEDICYC dans la cible Béryllium de neutronthérapie), ce qui rend compte de la grande masse du collimateur du faisceau de neutrons.

CRYOGENIE :

Technique de refroidissement à très basse température. Ainsi dans l'aimant du S2C2, les bobines d'excitation sont maintenues à une température de 4° Kelvin, soit environ -270°C, dans une enceinte appelée cryostat (Cf. SUPRACONDUCTIVITE)

DIPOLE :

Electroaimant ayant deux pôles et produisant un champ magnétique d'induction B (exprimée en Tesla) perpendiculaire aux pôles. Dans les accélérateurs de particules circulaires, les dipôles ont pour fonction de guider les particules chargées électriquement sur la trajectoire de référence. Le dipôle que forme l'électroaimant du cyclotron MEDICYC possède une masse de 130 tonnes. Il est constitué d'un circuit magnétique en fer de grande pureté, et de deux larges bobines d'excitation en Cuivre. Les aimants dipôlaires sont également utilisés dans les lignes de transport de faisceau pour dévier une trajectoire, servant ainsi « d'aiguilleur ».

DOSE :

La dose en radiothérapie est la quantité d'énergie déposée par une radiation par unité de volume. Elle s'exprime en Gray (Gy) : 1 Gray équivaut à 1 Joule par kilogramme. En photonthérapie conventionnelle, les doses couramment délivrées sur des tumeurs sont de l'ordre de 40 à 70 Gy durant une période de 20 à 30 jours. En protonthérapie oculaire avec MEDICYC, on délivre des doses d'environ 40 à 60 Gy en seulement 4 séances (cf. RADIOTHERAPIE).

EFFICACITE BIOLOGIQUE RELATIVE (EBR) :

La dose absorbée n'est pas un indicateur suffisant pour mesurer les effets biologiques des rayonnements. L'efficacité biologique relative

(EBR) mesure, à égalité de dose, l'accroissement des effets biologiques produits par une radiation fortement ionisante, proton ou particule lourde chargée telle qu'alpha ou ion lourd (Carbone), par rapport à une radiation faiblement ionisante, photon ou électron. Cette efficacité dépend du Transfert d'énergie linéique (TEL) et de l'effet étudié. Une radiation de fort TEL est ainsi plus efficace que celle des électrons ou des photons dans la probabilité de la destruction de l'ADN de la cellule visée. Le TEL des protons varie entre 1 et 10 KeV/micromètre. Celui des alphas est environ supérieur de 20% mais celui des ions Carbone peut atteindre 100 KeV/micromètre.

ELECTRON :

Historiquement c'est la première particule élémentaire stable découverte. Elle est très abondante dans l'Univers. L'électron est porteur d'une charge électrique élémentaire et joue un rôle majeur dans notre environnement quotidien car il est responsable des liaisons chimiques entre les atomes. Un courant « électrique » est un flux d'électrons dans un milieu matériel métallique. Dans le langage de la Physique contemporaine, l'électron appartient à la famille des *leptons*.

ELECTRONVOLT (eV, KeV, MeV, GeV, TeV) :

L'éléctronvolt est une unité pratique d'energie utilisée en Physique des particules. Un électronvolt (eV) est l'énergie communiquée à une particule électriquement chargée par une différence de potentiel électrique, une tension en langage courant, de 1 Volt. Le KeV correspond à mille eV (K=Kilo=10^3 en notation scientifique), le MeV à un million d'eV (M=Méga=10^6), le GeV à un milliard d'eV (G=Giga=10^9) et le TeV à un million de million d'eV (T=Tera=10^{12}). L'énergie des protons accélérés par le cyclotron MEDICYC est de 65 MeV. L'énergie des protons circulant dans le plus grand accélérateur de particules du monde, le LHC du CERN installé dans un tunnel de 27 km de circonférence, est de 7 TeV.

A noter qu'en vertu de l'équivalence masse-énergie ($E=mc^2$) la masse des particules s'exprime également en électronvolt ; ainsi la masse du proton est 938 MeV et celle de l'électron 511 KeV, soit 1836 fois plus faible.

HADRON :

Les Hadrons sont des particules qui ressentent la force nucléaire dite forte et sont composés de quarks. Les protons et les neutrons sont des hadrons qui contiennent chacun 3 quarks. Les mésons sont des hadrons instables composés également de deux quarks.

L'hadronthérapie utilise des faisceaux d'hadrons à des fins d'irradiation thérapeutique.

HYDROGENE :

C'est l'élément le plus abondant de l'Univers. L'atome d'Hydrogène est constitué d'un seul proton entouré d'un seul électron. Il possède un isotope stable, le deutérium, dont le noyau est constitué d'un proton et d'un neutron ; (cf. NOYAU, PROTON, NEUTRON, ISOTOPE)

ION :

Un ion est un atome dépouillé de un ou plusieurs électrons pour produire un ion positif ou auquel on a « ajouté » un électron pour obtenir un ion négatif. La source d'ions de MEDICYC produit des ions négatifs d'Hydrogène H^-. (cf. SOURCE D'IONS)

ISOTOPE :

Deux noyaux qui possèdent le même nombre de protons et un nombre différent de neutrons sont appelés des isotopes. Par exemple l'Oxygène O^{16}, constitué de 8 protons et 8 neutrons, possède un isotope stable, O^{18}, qui contient 8 protons (car c'est de l'Oxygène) et 10 neutrons. Cet isotope très rare de l'Oxygène est donc plus lourd que l'O^{16}, le plus abondant. (cf. NOYAU)

MELANOME CHOROIDIEN :

Ce sont, dans la population caucasienne, les tumeurs intraoculaires les plus fréquentes ; elles mettent en jeu le pronostic vital et fonctionnel des patients. Les armes thérapeutiques regroupent d'une part l'énucléation chirurgicale et d'autre part le traitement dit conservateur au premier rang desquels l'irradiation externe par faisceau de protons est la plus utilisée.

A Nice, le protocole en vigueur se décompose en :

- un temps chirurgical préliminaire durant lequel des clips de Tantale sont fixés à la sclère afin de repérer les limites de la tumeur.

- un temps de préparation avec l'élaboration du plan dosimétrique, et la réalisation des moyens de contention et de collimation du faisceau.

- un temps thérapeutique très court limité (5 à 8 secondes par séance grâce aux qualités physiques du faisceau de MEDICYC), où 60 Gy équivalents sont délivrés en 4 fractions à l'ensemble du volume cible (cf. DOSE).

NOYAU :

Le noyau d'un atome est constitué de deux types de particules : les protons chargés positivement et les neutrons électriquement neutres. Le nombre de protons s'appelle le numéro atomique. Il caractérise le noyau et lui donne son nom. Par exemple le noyau de l'atome d'Oxygène stable que nous respirons contient 8 protons et 8 neutrons.

NEUTRON :

Particules sans charge électrique constituant avec les protons le noyau des atomes. (cf. NOYAU et HADRON)

PARCOURS :

Distance parcourue par une particule chargée électriquement ralentissant par ionisation dans un milieu donné. En fin de parcours, l'ionisation augmente rapidement avant l'arrêt, donnant le pic de Bragg. La position du pic de Bragg est fondamentale pour la radiothérapie. Elle ne dépend que de l'énergie de la particule incidente. Pour le cyclotron MEDICYC de 65 MeV, le parcours dans les tissus est de 32 mm. Pour le S2C2 de 230 MeV, le parcours est de 32 cm. Pour balayer le volume tumoral, il faut adapter les parcours par des dispositifs de modulation spécifiques.

PORTIQUE ISOCENTRIQUE (« GANTRY » en anglais)

Cet équipement permet l'irradiation du volume tumoral sous n'importe quelle incidence. Le faisceau de protons « tourne » ainsi autour d'un point fixe appelé isocentre. La « gantry » réalisée par IBA et installée au CAL à Nice a une masse de 78 tonnes. Elle est composée de différents électroaimants (dipôles et quadripôles) permettant d'ajuster quel que soit l'angle, la dimension du faisceau de proton à l'isocentre.

PROTON :

Particule de charge électrique positive constituant avec le neutron les noyaux des atomes. Il est sensible à la force nucléaire dite « forte » qui interagit avec le neutron et « colle » les constituants du noyau. Le noyau de l'atome d'Hydrogène est le proton. (cf. NOYAU et HADRON)

QUADRIPOLE :

Electroaimant à quatre pôles servant à la focalisation des faisceaux de particules chargées. Il est l'équivalent d'une lentille en optique lumineuse et constitue un équipement indispensable des systèmes de transport des faisceaux de particules.

RADIOBIOLOGIE :

C'est l'étude des effets biologiques des radiations ionisantes sur les cellules des êtres vivants.

RADIOPROTECTION :

Ensemble des moyens pour se protéger des effets des sources de rayonnements ionisants.

RADIOTHERAPIE EXTERNE :

Application médicale des actions de divers rayonnements ionisants (électron ou photons tels que γ,X dans la radiothérapie conventionnelle et particules chargées lourdes telles que proton, alpha, ion léger pour l'hadronthérapie) sur les tissus vivants à des fins curatives pour la destruction des cellules tumorales. Les neutrons, électriquement neutres, n'interagissent qu'avec les noyaux des atomes et il en résulte la production de diverses particules chargées (proton, alpha, ...) ou de photons γ. Les neutrons sont ainsi « indirectement » très ionisants (cf. ION)

Cette radiothérapie est dite « externe » car les rayonnements ionisants sont produits à l'extérieur du patient, aujourd'hui essentiellement par des accélérateurs de particules (cf. ACCELERATEURS DE PARTICULES)

RADIOFREQUENCE :

Portion du spectre des ondes électromagnétiques ayant une fréquence inférieure à 300 GHz (GigaHerz). La fréquence de l'onde qui accélère les particules dans les cavités accélératrices est fixe et égale à 25 MHz (MégaHerz) pour MEDICYC ; elle est variable entre 90 et 60 MHz pour le Synchrocyclotron S2C2 (cf. CAVITES HF).

RENDEMENT EN PROFONDEUR :

Pour les photons et les neutrons (électriquement neutres) on caractérise la décroissance de la dose en profondeur par la position de la dose 50%, dite isodose 50%.

Pour les hadrons, c'est la position du pic de Bragg, fonction de l'energie incidente, qui détermine le maximum de la dose.

S2C2 :

Acronyme, proposé par la Société AIMA, de **S**ynchro**C**yclotron **S**upra**C**onducteur. Le concept du S2C2 a conduit au prototype de 230 MeV installé à Nice et construit par la Société IBA.

SOURCE D'IONS :

Dispositif produisant l'ionisation des atomes afin de leur conférer une charge électrique permettant leur accélération. Pour produire des protons H^+, on ionise de l'hydrogène gazeux par une décharge électrique réalisée à l'intérieur de la source.

Il existe de nombreux types de sources d'ions. Les sources de faible encombrement sont en général installées au centre du cyclotron (par exemple la source d'ions du S2C2 qui produit des protons H^+). Pour MEDICYC où l'on a choisi d'accélérer des ions Hydrogène négatifs, H^-, la source d'ion est placée à l'extérieur du cyclotron et les ions sont injectés verticalement dans l'axe de l'électroaimant.

SUPRACONDUCTIVITE :

Propriété que présentent certains matériaux (tel que l'alliage Niobium-Titane par exemple) à très basse température caractérisée par une résistance électrique qui tend vers zéro. La supraconductivité permet ainsi de stocker une grande quantité d'énergie électrique dans des volumes restreints. Ainsi l'énergie stockée dans les bobines supraconductrices du S2C2 est de plusieurs MégaJoules et permet ainsi d'atteindre des champs magnétiques élevés (cf. CRYOGENIE, S2C2)

Table des matières

Remerciements

Les auteurs remercient Andrée Cantelli pour la recherche des documents d'archives du Centre Antoine Lacassagne, Max Bouvy, Jill-Patrice Cassuto, Charles Guerrin, Jean Haechler, Katia Mandrillon et Jacques Toubol pour leurs conseils avisés ainsi que Matthieu Conjat pour l'iconographie et Stephanie Bernardini pour l'assistance à l'établissement du manuscrit.

Sciences
aux éditions L'Harmattan

Dernières parutions

BAROMÈTRES, MACHINES PNEUMATIQUES ET THERMOMÈTRES
Chez et autour de Pascal, d'Amontons et de Réaumur
Locqueneux Robert
Cet ouvrage présente à la fois une histoire et une anthologie des travaux de quelques physiciens qui ont conçu et fabriqué des baromètres, des machines à vide et des thermomètres, instruments qui, en leur temps (XVIe et XVIIIe siècles), furent des inventions nouvelles. Les travaux de trois auteurs sont privilégiés : Pascal, Amontons et Réaumur avec une remise en contexte de leurs ouvrages, des événements qui les motivent, des travaux qui les inspirent, des questions qu'ils se posent et des phénomènes qu'ils veulent interpréter.
(Coll. Acteurs de la Science, 21.00 euros, 204 p.)
ISBN : 978-2-343-04995-3, ISBN EBOOK : 978-2-336-37182-5

MILLE ANS D'ASTRONOMIE ET DE GÉOPHYSIQUE
D'Aristote au haut Moyen Âge
De Felice Pierre
Le ciel et la terre sont observés depuis la plus haute antiquité. Ne disposant pas d'instruments de mesure appropriés, les hommes proposent des explications incluant l'action divine ou s'en affranchissant. D'Aristote (IVe siècle avant J.-C.) jusqu'à Isidore de Séville (VIe-VIIe siècles après J.-C.), les auteurs grec, latin, médiéval ont compilé et décrit les connaissances de leur temps sur les astres, les phénomènes atmosphériques et géophysiques en tentant de démythifier le monde qui les entoure. Ce livre illustre aussi le difficile processus de naissance de la connaissance.
(Coll. Acteurs de la Science, 14.00 euros, 128 p., Illustré en noir et blanc)
ISBN : 978-2-343-03816-2, ISBN EBOOK : 978-2-336-36544-2

CE MONDE QUI VIENT
Sciences, matérialisme et posthumanisme au XXIe siècle
Basquiat Jean-Paul - Préface de Paul Basquiat
Le monde qui vient sera ce que nous en ferons. Encore faut-il avoir le courage de regarder l'avenir en face. C'est à cet effort salutaire que cet opuscule invite le lecteur. Appuyé sur les recherches les plus pointues, il propose de décrypter sous tous ses aspects le monde nouveau porté par l'évolution des sciences et des techniques.
(Coll. Questions contemporaines, 10.00 euros, 66 p.)
ISBN : 978-2-343-05055-3, ISBN EBOOK : 978-2-336-36475-9

MANUEL DES PROBABILITÉS OU MATHÉMATIQUES DE L'INCERTAIN
Laloire Jean-Claude - Préface de Michel Delecroix
Ce manuel présente les aspects pratiques de l'analyse des données et les aspects théoriques des probabilités. Cela permet à la fois de comprendre les phénomènes observés, d'en déduire une prévision et ainsi de se projeter vers l'avenir avec un maximum de sécurité. Les méthodes proposées s'appliquent aussi bien aux sciences humaines qu'aux sciences biologiques et médicales et sont mises en pratique à l'aide de nombreux exercices corrigés.
(48.00 euros, 504 p.)
ISBN : 978-2-343-04627-3, ISBN EBOOK : 978-2-336-36043-0

VALEUR (LA) DE L'ESPÈCE
La biodiversité en questions
Lherminier Philippe
Philippe Lherminier est généticien; il propose de s'interroger sans faux-semblant sur la valeur de l'espèce. Que perd-on lorsqu'une espèce s'éteint ? Quelle valeur disparaît ? Il y a de multiples réponses : l'espèce vaut parce qu'elle est utile ou inutile, abondante ou rare, connue ou inconnue, ancienne ou récente, proche ou lointaine, ressemblante ou différente de l'homme, comprise ou mystérieuse.
(Coll. Acteurs de la Science, 13.50 euros, 128 p.)
ISBN : 978-2-343-04141-4, ISBN EBOOK : 978-2-336-35913-7

QUESTIONNEMENTS D'UN OCÉANOGRAPHE
Une immersion dans le monde de la recherche et les questions éthiques qu'elle soulève
Pichevin Thierry
Ce livre décrit de l'intérieur le travail de recherche en océanographie physique de Thierry Pichevin, son contexte, ses méthodes et ses enjeux procurant ainsi au lecteur une immersion dans le quotidien d'un chercheur. D'autre part, il procède à l'analyse éthique rigoureuse des questionnements rencontrés, tout en montrant que tout chercheur peut être confronté à des questionnements comparables.
(22.00 euros, 226 p.)
ISBN : 978-2-343-03444-7, ISBN EBOOK : 978-2-336-35786-7

À L'OMBRE DES FORÊTS
Usages, images et imaginaires de la forêt
Sous la direction de Philippe Billet, Claire Harpet et Jean-Philippe Pierron
Qu'est-ce qu'une forêt ? De quoi sont faites les forêts ? Nous construisons tous une image de la forêt empreinte de vécus et d'imaginaires, procédant d'une accumulation de souvenirs, de connaissances et de représentations médiatiques et institutionnelles. A l'aune d'une prise de conscience de la finitude des ressources naturelles et du changement climatique, il est fondamental de savoir ce que la «forêt» veut dire.
(Coll. Éthique, droit et développement durable, 26.00 euros, 248 p.)
ISBN : 978-2-343-02807-1, ISBN EBOOK : 978-2-336-35819-2

UN BOTANISTE AUTOUR DU MONDE
Afrique, Amérique, Australie
Delange Yves
L'auteur, botaniste, nous invite à la découverte des différents milieux naturels peu connus des Européens, notamment ceux encore peu altérés par la civilisation et caractéristiques de formations extrêmement riches sur le plan de la diversité biologique, tels que les mattorales ou hauts plateaux mexicains, le bush, le veld et le fynbos en Afrique australe, ou encore le mulga, le mallee et la jarrah forest australiens.
(Coll. Biologie, écologie, agronomie, 25.00 euros, 256 p.)
ISBN : 978-2-343-03492-8, ISBN EBOOK : 978-2-336-35415-6

CHERCHEURS, ÉTHIQUES ET SOCIÉTÉS
L'avenir de l'avenir
Patrice Thierry
Peu appréhendée par les décideurs, la biologie conditionnera nos sociétés, les rapports entre les hommes, entre eux et l'environnement. Le monde de la recherche est mal connu, parfois mal aimé ou craint. Il semble donc utile d'instituer un débat pour préciser les objectifs, les moyens, l'information et la vulgarisation, la propriété des résultats et l'appréhension des conséquences de la recherche en biologie.
(Coll. Ethique et pratique médicale, 31.00 euros, 298 p.)
ISBN : 978-2-296-57790-9, ISBN EBOOK : 978-2-296-50418-9

CAMILLE ARAMBOURG. UN PALÉONTOLOGUE, DE L'ALGÉRIE À L'AFRIQUE PROFONDE
Hadjouis Djillali - Préface de Yves Coppens
Depuis les plaines sahéliennes d'Oran à la Vallée de l'Omo en Éthiopie, en passant par les côtes du littoral atlantique, jusqu'au Moyen-Orient, Camille Arambourg aura fait connaître, au cours de ses recherches, non seulement les fossiles de l'Afrique mais également ceux des autres régions du monde. Ce livre retrace le parcours de cet homme qui identifia plus de 230 taxons (familles, genres, espèces) de mammifères et de poissons.
(Coll. Acteurs de la Science, 25.00 euros, 242 p.)
ISBN : 978-2-296-96391-7

POUR UN RENOUVEAU DANS L'ENVIRONNEMENT
De l'antiscience à l'Intelligence Artificielle des systèmes complexes
Bouché Marcel B. - Préface de Richard Moreau
Nos institutions écartent toute évaluation environnementale sérieuse par la promotion d'une démarche antiscientifique. Ce livre décrit au contraire les démarches sérieuses des sciences et techniques et la problématique environnementale. La rigueur, qui fait habituellement défaut à ce secteur d'étude, est indispensable pour permettre l'Intelligence Artificielle appliquée rationnellement à nos évaluations environnementales et à la méthode scientifique dans les systèmes complexes.
(Coll. Biologie, écologie, agronomie, 38.00 euros, 384 p.)
ISBN : 978-2-296-96826-4

VOYAGES D'UN BOTANISTE EN EURASIE
France, Scandinavie, Italie, Grèce, Japon, Inde, Cambodge
Delange Yves
L'auteur, botaniste, nous présente ici nombre d'espèces végétales, à travers ses récits de voyages, des pays du nord de l'Europe jusque dans la lointaine Asie, avec des séjours dans différents espaces méditerranéens. Il livre également de nombreuses informations recueillies au cours de rencontres avec différentes cultures, concernant les productions agricoles, l'alimentation, les traditions culinaires, mais aussi diverses spiritualités vouées aux cultes de la nature, en Inde et en Extrême-Orient.
(Coll. Biologie, écologie, agronomie, 21.50 euros, 224 p.)
ISBN : 978-2-343-03491-1, ISBN EBOOK : 978-2-336-35416-3

COELACANTHE (LE), UNE ESPÈCE ANIMALE À L'ÉPREUVE DES MÉDIAS
Barrère Florent
Le coelacanthe est l'objet de bien des fantasmes : affaire commerciale dans les îles Comores ; course au «spécimen» naturalisé dans les muséums ; étude anatomique dans le seul but de conforter l'hypothèse du «grand-père de l'Homme»... Devenu à ses dépens vedette médiatique, le coelacanthe s'extraira de ce marasme par un retour à son objet scientifique initial : dans les années quatre-vingt, le coelacanthe est enfin filmé dans son milieu naturel.
(Coll. Champs visuels, 20.00 euros, 192 p.)
ISBN : 978-2-296-99785-1, ISBN EBOOK : 978-2-296-53096-6

RÉSEAUX (LES) DE NEURONES DE LA CONSCIENCE
Approche multidisciplinaire du phénomène
Rollet Guy
Cet ouvrage vise à la compréhension de la conscience. Il apparaît que les neurosciences computationnelles apportent incontestablement des éléments décisifs. Un réseau de neurones original est conçu pour coder une conscience *stricto sensu*, capable de raisonnement et de prise de décision. Celle-ci peut être orientée par les émotions. La capacité d'agir, la composition du Soi et la verbalisation de la pensée peuvent alors être envisagées.
(Coll. Biologie, écologie, agronomie, 25.00 euros, 240 p.)
ISBN : 978-2-336-00597-3, ISBN EBOOK : 978-2-296-51375-4

SCIENCE (LA), SYMPTÔME DE L'OCCIDENT
Le «comment» des impasses de la recherche scientifique occidentale
Thiebert Lawrence
Et si les scientifiques avaient trop compliqué leur processus de démonstration ? Et si la démonstration, peu concluante, s'embourbait simplement parce qu'elle relève en vrai d'un raisonnement paralogique psychiatrique tel que celui que l'on rencontre dans le discours du paranoïaque, discours logique certes mais qui part d'un postulat faux ? Nous sous-entendons ici que cette hypothèse est fort probable.
(Coll. Pensée Africaine, 13.00 euros, 116 p.)
ISBN : 978-2-296-97025-0, ISBN EBOOK : 978-2-296-50278-9

UNIVERS (L') FASCINANT DES INSECTES
Nos amis, nos ennemis
Mariau Dominique
Cet ouvrage aborde tous les aspects de la vie des insectes et les rôles essentiels qu'ils jouent dans la vie sur terre. Comment définit-on un insecte ? Depuis quand existent-ils ? Que connaît-on sur leurs organes des sens, leurs migrations, leur rôle, qu'il soit positif ou négatif ?
(Coll. Biologie, écologie, agronomie, 22.00 euros, 182 p.) ISBN : 978-2-296-96144-9

SCIENCE (LA), CREUSET DE L'INHUMANITÉ
Décoloniser l'imaginaire occidental
Royer Jean-Marc
En 1610, Galilée promeut un mode de connaissance qui se veut une lecture mathématique de l'Univers. Face à lui, l'Église. Un long combat s'engage alors, lois contre lois. Un siècle et demi plus tard, tandis que naît la fabrique industrielle basée sur le charbon, les philosophes optent pour ces «lumières». Ce savoir qui voulait mettre la subjectivité à distance aura réussi au-delà de toute espérance : c'est l'être humain que la rationalité calculatrice a rendu obsolète.
(Coll. Questions contemporaines, 23.00 euros, 218 p.)
ISBN : 978-2-296-96233-0

NATURE, TECHNOSCIENCES ET RATIONALITÉ
Le tryptique du bon sens
Makanga Blanchard
La résolution des problèmes écologiques qui touchent notre planète ne peut être l'exclusivité des technosciences et de l'écologie en tant que discipline scientifique. D'autres disciplines sont capables d'apporter des savoirs aussi sûrs et surtout moins risqués que ceux des sciences expérimentales. La philosophie se propose donc de le faire à travers, notamment, la réflexion éthique basée sur la morale stoïcienne, en faisant de l'environnement un nouvel objet d'étude.
(Coll. Sciences et Société, 23.50 euros, 236 p.)
ISBN : 978-2-296-96960-5

UNDO THE MATH !
How semiotic gaps warp thinking
Idelson Marc
In a study inspired by author's observation of the spiraling out of control use of mathematics by bankers, financiers and economists, the Western world's reliance on arithmetic and geometry is traced back, with support from the works of Medieval historian Alfred Crosby and of Anthropologist of Knowledge Paul Jorion, to its Medieval and Antiquity roots. The author bases on different areas such as philosophy with François Jullien's Chinese thought and Michel Bitbol with his epistemological reflections.
(Coll. Recherches en Gestion, 20.00 euros, 190 p.)
ISBN : 978-2-296-96993-3

L'HARMATTAN ITALIA
Via Degli Artisti 15; 10124 Torino
harmattan.italia@gmail.com

L'HARMATTAN HONGRIE
Könyvesbolt ; Kossuth L. u. 14-16
1053 Budapest

L'HARMATTAN KINSHASA
185, avenue Nyangwe
Commune de Lingwala
Kinshasa, R.D. Congo
(00243) 998697603 ou (00243) 999229662

L'HARMATTAN CONGO
67, av. E. P. Lumumba
Bât. – Congo Pharmacie (Bib. Nat.)
BP2874 Brazzaville
harmattan.congo@yahoo.fr

L'HARMATTAN GUINÉE
Almamya Rue KA 028, en face
du restaurant Le Cèdre
OKB agency BP 3470 Conakry
(00224) 657 20 85 08 / 664 28 91 96
harmattanguinee@yahoo.fr

L'HARMATTAN MALI
Rue 73, Porte 536, Niamakoro,
Cité Unicef, Bamako
Tél. 00 (223) 20205724 / +(223) 76378082
poudiougopaul@yahoo.fr
pp.harmattan@gmail.com

L'HARMATTAN CAMEROUN
BP 11486
Face à la SNI, immeuble Don Bosco
Yaoundé
(00237) 99 76 61 66
harmattancam@yahoo.fr

L'HARMATTAN CÔTE D'IVOIRE
Résidence Karl / cité des arts
Abidjan-Cocody 03 BP 1588 Abidjan 03
(00225) 05 77 87 31
etien_nda@yahoo.fr

L'HARMATTAN BURKINA
Penou Achille Some
Ouagadougou
(+226) 70 26 88 27

L'HARMATTAN SÉNÉGAL
10 VDN en face Mermoz, après le pont de Fann
BP 45034 Dakar Fann
33 825 98 58 / 33 860 9858
senharmattan@gmail.com / senlibraire@gmail.com
www.harmattansenegal.com

L'HARMATTAN BÉNIN
ISOR-BENIN
01 BP 359 COTONOU-RP
Quartier Gbèdjromèdé,
Rue Agbélenco, Lot 1247 I
Tél : 00 229 21 32 53 79
christian_dablaka123@yahoo.fr

Achevé d'imprimer par Corlet Numérique - 14110 Condé-sur-Noireau
N° d'Imprimeur : 129529 - Dépôt légal : juin 2016 - *Imprimé en France*

www.ingramcontent.com/pod-product-compliance
Lightning Source LLC
LaVergne TN
LVHW011139061026
849535LV00003B/536